Neues naturgeschichtliches Lesebuch

in

Beschreibungen und Erzählungen

aus dem

Thierreich.

Für die Jugend bearbeitet

von

A. Hillert.

Mit eingedruckten Holzschnitten.

Berlin.
Verlag der Sander'schen Buchhandlung.
(G. E. Reimer.)

1841.

Druck von Eduard Hänel in Berlin.

Vorwort.

Erzählungen und Beschreibungen aus der Naturgeschichte der Thiere sind und bleiben einmal der leselustigen Jugend in ihren freien Stunden die liebste Lectüre. Ganz besonders aber erfreuen sich die kleinen Leser an solchen Geschichten, in welchen ein Thier alle seine Eigenschaften entwickelt. Die einfache Beschreibung zieht lange nicht so an, als eine Erzählung, in der ein Thier handelnd auftritt. Wenn in solchen Erzählungen die Beschreibung eines Thieres mit eingeflochten, wie dies meist der Fall ist, so ist es natürlich, daß der Leser mit der interessanten Geschichte sich zugleich auch den Charakter des Thiers einprägt. Recht viele solcher Erzählungen zu sammeln, und so die Jugend anzuregen, war die Haupt-Aufgabe des Verfassers.

Daß sich bei jedem Thiere das Bild gleich dabei befindet, ist gewiß ein großer Vortheil, da das Nachsuchen der Bilder am

Ende des Buches den Kindern oft das Lesen verleidet. Eben so ist es recht sehr zu billigen, daß die Bilder nicht colorirt wurden, denn nur selten werden die Farben getroffen, sehr häufig sind sie unrichtig.

Möge nun dies vom Verleger so fein ausgestattete Büchlein den kleinen Lesern recht viel Freude machen.

Der Verfasser.

An die Kinder.

Wer ist denn draußen? Wer klopft an die Thür?
Herein! herein! Willkommen hier!
Ihr, liebe Kinder, seid es ja;
Nun bleibet mir auch ein Weilchen da,
Und hört hübsch zu mit gespitztem Ohr,
Viel schöne Geschichten les ich Euch vor:
Vom König Löwe, vom plumpen Bär,
Vom Wallfisch in des Nordens Meer,
Vom närrischen Affen, vom Elephant,
Der den Rüssel braucht wie eine Hand,
Vom trägen Faulthier, vom schlauen Fuchs,
Vom geizigen Hamster, vom tückischen Luchs,
Vom Adler, dem Könige unter den Vögeln,
Vom Schwane, der gleich schwellenden Segeln
Die Flügel trägt, von den freundlichen Störchen,
Von Nachtigallen, von Finken und Lerchen,

Von der fleißigen Biene, von Spinnen und Fliegen,
Vom Leuchtwurm, von Ameisenschlachten und Siegen,
Von Austern und Muscheln, von Würmern und Schnecken,
Die sich in ihr Gehäuse verstecken,
Vom quakenden Frosch, von giftigen Nattern,
Wie sie manch Thierlein listig ergattern; —
Doch Alle will ich sie jetzt nicht nennen,
Ich seh Euch schon vor Neugier brennen.
Nun, sitzt mir still, und gebt fein Acht,
Der Anfang wird sogleich gemacht!

Das Thierreich.

Thiere und zwar recht viele Thiere sollt Ihr in diesem Buche kennen lernen. Thiere nennt man diejenigen lebendigen Wesen, welche sich nach Willkür bewegen können, Empfindung besitzen und ihre Nahrung durch eine Oeffnung, den Mund, einnehmen.

Um die große Menge von Thieren mit einem Blicke überschauen zu können, theilt man das Thierreich in 6 Klassen.

1. **Säugethiere.**
2. **Vögel.**
3. **Amphibien.**
4. **Fische.**
5. **Insekten.**
6. **Würmer.**

Erste Klasse.

Die Säugethiere.

Säugethiere heißen sie, weil die Mütter dieser Thiere ihre Jungen mit einer Milch aus ihrer Brust ernähren oder säugen. Das thuen die Thiere der andern 5 Klassen nicht. Ferner bringen die Säugethiere ihre Jungen so zur Welt, daß sie gleich wie die Alten aussehen. Damit aber das eine Thier nicht zu sehr friert und das andere nicht zu sehr schwitzt, hat ihnen der liebe Gott gleich eine zweckmäßige Kleidung mit auf die Welt gegeben. Diese Bekleidung besteht aus Haaren

Borsten, Stacheln, Schuppen. Manche Thiere sind ganz kahl. Da nun jedem Thiere sein Ort angewiesen, wo es leben soll, dem einen auf der trocknen Erde, dem andern auf Bäumen, einigen unter der Erde, andern im Wasser, so sind auch danach ihre Gliedmaßen, zumal die Füße, eingerichtet. Ebenso sind, besonders bei den Säugethieren, die Zähne nach den Nahrungsmitteln gebaut und verschieden gebildet. Da fast jedes Thier seinen Feind hat, so ist ihm auch eine Waffe zur Vertheidigung wie zum Angriff gegeben. Viele haben Hörner, manche gebrauchen ihr Gebiß, sehr viele ihre Füße und Klauen.

Die vollkommensten Thiere sind jedenfalls die Säugethiere. Die meisten derselben sind dem Menschen auf mancherlei Weise nützlich, viele gewähren ihm als treue Begleiter und Gehülfen vortreffliche Dienste. Unter allen Säugethieren steht aber der Mensch oben an der Spitze.

Der Mensch.

Er ist der König und Herr der Schöpfung. Der Mensch ist also ein Säugethier? wird Mancher von Euch fragen. Ei wohl ist er eins, denn er wird, wie die Säugethiere, geboren und genährt. Ein einziges Geschlecht macht aber der Mensch nur aus und außer ihm giebts keine Gattung weiter. Nicht blos durch seinen Verstand und durch die Sprache, sondern auch durch die gleichmäßige Ausbildung seines ganzen Körpers steht er hoch über allen anderen Wesen. Der Mensch, das Meisterstück der Schöpfung, ist allein fähig, Alles zu thun, was die Thiere nur einzeln zu thun vermögen. Nur er ist allein fähig, aufrecht zu gehen, wozu er durch die vorragenden Fersen, die starken Wadenmuskeln, durch sein senkrechtes Gesicht und die vorwärts stehenden Augen bestimmt ist.

Obgleich der Mensch überall, in allen Gegenden der Erde leben kann, so ändern sich doch unter den verschiedenen Himmelsstrichen seine Gestalt, seine Farbe, seine Gesichtsbildung, selbst seine Seelenkräfte. Die Naturforscher pflegen daher die Menschen in gewisse Rassen oder Arten einzutheilen. Gewöhnlich nimmt man 5 Arten an.

1. Die Schwarzen oder Neger.

Sie sind groß und stark, sammetschwarz, mit krausen, schwarzen Haaren und sehr wenig Bart, die Hirnschaale ist zusammengedrückt, die Nase niedergedrückt und mit aufgestülpter Spitze, Backenbeine hervorragend, Augen groß und rundlich, Lippen dick und bräunlich. Sie bewohnen Afrika, südlich dem Atlas, treiben wenig Gewerbe und Künste, kennen keine Wissenschaften und verkaufen sich als Sclaven.

2. Die Braunen oder Malayen.

Sie haben eine mäßige Größe, braune Farbe, straffe, schwarze Haare, einen rundlichen Scheitel, ein ovales Gesicht und eine ziemlich grade Nase und kleine Füße. Ihr Hauptsitz ist das südliche Indien, vorzüglich Malacca. Sie sind im Ganzen viel besser gebildet und nähern sich schon dem weißen Stamm.

3. Die Rothen oder Amerikaner

sind von mäßiger Größe, kupferroth mit langen, schwarzen Haaren und schwachem Bart, der Kopf ist rundlich, Stirn platt, Backenknochen vorstehend mit einer Adlernase. Sie bewohnen ganz Amerika, bildeten ehemals Staaten mit großen Städten und Dörfern, sind aber jetzt durch die Verfolgungen der Europäer gänzlich verwildert. Sie haben einen so feinen Geruch, daß sie die Europäer in weiter Ferne riechen.

4. Die Gelben oder Mongolen

sind von mäßiger Größe und von gelblicher Farbe, mit geraden, schwarzen Haaren. Der Kopf ist groß, das Gesicht platt, mit aufgestülpter Nase, die Backenbeine vorragend, die Augen klein, schmal und schief. Ihr Wohnsitz ist das östliche Asien bis Japan, wo sie unter despotischen Oberherren in sehr großen Städten und Dörfern leben.

5. Die Weißen oder Caucasier

haben eine runde Hirnschale, ein ovales Gesicht, die Nase ist vorragend und gerade, die Augen groß und offen, die Backenbeine sind wenig hervorragend. Sie bewohnen ganz Europa, das westliche Asien und sind in ganz Amerika verbreitet. Bei ihnen blühen Ackerbau, Handel, Gewerbe, Künste und Wissenschaften. In allen Theilen der Erde haben sie sich angesiedelt, und sie scheinen bestimmt zu sein, sich alle Völker zu unterwerfen und sie zu cultiviren.

In der äußeren Gestalt kommen von allen Thieren dem Menschen am nächsten

Die Affen (Simia).

Wenn man so in der Ferne einen Orang Outang gehen sieht, könnte man sich leicht täuschen lassen und ihn für einen Menschen halten. In der Nähe sieht man aber den Unterschied sehr bald. Denn eigentlich hat kein Affe Füße, sondern 4 Hände, d. h. verlängerte Zehen, welche fassen können, und ganz besonders sind die hinteren Hände noch vollkommener. Nun könntet Ihr mir zwar einreden, liebe Kinder, mit 4 Händen ließe sich mehr anfangen, als mit zweien. Es ist aber leicht zu begreifen, daß, je mannigfaltiger die Gliedmaßen des Körpers eingerichtet sind, der Körper um so vollkommener ist. Was helfen denn dem Affen die 4 Hände? Er kann damit nur Einerlei thuen, nämlich sich halten und klettern. Und was das Schlimmste ist, er kann nicht einmal die vorderen Hände so recht als Hände gebrauchen. Er kann sie gar nicht frei bekommen, weil die hinteren Hände den Körper nicht allein tragen können. Vor allen Dingen fehlt aber dem Affen die Hauptsache, nämlich die Vernunft und Sprache. In ihrer Gemüths-Beschaffenheit haben sie jedoch manches Aehnliche mit dem Menschen.

Aehnlich sind sie dem Menschen in allen Unsitten und häßlichen Gewohnheiten. Sie sind boshaft, falsch, tückisch, diebisch, unanständig, ungehorsam. Man ist nie sicher, daß sie, wie ein tölpelhafter Hanswurst, mitten im Spiel den Spaß verderben und einen Streich machen. In ihrer Narrheit springen sie auf den Menschen und zerzausen ihn. Sie lernen zwar Wachestehen, Aufwarten, verschiedene Dinge holen, man kann sich aber nicht auf sie verlassen, weil ihnen mitten in der Arbeit geschwind einmal die Narrheit ankömmt.

Unähnlich sind sie aber dem Menschen in der Hagerkeit des Leibes, in den langen, dünnen Beinen, im Mangel an Waden, in der Behaarung des ganzen Körpers, in der verlängerten Schnauze, in den dünnen Lippen, in der eingesenkten Nase und durch den langen Schwanz, welcher nur Wenigen fehlt.

Es giebt eine Menge Arten von Affen; der eine Naturforscher theilt sie so, der andere anders ein. Einige theilen sie in eigentliche Affen, Paviane und in Meerkatzen ab. Auch die eigentlichen Affen, welche dem Menschen am ähnlichsten sind, können, wie schon bemerkt, doch nur mit Mühe aufrecht gehen. Sowohl auf dem Boden, wie auf den Bäumen, brauchen sie alle 4 Füße, sie treten nur auf den äußersten Rand des Fußes und fallen nach einigen Schritten immer wieder nieder.

Die Nahrung aller Affen besteht nur in Obst, Eiern und Insecten. Fleisch rühren sie nicht an, mit Ausnahme der Insecten und Würmer. Die Speise führen sie mit einer einzigen Hand in das Maul. Mit ihren 4 Händen können sie natürlich sehr gut klettern, weßhalb sie auch meistens auf Bäumen leben. Mit ungeheuren Sätzen schwingen sie sich von einem Baume zum andern und erheben dabei oft ein fürchterliches Geschrei. Groß ist die Liebe der Mutter zu ihren Jungen. Sie bekommt nur eins. Ueberall schleppt sie dasselbe auf dem Rücken mit herum. Damit Ihr, liebe Kinder, den Charakter dieser Thiere recht kennen lernt, folgen hier einige Affengeschichten.

Ein Affe als Reisegefährte.

Levaillant hatte auf seiner Reise durch Südafrika einen Affen bei sich, dem er den Namen Kees gegeben, und der ihm sehr nützlich war. — „Ich machte ihn," erzählt Levaillant, „zu meinem Credenzmeister (d. h. der die Speisen und Getränke vorher kostet, ehe man sie genießt, damit man dadurch sich von der Genießbarkeit derselben überzeugen kann). Wenn wir Früchte oder Wurzeln fanden, die meine Hottentotten nicht kannten, so rührten wir sie nie an, bis Kees sie gekostet hatte; warf er sie weg, so schlossen wir, daß sie unangenehm schmeckten und schädlich wären, und ließen sie unberührt. Der Affe ist von Natur eben so naschhaft, als neugierig; ohne Noth und Appetit kostet er Alles, was ihm in den Weg kommt, oder was man ihm giebt. Kees aber hatte eine noch schätzbarere Eigenschaft: er war mein bester Wächter, denn bei Tag und Nacht sprang er bei dem geringsten Anschein von Gefahr augenblicklich auf. Durch sein Geschrei und durch seine Zeichen von Furcht erriethen wir immer, daß ein Feind nahe war, ohne daß selbst die Hunde davon etwas merkten.

Diese verließen sich zuletzt auch so auf ihn, daß sie ganz ruhig schliefen. Ich nahm Kees auch oft mit auf die Jagd, und sobald er merkte, daß ich dahin gehen wollte, war er voller Freude. Unterwegs kletterte er dann gern auf die Bäume, um Gummi zu suchen, das er sehr liebte. Zuweilen entdeckte er mir auch Honig im innersten Winkel eines Felsens oder in hohlen Bäumen. Fand er aber weder Gummi noch Honig, und hatte er durch das Herumlaufen starken Appetit bekommen, so hatte ich allemal einen sehr komischen Auftritt. Er suchte sich dann Wurzeln und aß sie mit großem Vergnügen, besonders eine gewisse Art, die auch ich, aber zu seinem Schaden, wohlschmeckend und sehr erfrischend fand, und ich daher durchaus mit ihm theilen wollte. Allein Kees war listig. Sobald er eine solche Wurzel fand, und ich ihm nicht nahe genug war, um mir einen Theil davon nehmen zu können, so fraß er sie in der größten Eile auf und sah mich dabei mit unverwandten Augen an. Er maß ordentlich den Weg ab, den ich bis zu ihm hatte, und ich kam alsdann sicher zu spät. Wenn er sich aber zuweilen in seiner Rechnung irrte, und ich eher bei ihm war, als er erwartet hatte, so suchte er die Wurzel geschwind zu verbergen; allein dann nöthigte ich ihn durch eine tüchtige Ohrfeige, mir meinen Theil herauszugeben. Uebrigens warf er deswegen keinen Groll auf mich, und wir waren wieder gute Freunde, wie vorher. Um diese Wurzel auszureißen, benahm er sich auf eine sehr sinnreiche Art, die mir viel Vergnügen machte. Er faßte das Kraut zwischen die Zähne, stemmte sich auf die Vorderfüße, und zog den Kopf zurück, wodurch dann die Wurzel gewöhnlich nachgab. Gelang dies Mittel, wobei er alle seine Kräfte anstrengte, nicht, so faßte er das Kraut wie vorher, und zwar so dicht an der Erde, wie er konnte. Hierauf machte er mit dem Hintertheile einen Sprung über den Kopf weg, und dadurch bekam die Wurzel eine solche Erschütterung, daß sie jedesmal nachgab. Wenn Kees müde war, so stieg er auf einen von meinen Hunden, der auch die Gefälligkeit hatte, ihn ganze Stunden lang zu tragen. Einer von ihnen, der größer und stärker als die andern war, wußte sich diesem Frohndienste auf eine ganz vortreffliche Art zu entziehen. Sobald Kees ihm auf den Rücken sprang, blieb er stehen, und ließ die Karavane vorbei, ohne sich von der Stelle zu bewegen. Kees hingegen bestand auf seinem Zwecke; allein wenn er uns beinahe aus dem Gesicht verlor, so mußte er sich doch entschließen, wieder abzusteigen, und dann liefen der Affe und der Hund aus allen Kräften, um uns wieder einzuholen. Dieser aber ließ jenen voran, und gab genau auf ihn Acht, um nicht wieder überrascht zu werden. Uebrigens hatte Kees ein gewisses Ansehen bei allen meinen Hunden. Er konnte keine Gäste leiden. Wenn er fraß, und einer von den Hunden ihm zu nahe kam, so gab er ihm eine Ohrfeige, die denselben sogleich entfernte. Kees fürchtete sich, die Schlange ausgenommen, vor keinem Thiere so sehr, als vor seines Gleichen, vielleicht deshalb, weil er fühlte, daß er einen Theil seiner Naturfähigkeiten verloren hatte. Zuweilen hörte er andere Affen in den Gebirgen schreien, und so erschrocken er auch war, so antwortete er doch darauf. Wenn sie aber näher kamen, und er einen davon erblickte, so ergriff er mit einem schrecklichen Geschrei die Flucht, drängte sich uns zwischen die Beine, und zitterte am ganzen Leibe. Man hatte viel Mühe, ihn zu beruhigen, und er erholte sich nur nach und nach von seinem Schrecken wieder. Er verstand ganz vortrefflich die Stricke an einem Korbe aufzuknüpfen, um Lebensmittel, besonders Milch, die er sehr gern trank, daraus hervorzuholen. Meine Leute züchtigten ihn, allein dadurch ward es nicht anders. Ich selbst peitschte ihn zuweilen, dann aber lief er weg, und kam nicht eher wieder zum Zelte, bis die Nacht einbrach. Einstmals wollte ich zu Mittag essen, und legte die Wasserbohnen, die ich mir gekocht hatte, auf einen Teller, als ich auf einmal die Stimme eines Vogels hörte, den ich nicht kannte. Ich ließ das Essen stehen, griff nach der Flinte, und war mit einem Sprunge zum Zelte hinaus. Nach einer Viertelstunde kam ich mit dem Vogel in der Hand zurück, fand aber zu meinem Erstaunen nicht eine einzige Bohne mehr auf meinem Teller. Kees hatte sie gestohlen, und sich daher aus dem Staube gemacht. Sonst pflegte er sich, wenn er so etwas begangen hatte, immer um die Zeit, wenn ich Thee trank, ohne alles Geräusch einzustellen, und sich ganz unschuldig, als wenn gar nichts vorgefallen wäre, an seinen Platz zu setzen; allein diesen Abend ließ er sich gar nicht wieder sehen. Da ihn auch den folgenden Tag Niemand zu Gesicht bekam, so fing ich wirklich an, unruhig zu werden, und zu besorgen, daß er auf immer verloren sein möchte. Am dritten Tage aber sagte mir einer von meinen Leuten, der Wasser geholt hatte: Kees wäre ihm in der Nähe zu Gesicht gekommen, hätte sich aber, sobald er ihn bemerkt, gleich versteckt. Augenblicklich machte ich mich auf, und durchstrich mit meinen Hunden die ganze Gegend. Auf einmal hörte ich ein Geschrei, wie Kees es immer zu machen pflegte, wenn ich von der Jagd zurückkam, und ich ihn nicht mitgenommen hatte. Ich blickte umher, und sah endlich, wie er sich hinter den Zweigen eines Baumes zu verstecken suchte. Nun rief ich ihn freundlich zu, und winkte ihm, so viel ich nur konnte, daß er heruntersteigen und zu mir kommen möchte. Allein er traute meinen Freundschaftszeichen nicht, und ich mußte selbst auf den Baum klettern, um ihn zu holen. Er floh nicht, und wir gingen zusammen nach meinem Lager zurück. Hier erwartete er nun sein Schicksal; allein ich that ihm nichts, weil es nichts geholfen hätte. Wenn ich von der Sonnenhitze verbrannt, von den Arbeiten des Tages ermüdet, mit Staub und Schweiß bedeckt, keuchend in schattenlosen Gegenden niedersinken wollte, und mich nur nach dem schmutzigsten Pfützenwasser sehnte, aber nach langem vergeblichen Suchen in dem ausgetrockneten Boden alle Hoffnung verlor: in diesen mißlichen Augenblicken wich mein treuer Kees keinen Schritt von mir. Wir entfernten uns zuweilen von unsern Wegen, und dann führte ihn ein sicherer Instinkt zu einer Pflanze. Oft war der Stengel abgefallen, und daher all sein Springen umsonst. Dann fing er an mit seinen Pfoten in die Erde hinein zu kratzen; ich kam ihm aber, weil er doch nichts ausgerichtet hätte, mit mit meinem Dolche oder Messer zu Hilfe, und wir theilten ehrlich die köstliche Frucht, die er entdeckt hatte. Ein Officier hatte eines Tages die Liebe meines Affen zu mir auf die Probe gesetzt, und sich so gestellt als wenn er mich schlüge. Hierüber gerieth Kees in Wuth, und seit dem Augenblicke konnte er den Officier durchaus nicht leiden. So wie er ihn nur von weitem erblickte, fing er an zu schreien, und machte allerlei Gebehrden, an denen man deutlich genug sah, daß er mich gern rächen wollte. Er fletschte die Zähne, und wendete alle seine Kräfte an, um ihm ins Gesicht zu springen; allein dies war nicht möglich, weil man ihn an eine Kette gelegt hatte. Vergebens hatte der Beleidiger einigemal versucht, seinen Zorn durch Leckerbissen zu besänftigen; Kees blieb jedoch lange Zeit unversöhnlich. Wenn in meinem Lager aus Naschhaftigkeit oder Gefräßigkeit gesündigt worden war, so wurde die Schuld immer zuerst auf Kees geschoben, und nur selten war die Anklage ohne Grund. Einstens wurden mir beständig die Eier gestohlen, die mir eine Henne legte. Ich wollte mich überzeugen, ob ich mich nun auch bei dieser Gelegenheit an ihn zu halten hätte. Daher stellte ich mich eines Morgens auf die Lauer, um zu warten, bis die Henne durch ihr Gackern verkündigte, daß sie gelegt hätte. Kees saß gerade auf meinem Wagen; kaum aber hörte er das erste Gackern der Henne, so sprang er augenblicklich herunter, um nach dem Eie zu laufen. Als er mich sah, stand er auf einmal still, und affectirte eine ganz sorglose Stellung, wiegte sich einige Zeit auf den Hinterbeinen hin und her, und blinzte dabei sehr einfältig mit den Augen, kurz, er wandte alle List an, um mich von der Spur abzubringen, und über das, was er vorhatte, zu täuschen. Sein heuchlerisches Wesen bestärkte mich nur noch mehr in meinem Argwohn; bald aber erhielt ich eine völlige Ueberzeugung davon. Um ihn nun auch meinerseits zu betrügen, verstellte ich mich, und kehrte dem Gesträuche, wo diese Henne gackerte, den Rücken zu, und nun sprang er auf einmal schnell dahin. Ich lief ihm nach, und kam gerade dazu, als er das Ei zerbrochen hatte und verschluckte. Ich prügelte den Spitzbuben gleich auf der Stelle für seine That; allein meine derbe Züchtigung hinderte ihn nicht, bald wieder frischgelegte Eier zu stehlen. Der Affe ist wirklich ein Thier, das sich gar nicht an Zucht gewöhnt. Er besitzt freilich einen so ausgezeichnet vollkommenen Instinkt, daß er sehr wichtige Dienste leisten kann, und der meinige hatte das bei mehr als einer Gelegenheit wirklich gethan. Allein wenn er auch erfinderisch ist, und nützliche Dienste leistet, so hat er doch dabei nur immer sich, nicht seinen Herrn vor Augen. Gewiß ist kein Thier auf der Erde so geschickt, und vielleicht auch so listig, als er; allein wenn er irgend etwas thun soll, so findet man ihn linkisch, dumm und ungeschickt. Nur durch öfteres Fasten und viele Schläge bringt man es dahin, ihn zu gewissen Künsten abzurichten; hingegen ist es ganz unmöglich, ihm mehrere Naturfehler abzugewöhnen. Er ist gefräßig, diebisch, jähzornig und rachsüchtig, und ein Lügner, sagen die Wilden, ist er nur darum nicht, weil er nicht reden will. Da ich überzeugt war, daß ich dem Meinigen nie seine Naturfehler abgewöhnen, und daß ich, wenn ich ihn nicht jeden Morgen an die Kette legte, nie ein Ei bekommen würde, so suchte ich meinen Zweck durch List zu erreichen: ich richtete einen von meinen Hunden ab, daß er, sobald die Henne gackerte, nach dem Neste hinlief, und mir das Ei unzerbrochen brachte. In einigen Tagen war der Hund dazu abgerichtet; allein Kees lief, sobald er das Gackern hörte, mit ihm zugleich zur Henne. Nun kam es darauf an, wer von Beiden das Ei bekommen würde. Oft brachte der Hund es nicht, obgleich er der Stärkere war. Trug er den Sieg davon, so kam er freudig auf mich zugelaufen, und legte das Ei in meine Hände. Kees folgte ihm indessen nach, und hörte nicht eher mit Brummen und ihn mit Grimassen zu bedrohen auf, als bis ich das Ei hingenommen hatte, gleichsam als tröstete er sich über den Verlust seiner Beute damit, daß sie nur sein Gegner nicht erhielt. Hatte Kees das Ei erhascht, so suchte er auf irgend einen Baum zu springen, verzehrte es da, und warf die Schale auf seinen Nebenbuhler herab, als wenn er ihn necken wollte. Der Letztere kam nun ganz beschämt zurück, woraus ich sein trauriges Abenteuer errathen konnte."

Zu den merkwürdigsten Gattungen der Affen gehören:

1. Der Orang-Outang (S. satyrus.)

Recht viel Bestimmtes wissen wir von diesem Thiere nicht. Er soll an 5 Fuß hoch werden, diejenigen Orang-Outang aber, welche bisher nach Europa gekommen sind, waren jung, und nicht größer, als ein

Kind von 3 bis 4 Jahren. Ihr bläuliches Gesicht hat eine kurze Schnautze, die Haare sind rostfarben, der hintere Daumen sehr kurz und meist ohne Nagel. Sein Vaterland ist Ostindien, besonders Borneo, wo man ihn leider nur sehr wenig beobachtet hat. Unter den vielen Geschichten von eingefangenen und transportirten Orang-Outang folgende:

Der Affe der Kaiserin Napoleon.

„Im März 1808 wurde ein Orang-Utang nach Paris zur Kaiserin Napoleon gebracht. Dieser Orang-Utang war, als er dort ankam, 10 bis 11 Monate alt. Er zeigte sehr viel Klugheit, und war immer sanft und gut. An schönen Tagen ließ man ihn in einen Garten, wo er auf Bäume stieg, und sich auf die Aeste setzte. Stieg ihm Jemand nach, so schüttelte er die Aeste aus allen Kräften, als wenn er ihn abschrecken wollte. Als er einmal seinen Wärter im Bette antraf, legte er sich vor Freude auf ihn, und umarmte ihn liebkosend. Die Stunde des Essens kannte er genau. Er setzte sich auf die Stuhllehne seines Wärters, und nahm, was dieser ihm gab. Als sich einmal eine andere Person auf den Stuhl setzte, kletterte er, wie gewohnt, auch auf die Lehne, nahm aber, als er den Fremden bemerkte, keinen Bissen von demselben an, und wollte durchaus nicht fressen, sprang herunter, wälzte sich, fing an zu schreien, und schlug mit dem Kopfe auf die Erde. Ueberhaupt pflegte er sich zu wälzen und zu schreien, wenn er etwas verlangt, und nicht bekommen hatte, dann erhob er von Zeit zu Zeit den Kopf, und hörte auf zu schreien, um zu sehen, ob sein Jammer Eindruck gemacht hätte. Er war sehr gern in menschlicher Gesellschaft. Vor der Thür stand ein Stuhl, auf den er gewöhnlich stieg, um den Riegel zu öffnen. Als man einmal den Stuhl wegthat, so holte er ihn eiligst wieder herbei. Zwei junge Katzen liebte er sehr, und trug sie abwechselnd unter dem Arm, und setzte sie zuweilen auf seinen Kopf. Hielten sich dann die Katzen an ihm mit ihren Krallen fest, so untersuchte er ihre Pfoten, und wollte die Krallen, welche er da vorfand, ausrupfen; da dies aber nicht ging, so ließ er sich lieber kratzen, als daß er dies Spiel mit ihnen aufgeben wollte. Konnte er bei Tische nicht gut mit seinem Löffel zurecht kommen, so gab er ihn seinem Nachbar, um ihn zu füllen. Als er einst sein Trinkglas schief niederstellte, so daß es fallen wollte, stützte er es mit der Hand, um es vor dem Umfallen zu sichern. Wenn er schlafen wollte, suchte er seine Decke, mit der er sich gern umhüllte, holte dieselbe meist nach dem Essen, legte sie auf die Schultern, und ging zu einem Bedienten, um sich ins Bett tragen zu lassen." —

Der Orang-Utang und der Schlächter.

„Wir hatten auf unserem Schiffe," erzählt Jesse, „einen jungen Orang-Utang, der in jeder Hinsicht die Gewohnheiten der Menschen sich so sehr angeeignet hatte, daß ihm nur die Sprache zu fehlen schien, um sich in Allem menschlich zu gebehrden. Auf unserer Rückkehr von Indien legte das Schiff bei Isle de France an, um frische Lebensmittel einzunehmen. Der Affe begleitete die Matrosen täglich an's Land, und trieb sich mitunter auch allein an der Küste umher. Jeden Morgen besuchte er eine von den daselbst aufgeschlagenen Buden, in denen man Kaffee und andere Getränke verkaufte, und ließ sich von der alten Verkäuferin sein Frühstück besorgen, indem er sie durch Zeichen von seinen Wünschen in Kenntniß setzte. Auf dem Schiffe selbst bewies er sich gegen Jedermann höchst anständig und zuvorkommend; nur einen Einzigen von Allen schien er zu fürchten. Dies war der Fleischer. Diesen hatte er oft Schafe und Ochsen schlachten sehen, und nun besorgte er von dem Messer desselben ein gleiches Loos. Oft schlich er sachte zu dem Manne hin, den er wie seinen Opferpriester furchtsam verehrte, untersuchte ihm die Hände, und prüfte Finger für Finger, ob kein gefährliches Instrument zwischen ihnen versteckt wäre. In Betreff seiner nächtlichen Bequemlichkeit war er für ein weiches Ruhelager so sehr besorgt, daß er den Matrosen immer einige Decken entwendete, um sie für sich zu benutzen. Bei Tische, wozu man ihn freundlich einlud, war er durchaus anständig und gesittet. Er verstand Löffel, Messer und Gabel mit ziemlicher Geschicklichkeit zu führen. Nach seiner Ankunft in England begann er zu erkranken, und erlag bald dem Einflusse des fremdartigen Klimas. Einer seiner Lieblinge auf dem Schiffe, der Koch, pflegte ihn mit treuer Sorgfalt. Sobald derselbe in's Zimmer trat, erhob der Kranke seinen Kopf vom Kissen, und richtete auf ihn sein bittendes Auge, als hoffte er von ihm eine Linderung seines Zustandes." —

Ein Orang-Utang als Weinliebhaber.

Im Jahre 1776 brachte Vosmar einen Orang-Utang von der Insel Borneo nach Holland. Dieser Orang-Utang kam Ende Juli wohlbehalten an, war etwa 2½ Fuß hoch, und verrieth niemals die geringste Spur von Bosheit oder Wildheit. „Man konnte ihm," erzählt Vosmar, „ohne Bedenken die Hand in den Mund stecken. Er sah etwas traurig aus, liebte die Gesellschaft, und gab nur denjenigen den Vorzug, die seine tägliche Wartung über sich hatten, und die ihm etwas zu Gute thaten. Wenn sich diese entfernten, warf er sich oft auf die Erde, da er an der Kette lag, that als wenn er in Verzweiflung wäre, stieß ein klägliches Geschrei aus, und zerriß alles Leinenzeug, das er erreichen konnte, in Stücke, sobald er sich allein sah. Da sein Wächter sich manchmal bei ihm auf die Erde niederzusetzen pflegte, so nahm er Heu von seinem Lager, legte es an seine Seite, und schien ihn durch alle möglichen Schmeicheleien einzuladen, sich neben ihm niederzusetzen. Gewöhnlich ging er auf allen Vieren, wie andere Affen; allein er konnte auch aufrecht stehen, und auf den Hinterbeinen gehen, wobei er einen Stock in der Hand hielt, und sich oft lange darauf stützte; doch trat er nicht wie der Mensch auf, sondern hatte die Füße nach außen zurückgebogen. Eines Morgens hatte er sich losgerissen, und wir sahen ihn mit einer bewunderungswürdigen Schnelligkeit und Geschicklichkeit an den Balken des Hauses hinaufklettern. Wir hatten Mühe, ihn wieder zu bekommen, und bemerkten, daß er eine außerordentliche Stärke besaß. Während der Zeit, als er von seiner Kette los gewesen war, hatte er unter andern den Stöpsel von einer Flasche genommen, in der sich noch ein Rest Malagawein befand; diesen hatte er bis auf den letzten Tropfen ausgetrunken, und die Flasche wieder an ihre Stelle gesetzt. Er aß fast Alles, was man ihm gab. Seine gewöhnliche Nahrung bestand in Brod, Wurzeln, besonders gelben Rüben, allerlei Früchten, und vorzüglich Erdbeeren; hauptsächlich aber schien er gewürzhafte Pflanzen, wie z. B. Petersilie, zu lieben. Auch aß er gekochtes und gebratenes Fleisch und Fische. Nach Insecten pflegte er nicht zu haschen, wonach andere Affen doch so gierig sind. Ich gab ihm einen lebendigen Sperling; er biß ihn todt, zog einige Federn heraus, kostete das Fleisch, und warf es weg. Er liebte besonders Eier, die er mit den Zähnen öffnete, und mit vielem Appetite ganz aussaugte. Braten und Fische waren seine Lieblingsspeisen. Man hatte ihn mit Löffel und Gabel essen gelehrt. Wenn man ihm Erdbeeren auf einen Teller gab, so war es ein Vergnügen zu sehen, wie er eine nach der andern mit der Gabel anspießte, und nach dem Munde führte, während er in der andern Hand den Teller hielt. Sein gewöhnliches Getränk war Wasser, jedoch trank er auch sehr gern alle Arten Weine, besonders Malaga. Gab man ihm eine Flasche, so zog er mit der Hand den Stöpsel heraus, und trank eben so gern aus dieser, als aus einem Bierglase. Hatte er getrunken, so wischte er sich, wie der Mensch, den Mund ab. Wenn er gegessen hatte, und man ihm einen Zahnstocher gab, so bediente er sich desselben, wie wir. Brod und andere Sachen wußte er sehr geschickt aus der Tasche zu ziehen. Man hat mir versichert, daß er am Bord des Schiffes, wo er frei herumgelaufen, mit den Matrosen gespielt, und sich eben so gut, wie sie, seine Portion in der Küche geholt habe. Beim Einbrechen der Nacht legte er sich nieder. Er schlief nicht gern in seinem Käfig, weil er vielleicht befürchtete, darin eingesperrt zu werden. Wenn er sich niederlegen wollte, so machte er sich das Heu seines Lagers zurecht, schüttelte es tüchtig durch, baute sich ein Kopfkissen, legte sich meistens auf die Seite, und deckte sich mit einer Decke warm zu, da er sehr frostig war. Von Zeit zu Zeit sahen wir ihn etwas vornehmen, das uns außerordentlich in Erstaunen setzte, als wir es das erste Mal bemerkten. Als er nämlich, wie gewöhnlich, sein Lager zurecht gemacht hatte, nahm er einen Leinwandlappen, der neben ihm lag, breitete ihn ordentlich auf dem Boden aus, that in seine Mitte Heu, und legte die vier Enden der Leinwand darüber, trug dies Packet mit vieler Geschicklichkeit nach seinem Lager, wo es ihm zum Kopfkissen diente, und zog dann die Decke über seinen Körper. Eines Tages sahen wir ihn das Schloß an seiner Kette öffnen, und wieder zuschließen; er nahm nämlich ein kleines Stück Holz, steckte es in's Schlüsselloch, drehte es herum, und sah nach, ob das Schloß nicht aufginge. Als man ihm ein ander Mal eine kleine Katze hinsetzte, befühlte und beroch er dieselbe allenthalben; da sie ihn aber in den Arm kratzte, warf er sie weg, und wollte nichts mehr mit ihr zu thun haben. Wenn er den Boden seines Lagers verunreinigt hatte, suchte er denselben mit einem Lappen aufzuwischen. Machte man Knoten in einen Strick, so wußte er dieselben, so verschlungen sie auch sein mochten, entweder mit den Zähnen, oder mit den Nägeln zu lösen. Hatte er einen Stock in der Hand, so kostete es viele Mühe, ihm denselben zu nehmen, da er sich tüchtig damit wehrte. Nie hörte man ihn irgend ein Geschrei ausstoßen, außer wenn er sich allein befand; anfänglich klang dies beinahe wie das Heulen eines jungen Hundes, hernach ward es rauher. Im November wurde er krank, litt endlich an der Auszehrung, woran er im Januar 1777 starb."

Battels menschenähnlicher Affe.

Battel beschreibt seinen Affen am ausführlichsten. Er nennt ihn Pongo, und macht ihn dem Menschen ähnlich, er sei aber so groß wie ein Riese, habe ein bloßes Gesicht wie der Mensch, Ohren und Hände, eingefallene Augen, wenig Haare am Leibe, aber lange an den Seiten des Kopfes, er unterscheide sich vom Menschen nur durch den Mangel der Waden, gehe aber beständig aufrecht, schlafe auf Bäumen, baue sich eine Hütte zum Schutz gegen Sonne und Regen, lebe von Früchten, fresse kein Fleisch, könne nicht reden, obschon er mehr Verstand habe, als alle andere Thiere, käme, wenn die Neger Feuer im Walde haben, dazu, und setze sich nieder, um sich zu wärmen, hätte aber nicht Einsicht genug, Holz anzulegen, um das Feuer zu unterhalten. Sie gingen truppweise, und tödteten bisweilen Neger an abgelegenen Orten; griffen selbst den Elephanten an, schlügen ihn mit Stöcken, und trieben ihn aus ihrem Wald. Man könne sie nicht lebendig fangen, denn sie seien so stark, daß 10 Mann nicht über einen Einzigen Meister würden; daher bekomme man nur ganz kleine Junge, welche die Mutter aufrecht trage, und an der sie sich festhalten mit Händen und Knieen. Es gebe 2 Arten dieser menschenähnlichen Affen: den Pongo, so groß und dicker als ein Mensch, und der Enjocko, welcher viel kleiner ist. Stirbt einer von ihnen, so bedecken ihn die andern mit einem Haufen Zweige und Blätter. Ein Pongo habe ihm einen jungen Neger geraubt, welcher ein ganzes Jahr bei diesen Thieren gelebt habe. Bei seiner Rückkehr habe er erzählt, sie hätten ihm gar nichts gethan; sie seien gewöhnlich so hoch als ein Mensch, aber viel dicker, im Betrag fast so viel wie zwei gewöhnliche Menschen.

---

2. Der Schimpanse oder afrikanische Waldmensch (troglodytes).

Auch dieser Affe, welcher dem Menschen noch ähnlicher sein soll, kam nur jung und sehr selten nach Europa, und war nicht höher als 2½ Schuh. Er ist schwarz oder braun behaart, die Haare sind kürzer, als beim Ostindischen, die Stirn ist sehr niedergedrückt.

Der galante Schimpanse.

Buffon hatte einen Affen, welcher 2 Schuh 5 Zoll hoch war, und nur 2 Jahr alt gewesen sein soll. Er ging immer aufrecht, selbst wenn er schwere Sachen trug. Er sah traurig und ernsthaft aus, bewegte sich abgemessen, war sanft, weder ungeduldig, wie der Magot, noch garstig, wie der Pavian, noch muthwillig, wie die Meerkatze. Er gehorchte auf's Wort oder auf ein Zeichen, während man bei dem Pavian den Stock, bei den andern Affen die Peitsche brauchen muß. Er bot den Leuten den Arm an, und ging ordentlich mit ihnen herum, setzte sich zu Tisch, schlug das Handtuch auf, wischte damit die Lippen ab, bediente sich des Löffels und der Gabel, schenkte sich selbst ein, stieß an, holte eine Tasse und Schale, that Zucker hinein, goß Thee darauf, ließ ihn kalt werden, ehe er ihn trank, und das Alles auf ein bloßes Zeichen seines Herrn, bisweilen von selbst. Er that Niemandem etwas, näherte sich bescheiden, und verlangte Schmeicheleien; er liebte besonders Zuckerbrod, das ihm jeder Zuschauer brachte. Es schien ihm aber zu schaden, da er oft Husten hatte; er starb im nächsten Winter. Er fraß Alles, zog aber Obst vor, trank auch etwas Wein, ließ ihn aber stehen, wenn er Milch, Thee oder süße Liqueure bekam. Er kam von den Küsten von Angola, aus der Gegend des Flusses Gabon.

3. Der gemeine Affe (sylvanus).

Dies ist derselbe, welchen man gewöhnlich mit den Bären herumführen, und in den Straßen tanzen sieht. Er wird über 2 Fuß lang, sein Schwanz ist nur ein Hautlappen.

Ueber den Fang dieser Affen.

Als Posidonius von Cadix nach Italien schiffte, und an die libysche Küste verschlagen wurde, habe er einen Wald am Meer ganz voll von Affen gesehen; die einen auf Bäumen, die andern auf dem Boden sitzend; einige hätten Junge gehabt, und dieselben gesäugt: darunter seien auch gewesen mit Kahlköpfen, Brüchen und mit andern Uebeln behaftet, so daß es sehr lächerlich wäre anzusehen gewesen.

In einem Walde am Indus fanden die Macedonier unter Alexander eine solche Menge Affen, daß sie einmal glaubten, ein Heer vor sich auf baumlosen Hügeln zu sehen, gegen welches sie wirklich anrückten. Sie standen nämlich daselbst in Reihe und Glied, wie Menschen. Man fängt sie auf zweierlei Art. Da sie Alles nachzuahmen pflegen, so stellen die Jäger unter den Baum, worauf sie welche sehen, eine Schüssel mit Wasser, und waschen sich die Augen; dann thun sie Vogelleim hinein, und entfernen sich. Die Affen steigen herunter, waschen sich ebenfalls die Augen, und werden sodann gefangen, weil sie die Augen nicht öffnen können. Auch ziehen die Jäger eine Jacke an, und lassen eine andere, inwendig behaarte und mit Leim bestrichene zurück. Die Affen ziehen diese an, und werden leicht gefangen.

4. Der Pavian (cynocephalus),

leicht zu erkennen an der verlängerten Hundsschnauze, die Naslöcher sind nicht oben darauf, wie bei den andern, sondern vorn daran.

Die Paviane finden sich im heißen und südlichen Afrika. Sie werden alle sehr groß und so stark, daß sie leicht einen Menschen überwältigen. Weil ihre Hinterfüße nicht so lang sind, als bei den übrigen Affen, so gehen sie leichter auf allen Vieren. Selten stehen sie aufrecht, gehen auch sehr ungern, aber im Klettern sind sie Meister. Hurtig springen sie von Baum zu Baum.

5. Der guineische Pavian (S. maimon), Mandrill

läßt sich leicht von dem vorigen unterscheiden. Die Hundsschnauze ist noch spitzer, als bei den andern Pavianen. Sein Schwanz ist nur Stummel. Am meisten unterscheidet er sich durch blaue, starke, runzelige Backen, und einen blutrothen Nasenrücken. Man sieht ihn zuweilen bei Thierführern, welche ihn wie einen Soldaten anziehen, und das Gewehr schultern, präsentiren, anlegen und losschießen lassen. Er läßt sich übrigens schwer zähmen. Je älter er wird, desto mehr nimmt seine Wildheit und Rohheit zu, und wird durch seine ekelhaften Gewohnheiten ganz abscheulich. Seine Heimath ist Guinea. Seine gewöhnliche Speise ist Obst. Mit einem Stock in der Hand sitzt er ziemlich aufrecht, und trinkt aus einem Glase in der Hand, wie der Mensch.

6. Der guyanische (S. paniscus) Coaita, Quato

mit langem, ganz schwarzem Pelze, einem Haarwirbel auf dem Kopfe und fleischfarbenem Gesichte.

Er ist ein höchst komischer Affe, der seinen Schwanz wirklich wie eine fünfte Hand gebraucht. Man findet sie oft in Menagerien, und es ist wirklich merkwürdig, wie vorsichtig sie sich mit diesem Schwanze halten, und damit auf- und absteigen.

Als ich eines Abends spazieren ging, erzählt ein Reisender, näherten sich mir diese Affen sehr, um mich anzusehen, und warfen kleine Steine und ihren Unrath mir entgegen. Ich blieb stehen, um sie zu beobachten. Er ist sehr groß, und der Schwanz ungeheuer lang. Mit dem Schwanzende hing er sich häufig an Bäumen an, und kam hurtig von einem Baum zum andern. Höchst merkwürdig ist, daß er, durch eine Flinte oder einen Pfeil verwundet, sogleich die Hand auf die Wunde legt, das fließende Blut betrachtet, mit Hülfe seiner Kameraden oben auf den Baum klettert, und ein jämmerlich Geschrei ausstößt. Dort nun hängt er sich mit dem Schwanz an einen Zweig, beweint sein Schicksal, bis geschwächt von Blutverlust er zu den Füßen seines Feindes herunterstürzt.

7. Der Kapuziner-Affe (S. capucina s. apella), Sai, Saju.

Er ist 1½ Fuß lang, graulichbraun, Scheitel und Hände schwärzlich. Man findet ihn in Südamerika.

Sie sitzen fast immer auf Bäumen und bleiben so lange oben, als es was zu fressen darauf giebt. Wenn es regnet, setzen sie sich in einen Klumpen zusammen. Höchst possierlich ist es, wenn er die Stirnhaut finster runzelnd auf- und niederrollt. Gewisse Personen scheint dieser Affe gleich beim ersten Anblick nicht leiden zu können, die er dann mit fürchterlichen Grimassen anblökt. Sonst ist dieses Thier sehr sanft und gehorsam. Sein Geschrei klingt wie das Pfeifen der Natter. Bald gleicht es einem grellen Gelächter, bald klingt es traurig und jämmerlich: hu, hu! Seine Lieblingsspeise ist gebratenes Fleisch, und besonders Wurst. Auch trinkt er Wein. Bei Tische steigt er der Person, an die er am meisten gewöhnt ist, auf die Schultern, und wenn er auf dem Teller etwas Gutes bemerkt, so geht er von der Schulter auf die Hand hinunter, und holt sich ohne Weiteres die Speise mit der Gabel; ja er nimmt sogar die Bissen aus dem Munde.

Höchst drollig ist es, wenn er in den Spiegel sieht. Mit lustigen Geberden guckt er hin und her, und glaubt nicht, daß er es ist, der im Spiegel erscheint.

Den Namen Kapuziner-Affe führt er, weil seine sammetschwarzen Haare von der Stirn bis auf den Rücken aufgerichtet stehen, und gleichsam eine Kappe bilden, die vorn einen Zipfel hat, wie bei den Kapuzinern.

Unter der großen Anzahl von Affen, mit deren Anordnung und Eintheilung sich die Naturforscher viel Mühe gegeben haben, erwähnen wir noch

8. Die kurzbeinigen und kurzschwänzigen (Cercopithacus) Guenons.

Es sind meist kleine, bunte Affen aus dem mittlern Afrika. Darunter ist der grüne, der äthiopische, der rußfarbene, der rothe, der rothrückige, die Weißnase, der blinzelnde, der Schnurrbart, der Nonnenaffe.

Levaillant begegnete in einem Walde am kleinen Fischfluß gegen die Casferei den grünlichen Affen, mit weißem Bauch und schwarzem Gesicht. Sie sprangen von einem Aste zum andern, zeigten sich und

verschwanden, als ob sie ihn zum Besten hätten. Er hatte wohl gegen 30 auf dem Baume bemerkt, als er sich aber unter den ziemlich freistehenden Baum geschlichen hatte, konnte er keinen mehr bemerken. Er setzte sich nieder, doch als er eine ziemliche Weile hinaufgeblickt hatte, guckte endlich ein Kopf hervor. Er wartete wieder eine Weile, ohne daß sich etwas rührte. Doch als ihm die Zeit zu lang wurde, so schoß er auf's Gerathewohl in den Baum. Es stürzten zwei, und ein dritter hielt sich mit dem Schwanz an einem kleinen Zweig. Er schoß abermals, und das Thier fiel. Als er hierauf ein Stück weiter gegangen war, kletterten die Affen mit einem Male herunter, und flohen mit lautem Geschrei in den Wald. Einige hinkten darunter, wahrscheinlich waren sie verwundet, doch kümmerten sich die anderen nicht darum.

Die Anzahl der Affen ist, wie schon gesagt, außerordentlich groß. Im Allgemeinen werden sie in amerikanische und in Affen der alten

Welt eingetheilt. Die amerikanischen haben eine dicke Nasenscheidewand, die Naslöcher zur Seite, einen langen Schwanz, die Affen der alten Welt dagegen haben nur eine schmale Nasenscheidewand. Die Nasenlöcher sind nach vorwärts gerichtet. Sie haben keinen Wickelschwanz. Die ersteren heißen auch Dicknasen, die letzteren Schmalnasen. Wenn Ihr Euch, liebe Kinder, diese Kennzeichen merkt, so werdet Ihr im Stande sein, die meisten Affen wenigstens in eine dieser Klassen zu bringen.

Der Maki (lemur).

Die Maki theilt man zunächst in geschwänzte und ungeschwänzte. Unter den Geschwänzten merkt Euch

1. den Mokoko,

welcher die Größe einer Katze hat. Er sieht aschgrau aus, unten weiß, Nase schwarz, Schwanz weiß und schwarz geringelt.

Der sanfte und reinliche Mokoko.

Einer wurde zu Paris 19 Jahr alt, ein Beweis, daß er unser Klima sehr gut verträgt; indessen war ihm die Kälte unangenehm, er rollte sich immer zusammen, und bedeckte den Rücken mit dem Schwanz; setzte sich gern ans Feuer, hielt die Hände daran, und verbrannte oft den Schnurrbart. Er hielt sich sehr reinlich und glänzend, war immer in Bewegung, untersuchte Alles, und warf es um; gegen Abend sprang oder tanzte er eine halbe Stunde lang ziemlich tactmäßig, und dann legte er sich auf ein Brett über der Thür, um zu schlafen. Er fraß Brod, und besonders gern Obst, so wie Eier; in seiner Jugend fraß er auch gekochtes Fleisch, und trank Wein. Er war übrigens sehr sanft, ließ sich gern schmeicheln, bezeugte aber keiner Person eine besondere Zuneigung, war vielmehr zutraulich gegen alle Welt, und setzte sich Jedermann auf den Schooß, oder kletterte auf die Schultern; in seinen alten Tagen wurde er stiller.

---

2. Der ungeschwänzte (lemur indri).

Er ist der größte unter allen Maken. Sein Pelz ist dick und seidenartig, schwarz. Auf Madagaskar heißt er: Indri oder Waldmensch, und ist sehr sanft. Sowohl dieser, als überhaupt alle Maki können entsetzliche Sprünge machen, da sie längere Hinter-, als Vorderbeine haben. Sie sitzen wie die Eichhörnchen, brauchen aber beim Fressen die Hinterfüße, statt der Hand. Maki heißen sie, weil sie Maki schreien.

Die Fledermaus (Vespertitio).

Ein merkwürdig Thier! Es ist kein Vogel, und fliegt doch! Der Schöpfer scheint mit der Fledermaus den Uebergang von den Säugethieren zu den Vögeln gezeigt zu haben. Das fliegende Eichhorn und der fliegende Drache dürfen sich mit der Fledermaus nicht messen

Denn diese kann wohl 2 Stunden lang mit Fliegen aushalten, während jene nur von einem Baume zum andern zu fliegen scheinen. Ja die Fledermaus nimmt manchmal gar noch ihre Jungen auf dem Flug mit, welche sich an den Brüsten der Mutter festhalten. Aber womit fliegt sie denn? da sie keine Federn hat, wie die Vögel. Zwischen den Vorderfüßen, welche länger sind, als der ganze Körper, und den Hinterfüßen ist eine Haut, so fein wie Flor, ausgespannt, welche in sehr viele Falten gelegt werden kann, und damit fliegt sie. Seltsam und merkwürdig ist die kleine Nase gebildet; ebenso die Ohren, welche mit einem Deckel versehen sind. Die Vorderzehen könnte man Finger nennen, von denen der erste einen scharfen Nagel hat, womit sie sich an Wände und Gemäuer festhalten kann. Das Gehen fällt ihr sehr schwer. Es scheint dann, als ob sie auf den Knieen ginge, die Flughäute hangen auf beiden Seiten, wie Dächer, herab, und der Bauch wird auf dem Boden fortgeschleppt. Wenn die Fledermaus fliegen will, muß sie durchaus erst den Boden verlassen, und auf einen höheren Gegenstand klettern. Dann läßt sie sich los und fängt mit der Haut die Luft auf. Ihr Flug ist sehr sanft, doch wagt sie sich weder in die Höhe, noch in die Weite, sondern bleibt immer in der Nähe ihrer Schlupfwinkel.

Sehr häßlich sieht ihr großes Maul aus, welches von einem Ohr bis zum andern reicht. Aber um so kleiner sind die Augen; kaum sieht man sie, so versteckt liegen sie neben den Ohren in langen Haaren verhüllt. Mit dem häßlichen Maule schafft aber die Fledermaus viel Gutes. Welch eine Menge Ungeziefer, als Nachtfalter, Käfer, Schaben, Fliegen u. s. w. frißt sie! Mitunter besucht sie auch wohl einen Schornstein, und läßt sich den dort aufgehängten Schinken gut schmecken. Wo bleiben die Fledermäuse aber im Winter? Dann hüllen sie sich in ihre Flughaut, wie in einen Mantel ein, so daß nur die Schnautze herausguckt, und hängen sich irgendwo mit den Hinterfüßen klumpenweise auf.

Ihre gefährlichsten Feinde sind die Eulen, von denen sie selbst in ihren Schlupfwinkeln aufgesucht und gefressen werden.

Es giebt mehrere Arten von Fledermäusen. Für uns ist die einheimische (V. murinus) die merkwürdigste, welche die Größe einer Maus hat. — Wegen ihrer seltsamen Nasenbildung heißt eine die Hufeisennase (V. ferrum equinum). — Der

Vamphyr, Blutsauger (V. spectrum)

ist besonders merkwürdig. Diese Fledermaus nährt sich nicht blos von Insecten, sondern soll sogar Thieren und Menschen Blut aussaugen. Hiervon ein paar Geschichten!

Der nächtliche Besuch eines Blutsaugers.

Stedmann erzählt: Ich wachte im September im Lager des Morgens um 4 Uhr auf, und war sehr erschrocken, als ich fand, daß ich in geronnenem Blute lag, obschon ich keine Schmerzen fühlte. Ich lief sogleich mit einem brennenden Stück Holz zum Wundarzt, um Hilfe zu suchen, wo es sich ergab, daß ich von einem Vampyr oder fliegenden Hund gestochen war. Es ist eine ungeheure Fledermaus, welche schlafendem Vieh und Menschen das Blut aussaugt, und bisweilen den Tod verursacht. Sie nähert sich, auf ihren großen Fittichen schwebend, den Füßen, und beißt oder sticht vielmehr ein Loch in die große Zehe, daß kaum eine Nadel hineingeht, und gar kein Schmerz empfunden wird. Dennoch saugt sie so viel Blut, daß sie es wieder erbrechen muß, und das wiederholt sie so oft, daß sie kaum davonfliegen kann, und ihr Opfer nicht selten aus dem natürlichen Schlaf in den ewigen übergeht. Das Vieh sticht sie gewöhnlich an den Ohren, und in eine Stelle, wo das Blut sogleich fließt, wahrscheinlich an einer Schlagader. Der Wundarzt legte mir Tabaksasche auf; ich wusch mich, so wie meine Hangmatte, unter der viel geronnenes Blut war, welches der Wundarzt auf 14 Unzen schätzte. Nachher gelang es mir, einen dieser Vampyre zu tödten; er hatte 32 Zoll Flugweite, und es soll welche geben von 3 Schuhen, obschon sie denen auf Madagaskar nicht gleichen. Er war dunkelbraun, heller auf dem Bauch; auf der Nase eine aufrechte, glänzende, runzelige und spitzige Haut; statt des Schwanzes nur eine Sehne in der Spannhaut; die Ohren lang, rund und durchsichtig, oben 4, unten 6 Schneidezähne; der Daumen und die Finger dienen dem Thier zum Klettern und sich an Bäume, Felsen und Dächer zu hängen, wo es schläft. Später, wo er von Kriegsstrapatzen fast erschöpft war, wurde er noch dazu 2 Nächte hinter einander so vom Vampyre ausgesogen, daß er das Bewußtsein in seiner Hangmatte verlor. Endlich sah er im Hornung einen Weißen, welcher das Gesicht in einer Nacht vom Stiche des Vampyrs verloren hatte, giebt aber nicht an, wo er gestochen worden ist.

Wie es die Vampyre beim Blutsaugen machen.

Rengger, der Naturforscher, hat selbst wohl hundertmal die Verletzungen an Pferden und Ochsen untersucht, ohne über die Art, wie sie hervorgebracht werden, zur Gewißheit zu kommen. Die beinahe trichterförmige Wunde hat gewöhnlich $^1/_4$ Zoll im Durchmesser, und eine Tiefe von 1—2 Linien, geht aber nicht durch die Haut hindurch bis auf die Muskeln; auch bemerkt man keinen Eindruck von Zähnen, und der Rand ist sehr aufgelockert, wie von einer Wassergeschwulst, daher vermuthet er, daß sie zuerst durch Saugen mit den Lippen die Haut unempfindlich machen, wie es durch's Aufsetzen der Schröpfköpfe geschieht; dann, wann sie angeschwollen ist, mit den Zähnen eine kleine Oeffnung machen, und dadurch ihre ausdehnbare zum Saugen gebaute Zunge einbohren, wodurch das trichterförmige Aussehen der Wunde entsteht.

Daß diese Fledermäuse während des Saugens mit ihren Fittigen echeln, ist ganz unmöglich: sie setzen sich auf die Thiere nieder, und müssen daher die Flügel einziehen; auch wählen sie, um sich leichter festhalten zu können, die behaarten oder die flachen Theile der Thiere, und bringen daher den Pferden vorzüglich am Halse und um die Schwanzwurzel, ebenso den Mauleseln, den Ochsen auf den Schulterblättern und an der Wamme die Wunden bei. An sich haben sie nichts Gefährliches: da aber 4—6 und noch mehr Fledermäuse in der nämlichen Nacht ein Saumthier ansaugen, und manchmal mehrere Nächte hinter einander, so werden diese durch den Blutverlust geschwächt, um so mehr, da immer noch 2—3 Unzen nachfließen. Oft legen auch die Fliegen ihr Geschmeiß hinein, wodurch aus den Wunden große Geschwüre werden. Es ist merkwürdig, daß die Fledermäuse auch in diesem Lande eine Art Winterschlaf halten, jedoch nur auf 4—8 Tage, jedesmal, so oft der Südwind weht, und das Thermometer gegen 0 sinkt.

Das Eichhorn (sciurus).

Eine Menge Gattungen giebt es von diesem Thierchen. Sie gehören zu den Nagethieren. Eigenthümlich ist es, daß ihre beiden langen Vorderzähne in der untern Kinnlade beweglich sind. Die Eich-

hörnchen sind sehr muntere, höchst possierliche Thiere, und nehmen bei uns gleichsam die Stelle der Affen ein. Mit der größten Behendigkeit klettern und springen sie von einem Baum zum andern. Ihre Nahrung besteht aus allerlei Samen und Nüssen.

1. Das gemeine Eichhörnchen (sc. vulgaris).

Es findet sich in allen Wäldern von Europa, und ist Euch, liebe Kinder, gewiß bekannt. Ihr habt gewiß schon manches im Walde zu haschen gesucht, was Euch aber wohl nicht gelungen sein mag. Denn es springt gar zu schnell von Baum zu Baum, und herunterschütteln, wie die Maikäfer, läßt es sich nicht. Seine liebste Wohnung ist im hochstämmigen Nadelholz und in Eichen- und Buchwaldungen. Hier bauen sie aus Moos und Reisern oder aus trocknem Laube meist in der Mitte der Bäume am Stamme wenigstens 4 Nester, 2 große und 2 kleine. Jedes Nest hat gegen Morgen einen Haupteingang, auf der andern Seite aber noch ein Loch zur Flucht im Fall der Noth. Zuweilen benutzt das Eichhorn ein Elster- oder Rabennest zu seiner Wohnung. Bei Sturm und heftigem Regen verstopft es alle Löcher. Werden die Bäume zu heftig vom Winde bewegt, so steigt es herab auf den Boden. Sie sammeln auch wohl einigen Vorrath in selbst gegrabene Löcher, aber nicht für den Winter, denn sie verzehren ihn schon in den ersten rauhen Tagen des Herbstes. Sehr spaßhaft ist es anzusehen, wenn sie eine Nuß öffnen wollen. Unter den freundlichsten und lächerlichsten Mienen drehen sie dieselbe während des Nagens zwischen den Pfoten so lange herum, bis sie die ganze harte Schaale zerspalten haben.

In einem sorgfältig ausgepolsterten Neste bringen sie im April 3 bis 7 Junge, welche 8 Tage blind liegen, und nur 4 Wochen gesäugt werden.

Das nordamerikanische Eichhörnchen (sc. striatus)

ist etwas kleiner, als das unsrige, sieht oberhalb graugelb aus, mit eingemengten schwarzen, weißspitzigen Haaren, und unterhalb oder an der Kehle und am Bauche grauweißlich. Dieses Thierchen lebt aber nicht auf Bäumen, sondern auf dem Boden, wo es sich eine Höhle gräbt, und wo es sich einen Vorrath von Baumsamen und andern Nahrungsmitteln sucht. Zuweilen trifft es sich, daß man bei diesen Thierchen in derselben Höhle die Klapperschlange ruhig wohnen sieht.

Das fliegende Eichhörnchen.

Es findet sich in Asien und Europa. Die zwischen den Vorder- und Hinterbeinen verlängerte Haut dient dem Thiere als Fallschirm, so daß es damit außerordentliche Sprünge machen kann. Selten kommt es auf den Boden, wo es sehr unbeholfen ist.

Der Siebenschläfer (Myoxus esculentus).

Sein Name zeigt schon an, daß er ein Freund vom Schlafen sein muß. Und so ist es auch. Wenn es im Herbste kühl wird, macht er sich sein Bettlein aus weichem Moose in einer Höhle zurecht, erstarrt und verschläft den ganzen Winter. Im Frühlinge, wann es warm und grün um ihn her wird, erwacht er wieder. In Italien hält man sein Fleisch für einen Leckerbissen, baut ihm Nester, in die er auch hineingeht, wo er aber, wenn er eingeschlafen ist, aufgesucht und geschlachtet wird. Der Siebenschläfer ist nicht länger als 7 Zoll, der Schwanz aber 5 Zoll. Das Maul ist wie beim Eichhorn. Das oberhalb aschgraue, am Unterleibe silberweiße, glänzende Fell hat ein sehr weiches, schönes Haar. Sein Vaterland ist Italien, in Deutschland sind sie selten. Er frißt Haselnüsse, Kastanien, Buchnüsse und andern Samen.

Die Haselmaus (Myoxus avellanarius).

Ein possierlich Thierchen, das sein Leben wie der Siebenschläfer führt, den Winter also auch verschläft. Oberhalb des Körpers ist es hellfuchsroth oder rothgelb, unterhalb weißlich. In Italien ist es zu Hause, und wird bei uns nur selten gefunden.

Die Maus (Mus).

Mäuse habt Ihr doch wohl schon oft gesehen? Es giebt ihrer ja fast in jedem Hause. Das Mäusegeschlecht ist sehr groß. Alle Mäuse sind Nager und grenzen in ihrer Lebensart sehr an die Eichhörner und Schläfer. Wir wollen nur einige der merkwürdigsten erwähnen:

1. Die Hausmaus (mus musculus).

Das ist unser kleiner Hausgenosse, vor dem die Hausfrau alles sorgfältig verschließen muß. Denn das Licht auf dem Leuchter ist vor der Maus nicht sicher, benagt zu werden. Selbst Stiefel und Schuhe zerfrißt die Unartige. Sie sind zwar sonst recht niedlich, besonders die weißen mit den rothen Augen, aber der Schaden, den sie anrichten, ist so groß, daß wir sie wegfangen müssen. Am besten versteht aber das Fangen Fräulein Katze. Wo die sich blicken läßt, da

bekommen die Mäuse einen solchen Schreck, daß sie das Loch nicht mehr finden, wenn sie auch dicht dabei stehen. Man will behaupten, daß die Mäuse die Musik lieben, und des Nachts nach ihrer Art auf dem Klavier spielen, indem sie über die Tasten offener Klaviere mehrmals hin- und herlaufen, ja sogar bei Tage aus ihren Löchern hervorkamen, wenn dieses Instrument gespielt wird. Ihre nächste Verwandte ist

Die Feldmaus (M. silvaticus),

welche etwas größer ist. Eine wahre Landplage, wenn sie in zu großer Menge vorhanden sind. Auf sandigen und lockern Feldern wohnt sie in kleinen Erdhöhlen, die sie sich selbst baut. Ihre Hauptnahrung ist hier das Getraide, woron sie sich zum Winter Vorrath einträgt. Sie vermehren sich außerordentlich schnell. Die kleinen, krummbeinigen Dachshunde verstehen es vortrefflich, sie aus ihren Nestern herauszuholen. Der Dachs untersucht erst mit der Nase, ob eine Maus darin ist. Befindet sich wirklich eine darin, so ist sie im Nu ausgegraben, und sammt ihren Jungen getödtet. Wenn es den Feldmäusen an Futter fehlt, so gehen sie auf die Wanderschaft, aber immer gerade aus, der Nase nach, bis sie nach einem Berg oder Fluß kommen. Viele ersaufen dabei, viele verhungern oder werden von Raubthieren gefressen.

Die Wurzelmaus (M. oeconomus)

sieht ganz wie die Hausmaus aus, ist aber oberhalb schwärzlich gelb. Dies Thierchen ist ein Muster von Sparsamkeit. In ihrer Höhle, zu der oft 30 Röhren führen, legt sie einen oft 30 Pfund schweren Vorrath von Wurzeln an. —

Die Wurzelmaus, eine fleißige Vorrathssammlerin.

Sie findet sich vom Oby bis nach Kamtschatka in allen Ebenen, macht Gänge unter dem Rasen mit großen Vorrathskammern, welche sie mit sauber gereinigten Wurzeln ausfüllt. Man kann kaum begreifen, wie ein Paar so kleine Thiere (denn gewöhnlich thun sich nur 2 für den Winter zusammen) eine solche Menge Wurzeln aus dem zähen Rasen hervorgraben und zusammentragen können. Man findet oft 8—10 Pfund in einer Kammer, manchmal sind deren 3—4 bei einem Nest. Sie holen sie oft ziemlich weit davon entfernt, machen Grübchen in den Rasen, reißen die Wurzel aus, reinigen sie auf der Stelle, und ziehen sie rücklings nach dem Nest, wohin sie eine Menge Pfade haben. Die Wurzeln sind von dem gemeinen Wiesenknopf, den Knollenknöterich, dem betäubenden Kälberkropf und dem Sturmhut, womit sie sich, wie die Tungusen sagen, einen Festtag, und sich damit betrunken machen. Nirgends wird die Industrie dieser Thiere dem Menschen so nützlich, wie in Dawurien und in andern Gegenden des östlichen Sibiriens, wo die heidnischen Völker, welche keinen Ackerbau haben, mit ihnen hausen, wie unbillige Edelleute mit ihren Bauern. Die Tungusen sind darauf sonderlich aus, und haben an dem Wurzelvorrath, den sie ihren armen Landsassen, den Feldmäusen abnehmen, den ganzen Winter zu essen. Im Herbste, wann sie ihre Vorrathskammern angefüllt haben, stechen sie dieselben mit Schaufeln aus, lesen die betäubenden, weißlichen Wurzeln aus, und behalten die schwarzen des Wiesenknopfs, welche ihnen nicht bloß als Speise, sondern auch als Theetrank nützlich sind. Was übrig bleibt, wühlen die wilden Schweine aus, und fressen ihre Wohlthäter sammt dem Vorrath.

Nach Steller macht man in Kamtschatka an den Orten, wo sie sich häufig finden, einen guten Fang an Zobeln und Füchsen. Das Seltsamste ist, daß sie nach Art der Tartaren herumwandern, alle auf einmal im Frühjahre heerweise fortziehen, und einige Jahre wegbleiben, worauf man ein nasses Jahr prophezeit; dann kommen sie wieder schaarenweise zur großen Freude der Einwohner. Sie ziehen graden Wegs nach Westen, umgehen keine Flüsse, sondern schwimmen durch, wobei viele ersaufen, und von Fischen und Enten gefressen werden. Am andern Ufer fallen sie wie todt nieder, ruhen aus haufenweise beisammen, wobei sie Niemand stört. In der Gegend von Penschina wenden sie sich südlich, und kommen in der Mitte Juli am Ochata an. Solch ein Zug dauert oft 2 Stunden in einem fort. In Kamtschatka kommen sie gemeiniglich im October an, so daß man sich nicht genug über den weiten Weg wundern kann, den sie in einem Sommer zurücklegen.

Die Blindmaus (M. typhlus)

sieht wie ein großer Maulwurf aus, und wurde für blind gehalten. Sie hat jedoch Augen, freilich die kleinsten unter den Säugethieren. Das Auge ist nicht größer, als ein Mohnkorn, ohne Augenlied. Im südlichen Polen und Rußland kommt sie häufig vor. Gleich dem Maulwurf macht sie mit dem Rüssel und den Zähnen Gänge unter der Erde, um knollige Wurzeln zu suchen, und stößt dabei ebenfalls Erdhaufen aus.

Der Lemming (M. norvegicus)

ist beinahe so groß, wie eine Hausratte, 5 Zoll lang, bräunlich gelb, unten weißlich. Norwegen, Lappland und Sibirien sind sein Vaterland. Seine Nahrung ist Moos, Gras und allerlei Wurzeln. Sie vermehren sich zu Millionen, und so kommt es nun, daß sie zuweilen auswandern müssen. Sie sammeln sich dann zu großen Haufen, rücken vom Gebirg herunter, und gehen ins Meer, das dann voll von Ersoffenen ist. Schifferboote werden oft von denselben so angefüllt, daß sie unterzusinken drohen.

Die Ratte (M. rattus).

Die Ratten, die Mäuse im Großen, sind lästige, sehr schädliche Thiere. Sie werden wohl 7 bis 8 Zoll lang. Ihre Farbe ist weiß blauschwarz, der Unterleib blässer. Die Ratten sind es, welche des Nachts in Speichern und Kellern herumtoben und lärmen, und alle Eßwaaren, die sie erreichen können, angreifen. Besonders sind sie Freunde von Speck, der selbst im Schornsteine nicht sicher ist. Fetten Schweinen, die wegen Unbeholfenheit sich nicht mehr rühren können, fressen sie Schwanz und Ohren ab, ja sogar den Speck aus dem lebendigen Leibe. Alles, was ihnen im Wege ist, zernagen sie, selbst dicke Bretter. Werden sie von der Katze angegriffen, so wehren sie sich lange, ja sie springen sogar nach dem Menschen. Sie hecken des Jahres 2—3mal 4—7 blinde Junge. Zuweilen liegen 6—8 zusammen, und dann verschlingen sich ihre Schwänze so mit einander, daß sie einen Knoten bilden, und es scheint, als wenn sie verwachsen wären. Solch ein Nest nennt man einen Rattenkönig.

Die Wanderratte.

Sie ist gelblich braun, viel größer, als die vorige (10 Zoll lang), der Schwanz ist aber kürzer. Im Jahre 1727 kam dieses gefährliche und schädliche Thier nach Rußland, indem es über die Wolga schwamm. Von da gelangte sie erst vor 70 Jahren durch Polen nach Deutschland. Sie ist sehr keck und frech und außerordentlich stark, und frißt Pflanzen und Thiere. Junge Hühner und Gänse, ja sogar junge Lämmer sind nicht sicher vor ihr.

Die Wasserratte

ist ziemlich so groß, wie die Hausratte, doch der Schwanz ist nur halb[1] so lang. Der Kopf ist rundlich mit stumpfer Schnauze, der Pelz dunkelbraun, am Grunde braun.

Fast an allen bewohnten Ufern findet sich dieß Thier, das besonders in den Gärten Schaden anrichtet, wo es Erbsen, Kartoffeln, Kohlrüben, Blumenzwiebeln, Selleryrwurzeln fortschleppt, und die Wurzeln der jungen Bäume benagt. Sie bekommen 5—7 Junge, die sie sogar im Maule fortschleppen, und damit durch's Wasser schwimmen.

Ihre Feinde sind die Hechte, Wiesel, Marder und Ohreulen. Der Mensch fängt sie in Fallen und Reußen, in denen sie bald ersticken.

Das Murmelthier (Arctomys alpina).

Wer des Sommers über die höhern grasreichen Alpen wandert, hört zuweilen einen Pfiff. Das ist das Murmelthier, welches dort auf den höchsten Alpen fast den ganzen Tag sich herumtummelt, und, wenn es Gefahr fürchtet, sich auf die Hinterbeine setzt und pfeift, dann aber davon läuft, und sehr schwer zu schießen ist. Es bewohnt eine Höhle, in welcher es den Winter verschläft, und von seinem Fette zehrt. Da liegt es denn zusammengerollt, wie ein Klumpen Eis, und hat die Augen zu, bis der holde Frühling kommt, und das Thierchen aufweckt, was im April geschieht. Das Murmelthier ist 15—16 Zoll lang, gelblich grau, unten röthlich braun, und wiegt 6—9 Pfund.

Der Hamster (Mus cricetus).

Da ist ja der Getraidedieb, der in der Erde sich Magazine anlegt, und darin oft an 60 Pfund Getraide aufspeichert, das aus Gerste, Hafer, Korn und Waizen besteht. Seine Heimath ist Rußland, Polen und das nördliche Deutschland bis an den Thüringer Wald, wo jährlich viele tausend Hamster ausgegraben und gefangen werden. Daß sich die armen Leute, welche sie nach der Ernte ausgraben, über das gefundene meist sehr schöne Getraide freuen, könnt Ihr Euch wohl denken. Man verfolgt sie aber, und zahlt Fanggeld, weil sie den Feldern schädlich sind.

In seinen großen Backentaschen, welche 3 Zoll lang sind, trägt er das Getraide ein. Begegnet man ihm, wenn er die Backen voll hat, so kann sich das sonst bissige Thier nicht gleich wehren. Er wirft dann schnell den Vorrath aus den Backen mit den Pfoten heraus, setzt sich auf den Hinterbeinen zur Wehr, und springt wohl gar an einem hinauf. Mit seinem Weibchen scheint er auch nicht sehr friedlich zu leben, denn es muß neben ihm in einer besondern Höhle leben. Im Winter schläft der Hamster. Ihr werdet nun fragen, wozu der Geizhals so viel sammelt. — Das thut er mit großem Vorbedacht, denn im Frühling, wenn er aufwacht, scheint zwar die Sonne warm, aber Getraidekörner giebt's doch nicht gleich. Der Hamster ist also gar nicht dumm, daß er schon an die Zukunft denkt, er würde sonst Noth leiden, wie es manchem leichtsinnigen Verschwender geht.

Die Farbe des Hamsters ist graubraun, an Dicke gleicht er ohngefähr einer Ratte, ist eine Spanne lang und wiegt 1 Pfund.

Das Meerschweinchen (Mus cavia, Cavia cobaya).

Es heißt Meerschweinchen, weil es aus Amerika über das Meer gekommen ist, und Schweinchen, weil es zuweilen einen Ton wie Grunzen hören läßt. Es ist halb so groß wie ein Kaninchen, gelblichbraun, unten weiß gefärbt, und hat keinen Schwanz. Unsere zahmen verändern die Farbe, und bekommen große, gelbe, schwarze und weiße Flecken. Es sind artige, sanfte, schüchterne Thierchen, welche beständig herumlaufen, und dabei wie Ferkel grunzen. Sie fressen alles Grüne, Salat, Kohl, auch Brod, Getraide, Obst, Rüben u. s. w., wobei sie aufrecht sitzen. Sie werfen oft Junge, welche auch bald herum laufen, und nur wenig zu säugen brauchen. Das Männchen frißt oft die Jungen. Zum Zeitvertreib haben sie die unanständige Gewohnheit, ihren eignen kugelförmigen Unrath zu schlucken, und es sieht dann aus, als ob sie wiederkäuen.

Der Hase (Lepus timidus).

Einen furchtsamen Menschen nennt man, wie Ihr wißt, einen Hasenfuß, und mit Recht; denn der Hase ist wirklich ein sehr furchtsames Thier. Das Herabfallen eines Blattes vom Baume kann ihm einen Schrecken einjagen. Der Schöpfer hat ihm aber nicht nur ein sehr feines Gehör gegeben, so daß er gleich Alles hört, sondern auch seine Füße so eingerichtet, daß er damit außerordentlich schnell laufen kann. Die Hinterfüße sind länger, als die vordern, daher läuft er leichter den Berg hinan, als hinab. Von den vielen Verfolgern sind der Mensch und der Hund für ihn die gefährlichsten. Die Hasen vermehren sich aber auch außerordentlich schnell. In manchen Gegenden, wo sie geschont werden, wimmelt es davon. Wenn sich das Häslein im Felde oder in den Gärten satt gefressen hat, geht es in sein Lager zurück, damit man aber seinen Fußtapfen nicht nachgehe, macht es Umwege, springt hin und her, geht wohl wieder zurück, und erreicht zuletzt mit einem großen Sprunge das Lager. Ist das nicht listig? Zuweilen sieht man die Hasen Männchen machen, d. h. sie sitzen aufrecht, spielen mit einander, horchen aber dabei immer ängstlich umher. Selten giebt er einen Ton von sich, nur wenn er angeschossen ist, schreit er laut, und die Jäger meinen, er rufe: „Gnädig, gnädig!"

Daß der Hase einen schönen Braten giebt, und man die Haare seines Fells zu Hüten braucht, ist bekannt.

Das Kaninchen (Lepus cuniculus).

Kaninchen habt Ihr doch Alle schon gesehen. Wenn Ihr sie mit dem Hasen vergleicht, so werdet Ihr große Aehnlichkeit finden. Sie sind auch beide mit einander verwandt, fressen auch dasselbe Futter. Wo sie frei herumlaufen können, thun sie den Gebäuden Schaden, da sie Alles unterminiren; denn das Graben verstehen sie sehr gut. Sie machen lange Gänge unter der Erde. Ja, sie können sogar gefährlich werden, wenn sie, wie in Holland, Dämme und Dünen unterminiren. Höchst sonderbar ist es, daß sie mit den Hinterfüßen laut aufschlagen, wenn sie Gefahr wittern. — Ihre Vermehrung ist außerordentlich, da sie des Jahrs 4—5mal hecken, und jedesmal 4—6 Junge. Das eigentliche Vaterland der Kaninchen ist die Nachbarschaft des Mittelmeers; Spanien, Sardinien, Sicilien, Klein-Asien und die Barbarei. Ihr Balg wird an die Kürschner und Hutmacher verkauft, und ihr Fleisch kann gegessen werden.

Der Springer (Dipus aegyptiacus jerboa).

Er ist so groß, wie eine Ratte, hat sehr kurze Vorder-, aber sehr lange Hinterfüße, mit denen er Sprünge von 12 bis 16 Fuß machen kann. Beim Fressen sitzt er auf den gebogenen Knieen, und hält die Speisen mit den Vorderfüßen. Bei Tage schläft er, und bei Nacht wacht er. Aegypten und Palästina ist sein Vaterland. Ehrenberg hatte 6 solche Thierchen nach Berlin gebracht, wovon einige mehrere Jahre lebten, und sehr zahm wurden.

Das Stachelthier (Hystrix cristata).

Solch eine Rüstung, wie das Stachelschwein hat, laß ich mir noch gefallen. Ein ganzer Wald von Lanzen! Nun komm einmal Löwe und Tiger, und greift das kleine Thier an. Während die andern Thiere nur mit einer Waffe kämpfen, entweder mit Hörnern oder Krallen oder Zähnen, streitet das Stachelthier mit dem ganzen Körper. An ihm ist jeder Zoll ein Soldat. Aber das Thier ist keineswegеs kriegslustig. Es greift weder an, noch beißt es, sondern, wenn es gereizt wird, so sträubt es mit einem Geräusch seine Stacheln, stampft auf den Boden, und grunzt wie ein Schwein. Auch wird es leicht zahm, und läuft wie ein Hund seinem Herrn nach. Da es gern Gartengewächse frißt, so wird es am Vorgebirg der guten Hoffnung sehr verfolgt.

Das Thier ist ohngefähr 2 bis 2½ Fuß lang, und sieht nach seinem dicken Leibe und dem gewölbten Kopfe einigermaßen wie ein Schwein aus. Die 6—9 Zoll langen Stacheln sind schwarz geringelt, auf dem Kopf ist ein Busch Borsten. Sie wohnen, wie die

Füchse, in mehreren Kesseln unter der Erde, und gehen nur des Nachts aus.

Ein Stachelschwein steht wie eine Bildsäule.

In Paraguay ist dieses Thier selten, aber dennoch hat Azara im September und October 5 von den höchsten Bäumen bekommen, auf denen sie ganz ruhig herumgehen, sowohl am Stamm, als an den kleinsten Zweigen. Im Zimmer hat eines ein ganzes Jahr lang nicht gesoffen. Sie sind außerordentlich langsam, und wenn sie erschreckt auch aus allen Kräften laufen, so kann man sie doch im Schritt einholen. Bisweilen sitzen sie 24, ja 48 Stunden ganz unbeweglich, und gehen nur des Morgens gegen 9 Uhr und Nachmittags um 4 Uhr dem Futter nach, nicht während der Nacht. Das Gefangene kletterte anfangs überall herum, und setzte sich auf die Stuhllehnen, wie auf etwas Flaches; endlich nahm es seinen Platz oben auf einem Fensterladen, und blieb daselbst wie eine Bildsäule, und zwar in einer seltsamen Stellung, bloß auf den Hinterbeinen mit gebogenem Rücken, ohne sich mit etwas anderem zu halten, weder mit den Vorderfüßen, noch mit dem Schwanze. Es mochte kommen, wer wollte, man mochte noch so viel reden, es sah sich nicht um, ging kein Haar breit von der Stelle, bis es zum Fressen herunterstieg. Legte man ihm eine todte Maus in den Weg, so erschrak es davor, und kehrte plötzlich auf seinen Platz zurück. Dasselbe that es, wenn sich ein kleiner Vogel beim Fressen näherte. Seine Nahrung bestand in Brod, Welschkorn, Manioca, Gras, Laub, Blumen und aller Art Früchten, auch Holz von Weiden; es fraß jedoch sehr wenig, aber von Allem etwas, Fleisch rührte es nicht an. Die Speisen nahm es mit den Zähnen, setzte sich sogleich auf die Hinterbeine und hielt sie mit den vordern; suchte nie zu beißen, und auch nie zu graben. Sein Geruch ist sehr gut; und wenn man Blumen ins Zimmer brachte, so erweiterte er die Naslöcher.

Wenn es fror oder Hunger hatte, oder von den Flöhen geplagt wurde, so stieß es ein leises, angehaltenes He aus. Es ließ sich anfassen, wie ein Stein; geschah es derb, so sträubte es die Stacheln, ohne sich aber weiter zu rühren. Man sagt, es schleudere die Stacheln weg, werfe das Obst von den Bäumen, wälze sich darauf, und trage sie angestochen fort. Das sind Mährchen. Indessen fallen beim Sträuben manchmal einige Stacheln aus, und bleiben auch wohl in der Haut der Hunde stecken, wenn sie sich dem Thiere zu sehr nähern. Im Winter wird es sehr von den Flöhen geplagt, und dann kratzt es sich mit allen 4 Beinen. Es klettert sehr leicht an Bäumen und Pfählen hinauf, und hält sich so fest, daß man es nicht abreißen kann; selbst auf einer spitzigen Stange schläft es ganz sicher, bloß auf den Hinterbeinen; den Schwanz braucht es nur beim Herunterklettern. Die nackte Spitze desselben ist so empfindlich, daß es ihn bei der geringsten Berührung zurückzieht. Es zeigt nie eine Spur von Freude oder Verdruß; es ist immer traurig und gefühllos, und kann fast nichts, als fressen.

Der Igel (Erinaceus europaeus).

Ein unschuldiges, nützliches Thier, das viel Ungeziefer wegfrißt, und wohl geschont werden sollte. Viele Insekten, besonders Engerlinge und Schnecken, aber auch Eier und Früchte sind seine Speise. An Hecken und Zäunen, Steinhaufen in den Feldern und Felsspalten ist sein Aufenthalt, des Winters schläft es in hohlen Bäumen. Auch

sein Körper ist, wie beim Stachelschwein mit Lanzen gespickt, und der Hund muß es wohl bleiben lassen, ihn anzufassen, wenn er sich nicht ein blutiges Maul holen will. Die Stacheln sind aber beim Igel nur einen Zoll lang. Wenn er in Gefahr ist, rollt er sich wie eine Kugel zusammen. Daß er ein Held im Kriege sei, lehrt folgende Geschichte.

Der Igel im glorreichen Gefecht mit dem Hamster und der Kreuzotter.

Lenz hat beim Igel merkwürdige Eigenschaften entdeckt, welche man früher nicht gekannt, ja nicht vermuthet hätte. Obschon er überhaupt sehr furchtsam ist, und sich bei der geringsten Gefahr zusammenkugelt, so zeigt er doch in gewissen Fällen einen ungewöhnlichen Muth. Als zu einem Igel, der seine Junge säugte, mehrere Hamster in eine Kiste kamen, so ging er sogleich auf denjenigen los, der in einer Ecke, seinem Lieblingsplatze, war. Er nahete sich, mit der Nase tief am Boden, die Kopfstacheln voran, und gab demselben, obschon er wüthend fauchte und um sich biß, bald Stiche damit, bald Bisse mit den Zähnen, während er ebenfalls fauchte und trommelte, abwechselnd griff er auch die andern an, so daß sie, um ihr Leben zu retten, entfernt werden mußten. Viel merkwürdiger sind aber seine Kämpfe mit der Kreuzotter. Es wurde ihm eine, welche kurz vorher eine Maus getödtet hatte, Ende August's in die Kiste gethan, während er seine Junge säugte. Er roch sie bald, stand auf und beschnupperte sie ganz unbehutsam vom Schwanze bis zum Kopfe, wobei er mehrere Bisse in die Schnauze bekam, und endlich selbst in die Zunge, weil er seine Wunde leckte. Er ließ sich dadurch gar nicht stören, packte endlich, nachdem sie sich an seinen Stacheln blutig gebissen hatte, schnell ihren Kopf, zermalmte ihn, sammt Giftzähnen und Giftdrüsen, fraß die ganze vordere Hälfte des Leibes, säugte dann wieder ruhig seine Jungen, und fraß des Abends das Uebrige auf, ohne alle Folgen, selbst ohne Geschwulst. Zwei Tage nachher that er dasselbe, mit denselben Verletzungen und demselben Erfolge. Später geschah es noch mehrmal. Er fängt immer mit dem Kopf an, während er denselben bei den giftlosen nicht berücksichtiget: wahrscheinlich, weil diese ihn nicht beißen, und daher an demselben nicht blutig werden. Jemand, der einen Igel tödten wollte, gab ihm Blausäure, dann Arsenik, Opium und endlich Sublimat; Alles vergebens, er ist mithin ein giftfestes Thier.

Die Spitzmaus (Sorex).

Wegen der spitzen Schnauze hat man dieser Mäuseart den Namen Spitzmaus gegeben. Sonst gleicht sie den übrigen Mäusen. Die Spitzmäuse sind niedliche Thierchen. Sie haben sehr kleine Augen, einen langen, wenig behaarten Schwanz, und eine hellpfeifende und zwitschernde Stimme. Unterirdische Höhlen, die sie entweder selbst graben oder aufsuchen, sind ihre Wohnung. Sie fressen allerlei Insecten, und sind deßhalb den Gärten sehr nützlich. Da sie einen bisamartigen Geruch haben, so werden sie wenig von Hunden, Katzen, Mardern und Füchsen verfolgt, die sie allenfalls tödten, aber nicht fressen. Unter der großen Anzahl von Spitzmäusen sind die merkwürdigsten: die gemeine Spitzmaus, die Zwergspitzmaus. Letztere ist wohl das kleinste der in Deutschland einheimischen Säugethiere.

Der Maulwurf (Talpa europaea).

Diesen Bergmann kennt Ihr doch? Einen Maulwurfshügel habt Ihr aber jedenfalls schon gesehen. Das Thier ist ungefähr 5 Zoll lang; der Schwanz nur 1 Zoll, der dicke Leib mit einem feinen, schwarzen Fell bedeckt. Der Maulwurf findet sich in Europa, im nördlichen Asien und Afrika, aber nicht in Nordamerika. Er lebt unter der Erde, die er mit der größten Schnelligkeit durchwühlt, wobei ihm seine schaufelartigen Vorderfüße gute Dienste leisten. Er scheint nur Insecten und Würmer zu fressen, und da er sehr gefräßig ist, braucht er zu seiner Sättigung gewiß sehr viele. Daß er dadurch sehr nützlich wird, ist gewiß, und es ist vielleicht unrecht, daß er besonders von den Gärtnern so verfolgt wird, welche immer noch irrthümlich meinen, er fresse den Pflanzen die Wurzeln ab. Außer dem Wiesel, dem Igel, der Kreuzotter und Ringelnatter, dem Storch und Bussard wird er am meisten von den Menschen verfolgt, die ihn mit Selbstschüssen und mancherlei Fallen zu fangen suchen.

Der Bär (Ursus).

Es giebt eine Menge bärenartige Thiere von verschiedener Größe. Alle zeichnen sich durch ihre nackten und auftretenden Sohlen mit 5 Klauen, durch ihr Gebiß, besonders die längeren Eckzähne, am meisten aber durch die lange Schnauze und die lange Nase aus. Die eigentlichen Bären sind größer, als der Wolf, und wenn sie gereizt werden, gefährlich. Größere Thiere, als sie selbst sind, greifen sie jedoch nicht an, noch weniger den Menschen. Sie fressen zwar Fleisch, aber Honig, Obst und Getraide ist ihnen lieber.

Meisterhaft verstehen sie Ohrfeigen zu geben und sich aufzurichten. Wehe dem, welchen sie dann an ihr Herz drücken, er wird jedenfalls von ihrer fürchterlichen Umarmung getödtet. — Mit Graben läßt sich der Bär nicht ein, sondern macht sich im Gebüsch ein Lager oder ver=

steckt sich in einem hohlen Baume, wo er auch den ganzen Winter durch schläft. Der größte unter allen Bären ist

Der Eisbär (Ursus maritimus, albus).

Ein gewaltiges Thier, das über 10 Fuß hoch wird. Schwimmen und Fischen versteht er meisterhaft. Ist sein Hunger sehr groß, was im Frühling, wenn er aus dem Winterschlaf kommt, der Fall ist, so fällt er auch die Heerden an, und holt sich ein Stück Vieh. Zuweilen macht er auch Reisen auf einer Eisscholle, z. B. von Grönland bis nach Island, wo man ihnen aber auf den Pelz geht, wenn er sich nicht bei Zeiten wieder auf die Rückreise begiebt. Nichts ist ihm unangenehmer, als Wärme, die er durchaus nicht vertragen kann. Der schöne, weißgelbe Zottelpelz muß doch sehr warm halten, denn in Spitzbergen und Grönland, wo der Eisbär an den Küsten lebt, ist es gewaltig kalt. Wir werden den Herrn Eisbär aus folgenden Geschichten am besten kennen lernen.

Bestrafte Verwegenheit im Kampf mit dem Eisbären.

„Ein Eisbär, den man schon einige Zeit in der Nähe des Schiffes wahrgenommen hatte, war endlich so dreist geworden, bis an dasselbe heranzukommen, wahrscheinlich durch den Geruch der Lebensmittel, die der Koch über Bord geworfen hatte, herangelockt. Die Leute waren gerade mit ihrer Mahlzeit beschäftigt, und Niemand auf dem Verdecke wachsam, da das Schiff unbeweglich lag. Ein verwegener Bursche, der zuerst heraussah und den Eisbären erblickte, sprang thörichterweise sogleich auf das Eis hinaus, bloß mit einer Stange bewaffnet, vermuthlich in der Absicht, die Ehre, einen so übermüthigen Gast gedemüthigt zu haben, allein davon zu tragen. Aber der Bär, ohne auf das elende Gewehr zu achten, und vermuthlich nur durch Hunger gereizt, packte seinen Gegner mit seinen furchtbaren Zähnen in den Rücken, und trug ihn mit solcher Schnelligkeit davon, daß, als die Kameraden des unglücklichen Burschen auf dessen Geschrei erschrocken vom Tische aufsprangen und sich umsahen, der Bär schon zu weit entfernt war, als daß man denselben hätte verfolgen und erreichen können."

Ein Bärenheld muß lächerlich ausreißen.

„Das Schiff lag an einem Eisfelde vor Anker, auf welchem man in einer beträchtlichen Entfernung einen großen Eisbären auf Beute ausgehend bemerkte. Einer von der Mannschaft des Schiffes, der sich aus seiner Rumflasche, in welcher er absichtlich einen kleinen Vorrath für besondere Gelegenheiten aufzubewahren pflegte, einigen Muth geholt hatte, erbot sich mit kühnem Versprechen dem Bären nachzusetzen. Bloß mit einer Wallfischlanze bewaffnet, ging er, ganz entschlossen und trotz aller Vorstellungen, die ihm von seinen Kameraden gemacht wurden, zu seiner abenteuerlichen Unternehmung aus. Ein beschwerlicher Weg von ungefähr einer halben Stunde über lockern Schnee und schroffe Eisblöcke brachte ihn ganz in die Nähe seines Feindes, der, zu seinem Erstaunen, ihn unerschrocken anblickte und zum Kampfe herauszufordern schien. Sein Muth hatte unterdessen sehr abgenommen, theils weil der Geist des Rums unterwegs verdunstet war, theils weil der Bär gar keine Furcht verrieth, sondern selbst eine drohende Miene zeigte. Er hielt daher an und schwang seine Lanze ein paarmal hin und her, so daß man nicht recht wußte, ob er angreifen oder sich vertheidigen wollte. Der Bär stand auch still. Vergebens suchte der Abenteurer sich ein Herz zu fassen um den Angriff zu beginnen; sein

Gegner war zu furchtbar und sein Ansehen zu schrecklich. Vergebens suchte er ihn durch Schreien aufzuregen; der Feind verstand dies entweder nicht, oder verachtete solche leere Drohungen, und blieb hartnäckig auf seinem Platz. Schon wurden dem Menschen die Kniee wankend, die Lanze zitterte in seiner Hand, sein bisher noch fester Blick wurde unstät und schauerhaft; aber die Furcht, von seinen Kameraden ausgelacht zu werden, entflammte noch seinen kühnen Muth. Er blieb stehen und wagte nicht zurückzugehen. Meister Pätz aber begann dreist und sorglos vorzurücken. Bei dessen Annäherung und dem Anblicke seines ganzen Wesens löschte jedoch der noch übrige Funken von Muth aus, welcher bisher noch unsern Helden aufrecht erhalten hatte; er wandte sich um und floh. Aber nun begann erst die Gefahr. Die Flucht des Menschen bewog den Bären jetzt den Flüchtling zu verfolgen. Dieser warf die Lanze, sein einziges Vertheidigungsmittel, weil sie ihn im Laufe beschwerte, von sich und lief weiter. Glücklicherweise zog diese die Aufmerksamkeit des Bären auf sich; er stutzte, betastete sie mit seinen Pfoten, biß hinein, und setzte dann seine Verfolgung fort. Schon war er dem keuchenden Schiffer wieder auf den Fersen, als dieser in der Hoffnung einer ähnlichen Wirkung, als die Lanze gehabt hatte, einen Handschuh fallen ließ. Die List gelang, und während der Bär wieder stehen blieb, um diesen zu untersuchen, gewann der Flüchtling einen großen Vorsprung. Der Bär setzte ihm von neuem mit der drohendsten Beharrlichkeit nach, obgleich er noch einmal durch den andern Handschuh und zuletzt durch den Hut, den er mit seinen Zähnen und Klauen in Stücken zerriß, aufgehalten wurde, und würde ohne Zweifel den unbesonnenen Abenteurer, der schon alle Kräfte und allen Muth verloren hatte, zu seinem Schlachtopfer gemacht haben, wenn nicht die andern Matrosen, da sie sahen, daß die Sache eine so ernste und gefahrvolle Wendung genommen hatte, zu seiner Rettung herbeigeeilt wären. Als jene ankamen, stand der Eisbär einen Augenblick bedächtig still, und kehrte dann ehrenvoll zurück; der Flüchtling hingegen, obgleich durch seine Kameraden beschützt, hörte, von schrecklicher Furcht gejagt, nicht eher auf zu laufen, als bis er das Schiff wieder erreicht hatte."

Der unerwartete Ueberfall eines Eisbären.

„Das Schiff lag in der Nähe von Nova=Zembla vor Anker, und zwei von der Gesellschaft landeten auf einer kleinen Insel. Die Neugier trieb sie an, sich etwas vom Ufer zu entfernen, um sich umzusehen, als auf einmal der eine von ihnen von einem Eisbären im Rücken angefallen und zur Erde geworfen wurde. Sein Gefährte lief sogleich fort und machte Lärm, worauf mehrere Kameraden zu Hilfe herbeieilten. Als diese sich dem Bären näherten, stand derselbe furchtlos über seiner Beute, und da sie ihn angreifen wollten, sprang er auf sie los, ergriff einen von ihnen, und machte ihn gleichfalls zum Schlachtopfer seiner Grausamkeit und Gewalt. Die Uebrigen liefen bestürzt davon, und wagten keinen Angriff mehr. Nur drei von der ganzen Mannschaft hatten Muth genug, den furchtbaren Feind nicht ungestraft zu lassen, und nach einem gefährlichen und harten Kampf gelang es ihnen, das Thier zu tödten, und die zerfleischten Körper ihrer unglücklichen Gefährten zu befreien."

Rettung durch Geistesgegenwart.

„Capitän Cook ging, als er sich im Jahre 1788 in der Nähe von Spitzbergen befand, in Begleitung seines Wundarztes und seines Steuermannes an das Land. Während sie am Ufer umherwandelten, wurde der Capitän plötzlich von einem Eisbären überfallen, der ihn auch sogleich mit seinen Tatzen umfaßte. In dieser schrecklichen Lage, in der eine Zögerung von einem Augenblick ihm den Untergang gebracht hätte, rief er dem Wundarzt zu, loszuschießen, und dieser that es mit einer so bewunderungswürdigen Entschlossenheit und Geschicklichkeit, daß die Kugel dem Bären mitten durch den Kopf ging. Durch diese schleunige und glückliche Hilfe entging der Capitän der drohendsten Gefahr, zerrissen zu werden."

Ein Bärenkampf im Wasser.

„Ein neueres Beispiel einer ähnlichen Gefahr lehrt ein Vorfall, welchen Capitän Hawkins von Hull in der Davisstraße im Juli 1818 erfuhr. Dieser verfolgte einen sehr großen Eisbären, der durch's Wasser schwamm, in einem Boot, und da er ihn erreichte, stieß er ihn zweimal mit einer Lanze in die Brust; als er sie aber aus der Wunde herauszog, um einen dritten Stoß zu thun, sprang das Thier wüthend auf, ergriff ihn am Schenkel, und riß ihn über Bord in's Wasser. Glücklicherweise wiederholte der Bär seinen Angriff nicht, sondern eilte, daß er fortkam, was ihm auch gelang, da alle im Boote nur beschäftigt waren, ihren Capitän zu retten."

Ein Eisbär holt sich einen Seehund.

So sah ein Eisbär einst einen Seehund auf dem Eise nahe an einem Loche, das in demselben war, liegen. Um sich desselben zu bemächtigen, tauchte er unter, und schwamm nach dem Loche hin, durch welches der Seehund entfliehen mußte. Dieser wurde ihn gewahr und stürzte sich ins Wasser; aber der Eisbär sprang ihm augenblicklich nach, und kam sogleich, mit seiner Beute im Rachen, zum

Vorschein. — Ein anderes Beispiel von der Klugheit und Ueberlegung des Eisbären ist folgendes.

Klugheit eines Eisbären.

„Der Capitän eines Wallfischfängers, der sich gern einen Eisbären verschaffen wollte, ohne die Haut desselben zu verletzen, machte den Versuch, eine Schlinge von einem Strick in den Schnee zu legen, und in diese ein Stück Wallfischfett. Ein Eisbär, der sich in dem benachbartem Eise aufhielt, wurde durch den Geruch des angebrannten Fettes bald herbeigezogen. Er sah die Lockspeise, ging hinzu und faßte sie in den Mund: da aber sein Fuß in dem nämlichen Augenblicke durch einen Ruck des Strickes in die Schlinge sich verwickelt hatte, schob er diese mit der andern Pfote wieder herab, und ging ganz bedächtig mit seiner Beute davon. Nachdem er diese verzehrt hatte, kam er wieder. Man hatte die Schlinge unterdessen mit einem andern Stück Wallfischfett wieder zurecht gelegt; er schob diese aber vorsichtig bei Seite, und trug zum zweitenmale die ihm auf andere Weise zugedachte Lockspeise triumphirend davon. Die Schlinge wurde zum drittenmale gelegt, aber mit der Vorsicht, daß der Strick unter dem Schnee vergraben, und die Lockspeise in eine tiefe Höhlung innerhalb der Schlinge gethan wurde. Der Bär kam wieder, und die Schiffer zweifelten nun nicht mehr an dem glücklichen Erfolge. Aber jener, klüger als sie glaubten, beroch erst den Platz rund umher, kratzte dann den Schnee mit seinen Pfoten weg, schob den Strick wieder an die Seite, und bemächtigte sich ohne Schaden der dargebotenen Mahlzeit.“

Zärtlichkeit einer Eisbärin.

„Als das Schiff la Carcasse, das auf Entdeckungen in der Nähe des Nordpoles ausgelaufen war, im Eise stecken blieb, sah man eines Morgens drei Eisbären auf das Schiff herzukommen, welche unstreitig durch den Geruch des Wallroßfleisches, das die Matrosen gerade auf dem Eise ausbrieten, herbeigelockt waren. Es war ein Weibchen mit seinen beiden Jungen, die ihm an Größe fast gleichkamen. Sie liefen rasch auf das Feuer los, zogen ein tüchtiges Stück Fleisch heraus, und fraßen es begierig. Die Mannschaft warf nun große Stücke Wallroßfleisch vom Schiffe herab. Die Mutter holte sie einzeln weg, theilte jedem Jungen ein Stück zu, und behielt nur sehr wenig für sich selbst. Als sie das letzte Stück forttrug, legten die Matrosen auf die Jungen an, schossen beide nieder, und verwundeten auch das Weibchen, jedoch nicht tödtlich, bei seinem Rückzuge. Kaum konnte sich das schwer getroffene Thier noch fortbewegen, und doch kroch es sogleich nach seinen Jungen hin, legte ihnen neue Fleischstücke vor, und als es sah, daß sie nicht zugriffen, streckte es seine Tatzen erst nach dem einen, und dann nach dem andern aus, und suchte sie unter kläglichem Geheul emporzuheben. Da alle Mühe vergeblich war, ging es eine Strecke fort, sah sich dann um, und wehklagte fürchterlich. Als sie aber nicht folgten, kehrte es um, beschnupperte und betrachtete sie wieder mit schrecklichem Geheul, und leckte die Wunden derselben. Als es endlich fand, daß sie kalt und ohne Leben waren, richtete es seinen Kopf nach dem Schiffe hin, und brummte voll Wuth und Verzweiflung. Die Matrosen antworteten mit Flintenschüssen. Da stürzte das treue Thier zwischen seinen Jungen nieder und starb, indem es deren Wunden leckte."

Der gemeine oder braune Bär (U. arctos).

Viele von Euch, liebe Kinder, werden den Bär als Tänzer bereits kennen gelernt haben. Die Zahl der herumziehenden Bärenführer ist zwar jetzt geringer geworden, und sind scharfe Gesetze gegen dieselbe erlassen, weil man einige ertappt hat, welche die Reisenden plünderten und dem Bären zum Fressen vorwarfen. Wo man sie noch antrifft, da müssen die armen Thiere unter beständigen, oft grausamen Schlägen tanzen, und zuletzt in einer Schale, welche sie in den Tatzen halten, von den Zuschauern Geld sammeln. Wenn man nicht genug darauf legt, so brummt der Bär auf ein Zeichen seines Führers.

Der Bär ist viel kleiner, als sein Vetter, der Eisbär. Der braune Bär ist nur 5 Fuß lang. Seine Stirn ist gewölbt, seine Zottelhaare braun, nur in der Jugend hat er ein weißes Halsband. Außer Fleisch fressen sie allerlei Pflanzenstoffe, Gemüse, Wurzeln, Trauben, und besonders gern Honig. Ein Bär zu Paris war bei Brod und Wasser eingesperrt, fraß täglich 6 Pfund Brod, und soff ½ Eimer Wasser, und war, wie man sagt, damit zufrieden. Er mußte wohl. Im Stadtgraben zu Bern lebte einer auf diese Art 47 Jahre. Mit seiner Grausamkeit ist es auch so arg nicht. Den Menschen greift er nur an, wenn er gereizt wird. Seinen Feind tödtet er, wie der Eisbär, durch Umarmungen. Den Thieren springt er auf den Rücken. In den Wäldern von Polen, Rußland, Sibirien und Nordamerika führt er sein stilles, einsames Leben. Bei uns kommt er nur sehr selten vor, hie und da wohl im Oesterreichischen, der Schweiz und den Pyrenäen. Von den spaßhaften Bärengeschichten und Märchen folgendes:

Ein Bauer wird von einer Bärin gerettet.

Den ersten Spaß vom Bären erzählt in der neuern Zeit Demetrius, der Gesandte der Moskowiter an Papst Clemens VII. Das Land der Moscowiter trägt weder den Rebstock, noch den Oelbaum, und kaum Obst, außer Kirschen und Melonen, weil alle zarteren Gewächse durch den Wind des Nordens getödtet werden. Die Felder tragen jedoch Waizen, Roggen, Hirsen und alle Arten Hülsenfrüchte und Gemüse, aber die sicherste Ernte besteht in Wachs und Honig; das Land ist nämlich überall voll der fleißigsten Bienen, welche nicht in künstlichen Körben, sondern in Baumhöhlen den vortrefflichsten Honig verfertigen. Daher kann man in den Wäldern eine Menge Schwärme an den Aesten hängen sehen, ohne daß man nöthig hätte, dieselben durch Klingeln zu sammeln. Oft findet man ungeheure Massen von Waben in den hohlen Bäumen, und alten Honig von den Bienen verlassen, weil die Bauern nicht alle Bäume in den ungeheuern Wäldern untersuchen können, daher entdecken sie bisweilen in ungeheuern Stämmen ganze Teiche von Honig. Hierüber erzählte der heitere und scherzhafte Gesandte zur großen Belustigung Aller: es sei vor einigen Jahren ein Bauer in seiner Nachbarschaft beim Suchen des Honigs in einen ungeheuern hohlen Baum von oben hineingesprungen, und in einen solchen Brunnen von Honig gefallen, daß er bis an die Brust darin stand, und 2 Tage lang sich davon ernähren mußte, weil sein Ruf um Hilfe in der Einöde zu keines Wanderers Ohr dringen konnte. An seiner Rettung bereits verzweifelnd, wurde er durch Hilfe einer Bärin auf wunderbare Weise herausgezogen. Als sich dieses Thier nämlich rückwärts, wie ein Mensch, in den Baum hinunterließ, umfaßte er seine Lenden, und schrie dabei aus allen Kräften. Dadurch erschreckt, sprang die Bärin plötzlich heraus, und zog ihn mit.

In der spätern Zeit hat besonders Olaus M. die Fabeln fortgepflanzt und vermehrt. In den nördlichen Ländern, erzählt er, hat man eine sehr sinnreiche Art die schwarzen Bären zu fangen. Wenn sie im Herbste auf die Bäume mit rothen und traubenartigen Früchten (Bärentraube) klettern, oder auf dem Boden stehen, und die Aeste zu sich herunterziehen, so drückt der Jäger einen Pfeil auf sie ab, wodurch sie so erschreckt werden, daß sie die Früchte wie Schrot und kleine Stümpfchen durch den Hintern von sich geben, auf eine absichtlich in die Nähe gestellte Bildsäule, die einigermaßen einen Menschen oder sonst ein Scheusal vorstellt, stürzen, und sich mit derselben herumbalgen, bis sie einen zweiten Pfeil von dem hinter einem Felsen oder Baum versteckten Jäger bekommen. Sie werden durch die Verwundung und den Anblick des Blutes so wüthend, daß sie auf Alles losschlagen, besonders die Bärin, wenn sie Junge hat. Sie lauert vorzüglich auf die vorübergehenden Hirsche, nicht sowohl aus Hunger, als aus Furcht, die Jungen möchten ihr geraubt werden, wenn sie sich zu weit entfernte. Sie übertrifft den Bären weit an Stärke, List und Ausdauer im Auflauern. Sie versteckt sich hinter Baumästen oder Gesträuch, und springt auf den sorglosen Hirsch, welcher niederfällt und aufgefressen wird. Dasselbe geschieht dem Stier, an dessen Hörnern und Schultern sie sich mit ihren Klauen hält, bis er der Last unterliegt. Dann ladet sie ihn wie einen Quersack auf den Rücken, und trägt ihn aufrecht zu ihrem Schlupfwinkel. Da sich jedoch diese Vorfälle im Winter ereignen, so verräth sich die Bärin bald durch ihre Spuren im Schnee, und entkommt nicht leicht den überall herzulaufenden Jägern. — Dann erzählt er die Geschichte von den unförmlichen Jungen und dem Winterschlaf ganz nach Plinius, und hatte mithin keine eigenen Beobachtungen. Vor die Baumlöcher, worin Bienen wohnen, hängt man eine Keule voll Nägel, wie ein sogenannter Morgenstern. Hat nun der Bär ein Gelüste nach dem Honig, so klettert er hinauf und wirft die Keule zornig zurück; sie fällt ihm aber sodann auf den Kopf und schlägt ihn todt, denn sein Kopf ist nicht hart, wie der des Löwen; man kann manchmal den Bären mit einer Ohrfeige todtschlagen. So bekommt der Eigenthümer für wenig Honig ein Bärenfell sammt dem Fleisch, welches eingesalzen oder geräuchert sich lange halten läßt.

Vom Bärenfang.

Man fängt sie in Sibirien auf verschiedene Art. Sie werden mit Flinten und Pfeilen erschossen; man macht ein Gerüste von vielen Balken, welche zusammenfallen und die Bären erschlagen; man macht Gruben mit einem spitzigen Pfahl in der Mitte, legt ein Schwellholz auf den Weg, wodurch der Bär erschreckt wird und blindlings in die Grube läuft; man legt ein Brett mit vielen Fußangeln, und treibt ihn auch mit dem Schwellholze darauf. Zuerst tritt er mit einem Fuß in die Angel und ist angenagelt; sucht er los zu kommen, so tritt er mit dem andern wieder in eine; dann fängt er an zu toben, tritt mit allen Vieren hinein, schlägt um und hält das Brett in die Höhe. Noch lächerlicher fangen ihn die Bauern am Lena und Ilim. Sie binden nämlich einen Klotz an einen Strick mit einer Schlinge, und stellen denselben an ein hohes Ufer; hat der Bär den Strick um den Hals, so läuft er grimmig auf den Klotz los, wirft ihn hinunter und fällt sich todt. Bleibt er lebendig, so trägt er den Klotz wieder den Berg herauf und wirft ihn wieder hinab, bis er sich todt gearbeitet hat. Die Koräken binden an die Gipfel krummer Bäume eine Schlinge mit einem Aas; der Bär steigt hinauf, kommt in die Schlinge und bleibt hängen. Im Herbst und Winter gräbt man ihn aus einem Loch, nachdem man ihn mit Spießen durch die Erde erstochen hat. Auch trägt man viel Holz vor den Eingang, um der Sicherheit willen, steckt dann ein Stück nach dem andern hinein, welches der Bär sogleich anfaßt und nach sich zieht, bis die Höhle so voll ist, daß er sich nicht mehr rühren kann. Dann gräbt man ein Loch und ersticht ihn. Bisweilen fällt es ihnen ein, Schlafende unter freiem Himmel zu überfallen. Haben sie ein Feuer, so legt er sich vorher in's Wasser und löscht es aus. Er ahmt in vielen Dingen den Kamtschadalen nach, sucht und frißt dieselben Wurzeln und Kräuter, besonders von Angelika und Aron.

Der nordamerikanische Waschbär (U. lotor).

Er ist nicht größer, als ein Dachs, ohngefähr von derselben Farbe. Die Schnauze ist weiß, der Schwanz braun und weiß geringelt. Den Tag über schläft er und geht nur bei trübem Wetter aus. Des Nachts steigt er in die Hühnerställe und würgt da ohne Barmherzigkeit, oder geht in die Gärten, wo er sich Aepfel, Castanien, Pflaumen und andere Früchte wohlschmecken läßt. Ist stürmisch Wetter oder schneit es gar, so bleibt er wohl eine ganze Woche im Neste liegen, ohne zu fressen. Man fängt ihn in Fallen oder schüttelt ihn von den Bäumen, worauf ihn die Hunde todt beißen. Gezähmt ist er so genäschig, wie eine Katze, und frißt besonders Zucker gern.

Der Waschbär des Herrn Buffon.

Buffon besaß einen Waschbär ein Jahr lang lebendig. Er bedient sich seiner Vorderfüße um das Fressen ins Maul zu bringen, läuft und springt sehr hurtig, klettert mit seinen Nägeln auf die letzten Zweige, wie Katzen, kann zwar etwas aufrecht stehen, aber nicht gehen. Er taucht alle Speisen ins Wasser, ehe er sie verzehrt; das Brod warf er in die Wasserschüssel, und zog es nicht eher heraus, als bis es weich war, außer wenn er sehr Hunger hatte. Er schnupperte überall herum, und fraß Alles, rohes und gekochtes Fleisch, Fische, Eier, Geflügel, Korn, Wurzeln, Insecten, besonders Spinnen; im Garten fing er Maikäfer, Schnecken und Würmer; er liebte Zucker, Milch und die Süßigkeiten über Alles, mit Ausnahme des Obstes, dem er Fleisch und besonders Fische vorzog. Um seine Nothdurft zu verrichten, ging er an einen entfernten Ort. Er war immer zutraulich und schmeichelnd, sprang an den Leuten hinauf, die er lieb hatte, spielte gern mit ihnen, und war immer in Bewegung, er hat überhaupt viel vom Naturell der Maki und etwas von dem des Hundes. Länge 2 Schuh, Höhe 10 Zoll, Umfang 14, Schwanz 1 Schuh, Ohren 2 Zoll, Gewicht 15 Pfund.

Der Dachs (Meles vulgaris).

Etwa so groß wie ein Pudelhund, ein plumpes, träges, nächtliches Thier mit kurzen, krummen Beinen, ungefähr drittehalb Fuß lang. Sein dicker, kurzer Leib ist mit borstenartigen Haaren bedeckt, oben grau mit Schwarz gemischt, unten und an den Füßen schwarz. Er hat starke Pfoten mit langen Nägeln, und ein gewaltiges Gebiß. Man findet ihn in ganz Europa und Asien.

Er versteht es vortrefflich, Höhlen zu bauen, welche 2 Ausgänge haben, wo er schläft und seine Junge wirft. Des Nachts schleicht er umher, um Würmer, Insecten, Schnecken, Frösche, Eidechsen, Vögel, Mäuse und junge Hasen zu fangen. Auch Wurzeln von allerlei Kräutern, Eicheln, Trüffeln, Rüben und abgefallenes Obst frißt er. Besonders soll er Trauben und den Honig von Hummeln lieben. Die Dachse lassen sich auch zähmen, bleiben aber mißtrauisch und boshaft, und gefangen werden sie in Tellereisen, Schlagfallen, Netzen, besonders aber mit den kleinen, krummbeinigen Dachshunden, welche man in ihre Höhlen schickt. Sein Fleisch wird wenig gegessen, sein Fell braucht man zu Ueberzügen von Ranzen, Jagdtaschen, Koffern u. dgl. Sein Fett wird in der Medicin gebraucht.

Die Vielfraße (Gulo)

sehen ziemlich wie die Dachse aus, sind aber blutgieriger und leben nur in der heißesten und kältesten Zone. Es giebt mehrere Arten. Der gemeine Vielfraß findet sich nur im kältesten Norden von Europa, Asien und Amerika. Ganz unschuldig ist er zu dem Namen Vielfraß gekommen. Im Schwedischen heißt nämlich Fjaell Felsen, und Fjaell-lerf würde also nur einen Felsenbewohner bezeichnen. Er ist keineswegs so gefräßig, und es ist eine alberne Fabel, daß er seinen vollgefressenen Leib zwischen 2 Bäume klemme, um sich seines Unraths zu entledigen. Seine gewöhnliche Speisen sind: Hasen, Mäuse, Vögel, deren Eier, und saftige Früchte. Was er nicht verzehren kann, versteckt er schlau in Höhlen. Er hält keinen Winterschlaf, wie der Dachs, sondern ist immer munter und beschäftigt.

Der Vielfraß ein Hundefeind.

Ein zahmer Vielfraß folgte wie ein Hund auf's Feld, war beständig in Thätigkeit, spielte mit allerlei Dingen, ging in's Wasser, wälzte sich in Schlamm, Sand und Schnee, scharrte im Boden und kletterte auf Bäume. Drei Monat alt vertheidigte er sich tapfer gegen die Hunde. Schlug man ihn, so wurde er zornig und ärgerte sich bis zur Ermattung, daß er einschlief; aber beim Erwachen hatte er Alles vergessen. Er fraß nie über Hunger, ließ selbst Schweine mit sich fressen, aber keine Hunde. Er hielt sich immer sehr reinlich, stank nicht, außer wenn mehrere Hunde auf ihn losgingen. Angebunden schlief er bei Tage, und lief bei Nacht herum; er lag lieber im Freien, als in seinem Stall. Ein Halbjahr alt wurde er wilder, blieb aber doch gegen den Menschen zutraulich, und als er einmal in den Wald entflohen war, so sprang er der bekannten Magd auf den Schlitten und ließ sich nach Hause führen. Ein Jahr alt wurde er immer wilder, und biß sich einmal mit zwei großen Hunden so herum, daß er sie getödtet hätte, wenn man ihnen nicht zu Hülfe gekommen wäre. Er liebte den Schatten, die Kälte, und grub hin und wieder Löcher. Schon ganz wild spielte er doch noch immer mit bekannten Leuten; gegen einen Stock von Unbekannten aber knirrschte er mit den Zähnen und ergriff ihn mit den Klauen. Den Unrath scharrte er mit den Hinterfüßen zu, wie die Hunde, übrigens ist es bekannt, daß die Vielfraße sich nicht weit von ihrem Geburtsorte entfernen, die Stalldächer aufreißen und das Vieh tödten, im Alter aber, wenn sie die Zähne verloren haben, von Ameisen leben.

Der Iltis oder Ratz (Mustela putorius).

Zu den Thieren, welche nur mit den Zehen auftreten, rechnet man namentlich das Geschlecht der Wiesel, Hunde und Katzen. Zu dem Wieselgeschlecht gehört der Iltis oder Ratz. Es ist ein häßlich stinkendes Thier, das sich in ganz Europa und im nördlichen Asien findet. Seine Wohnung schlägt es in Wäldern, Feldern und Häusern auf, in Erdlöchern, Fuchshöhlen, hohlen Bäumen, Holzhaufen, wohin es sich das gestohlene Geflügel schleppt und ganz verzehrt. Auch legt es zuweilen eine Eiersammlung an. Man findet oft ganze Haufen von Eiern, die es zusammengetragen hat. Mit den Mäusen, Feld- und Waldhühnern führt es gern Krieg, ist aber auch mit einem Froschbraten und einigen Feld- und Hausschnecken zufrieden. Auch ein guter Fischer ist das Wiesel. Besonders im Winter lauert es an Bächen auf Fische, am liebsten auf Forellen. Selbst dem Honig geht es nach und soll, um ihn zu bekommen, die Bienenstöcke umwerfen. Merkwürdig ist noch sein überaus zähes Leben. Wenn man denkt, man hat ihn ganz gewiß todt geschlagen, so läuft er doch wieder fort, wenn man ihn einige Stunden liegen läßt. Das Thier wird 10 bis 12 Jahre alt. Es wirft im Mai 3—6 Junge, die es zärtlich säugt. Sein Pelz ist wenig geschätzt.

Das Frettchen (Mustela furo)

scheint nichts weiter, als ein verkrüppelter Iltis zu sein. Es hat rothe Augen, eine fleischfarbige Nase und sieht weißlich gelb aus. Es ist kleiner, als der Iltis, etwa 1 Fuß lang. Es wohnt in ganz Europa, besonders in Spanien, Frankreich, England und Deutschland. Man braucht es zum Kaninchenfang. Nachdem man nämlich dem Thiere eine Schelle um den Hals gebunden, trägt man es auf's Feld, und läßt es in die Höhlen der Kaninchen, welche sogleich aus Angst die Flucht ergreifen, und in einem vor das Loch gespannten Netz gefangen werden.

Das kleine Wiesel (Mustela vulgaris).

Es ist zwar als Hühner- und Taubendieb im Hause ein schlimmer Gesell, macht sich aber auf dem Felde durch Vertilgung von Mäusen,

Ratten, Maulwürfen nützlich. Das ganze Thier ist nur 7 Zoll lang, sieht oben röthlich braun, unten weiß, des Winters ganz weiß aus.

Lebensart der Wiesel.

So klein die Wiesel auch sind, so ist ihr ganzes Betragen doch überaus munter und keck, dabei aber furchtsam und grausam, und ihre Raubgier ungemein groß. Sie verrichten alle ihre Handlungen mit der größten Schnelligkeit und Gewandtheit; ersteigen die Bäume so geschickt, wie die Eichhörnchen, und können an einer geraden Wand in die Höhe laufen. Durch alle Ritzen und Löcher, wenn sie nur dem Kopfe nicht zu enge sind, muß auch ihr Körper folgen. Ueber Bäche und Flüsse, die ihnen auf ihren Streifereien aufstoßen, schwimmen sie mit großer Leichtigkeit. Wenn sie nicht sehr hungrig sind, so spielen sie gern eine zeitlang, wie die Katzen, mit ihrer gefangenen noch lebendig gelassenen Beute, indem sie dieselbe loslassen und wieder fangen, und treiben dieses grausame Spiel so lange, bis ihre Beute an den wiederholten Bissen stirbt. Mit ihres Gleichen spielen die Wiesel eben so gern, indem sie sich aus einer Höhle in die andere, oder von einem niedrigen Baume, z. B. von Weiden, zum andern jagen, und machen Männchen, wie die Hasen. Allein mit den Raben leben sie in beständiger Feindschaft, und werden von denselben, sobald sie sich sehen lassen, mit großem Geschrei verfolgt. Sie schreien oder pfeifen vielmehr fast wie die Spitzmäuse, und sollen ihr Alter nicht höher als auf sechs Jahre bringen. Noch ist in ihrer Lebensart der Umstand merkwürdig, daß sie gegen die Natur und Regel der Raubthiere paarweise bei einander leben, indem man in einem gewissen Distrikte nur immer ein Männchen und Weibchen findet.

Der Hermelin (Mustela erminea)

sieht eben so wie das kleine Wiesel aus und ist nur 3 Zoll länger. Im Winter wird es ebenfalls weiß, behält aber immer ein schwarzes Schwanzbüschel. Es findet sich überall, wo man das kleine Wiesel antrifft, am häufigsten aber in Rußland, vom Eismeer an bis nach Indien.

Pallas fand Anfangs Mai ein Wieselnest in einem hohlen Baume mit einem engen Loch in verschiedene Kammern getheilt, in deren einer unversehrte Mäuse und Spitzmäuse angehäuft lagen, in zwei andern bloß die Häute und Füße von Mäusen, und in jedem zwei junge, etwa 10 Tage alte Hermeline, oben grau, unten weiß. Die Mutter war noch im Winterkleide; jene schreien wie junge Katzen, die Alten wie Ratten, jedoch seltener. Nimmt man die Jungen weg, so folgt die Mutter weit nach. Im Herbst fällt das dünn und röthlich braune Sommerhaar aus, und es kommt das längere und weiße Winterhaar, welches im Frühjahr zuerst am Rücken ausfällt, so daß das Thierchen eine Zeit lang geschäckt aussieht; in wärmeren Gegenden, wie am caspischen Meer, schon im März, in Sibirien im Mai. Man näht die Winterbälge in Säcke zusammen und schickt sie nach China, Europa und die Türkei; in Rußland werden sie wenig getragen, und die prächtigen Schwänze sind sogar verboten, und werden bloß von der kaiserlichen Familie getragen. Man fängt sie mit Schlingen vor ihren Löchern oder mit Fallen, zieht sie ab, und wirft das Fleisch weg, weil es selbst die Jackuten und Kalmücken wegen des Gestanks aus den Drüsenbälgen nicht mögen.

Der Baummarder (Mustela martes).

Er heißt auch Edelmarder, wegen seines castanienbraunglänzenden Pelzes, welcher hoch geschätzt wird. Baummarder heißt er, weil er besonders auf Bäumen und in den Laub- und Nadelwäldern lebt. Man findet ihn in ganz Europa bis ins nördliche Schweden, auch in Nordamerika, aber nicht in Sibirien. Eichhörnchen, Haselmäuse, Mäuse, junge Hasen, Waldhühner sind seine Beute. Den Hummeln stiehlt er auch wohl ihren Honig. Man stellt ihm wegen seines kostbaren Pelzes sehr nach.

Der Baummarder behauptet seinen Platz.

Wenn der Baummarder in einem hohlen Baume sitzt und den Jäger oder Holzhauer merkt, so läßt er sich lieber mit dem Baume umhauen, als daß er herausgehen und flüchten sollte. Allein im Winter verräth sich der Baummarder allzeit durch seine Fährte im Schnee, auf welchem Baume oder in welcher Gegend er sich aufhält; ob er gleich seine Hinterläufte allemal in die Vorderfährte setzt, so daß alle vier Läufte nur die Spur von zweien ausdrücken, wodurch unerfahrne Jäger oft betrogen werden. Auf den Bäumen halten sich die Baummarder meistentheils im Neste auf, worinnen sie ganz stille liegen bleiben, wenn der Jäger nahe zu ihnen kömmt, ohne daß sie ihn von weitem gewahr werden. Hier halten sie so lange aus, daß der unbewaffnete Jäger sogar nach Hause gehen und eine Flinte holen kann, wenn er nur ein Kleidungsstück auf einen Stock neben den Baum stellt, weil die Baummarder, aus Furcht entdeckt zu werden, den bekleideten Stock mit unverwandtem Blicke ansehen und so erschossen werden können. Zum Schuß bedient man sich nicht gern des Schroots, sondern lieber der Kugel, damit der vortreffliche Balg nicht mehr als ein Loch bekömmt. Wenn dieses Thier, indem es auf dem Erdboden sich aufhält, die ihm nachsetzenden Hunde hört, so geht es ungestört fort, und flieht nicht eher, als bis die Hunde ganz nahe sind, auf einen Baum, wo es sich auf einen Ast dicht an den Stamm legt und die Hunde vorüberlaufen sieht. Am leichtesten wird der Baummarder jedoch mit Schwanenhälsen und Tellerfallen, welche man mit gebackenen Pflaumen oder einem Stücke Fleisch belegt, oder in Schlagbäumen, die man in ihre Gänge entweder in die Höhe zwischen Bäumen oder auf dem Erdboden aufstellt, und an deren Stellholz man einen Vogel bindet, gefangen.

Der Hausmarder (Mustela foina).

Er gleicht dem vorigen ganz, ist nur etwas kleiner. Sein Pelz ist graulich braun. Hals und Brust sind weiß. In der Nähe der Wohnungen, in Steinhaufen, alten Stadtmauern, Thürmen, Holzstößen und Heuböden ist sein Aufenthalt. Von hier aus macht er seine nächtlichen Besuche in den Hühner- und Taubenhäusern, wo er oft ein fürchterliches Blutbad anrichtet. Das kleine Geflügel trägt er fort, dem großen beißt er nur die Köpfe ab und saugt das Blut aus. Auch dem Hausmarder wird besonders wegen seines schönen Pelzes nachgestellt.

Wie der Hausmarder gefangen wird.

Der Haus- oder Steinmarder ändert seinen Aufenthalt und Weg nicht leicht, auf welchem er einmal sicher und glücklich Beute gemacht hat, und findet daher auch hier meistentheils seinen Tod. Bei alledem aber muß der Jäger viele Behutsamkeit anwenden, dieses listige Thier zu überlisten, denn der schlaue Fuchs läßt sich weit eher fangen, als der Marder, zumal wenn sich schon andere Thiere in der Falle gefangen haben. Der Jäger stellt nämlich auf dem entdeckten Marderwege, welchen das Thier theils durch seine Losung, theils durch seine Fährte, die es im Winter im Schnee macht, selbst verräth, und zwar, wenn es angeht, am Ausgange eines Winkels, den der Marder durchwandern muß, eine Tellerfalle auf, welche sorgfältig durch Kräuter aller Art von aller Menschenwitterung gereinigt sein muß, und der Marder geräth in derselben gemeiniglich in die Hände des Jägers, wenn er nicht so lange Zeit hat, seine gefangene Pfote abzubeißen. Einige Jäger hingegen, wenn sie das Dasein des Marders nur durch sein Rauben entdecken, und den gewöhnlichen Weg nicht wissen, belegen alsdann die Falle mit gebackenem in Honig abgekochten Obst, oder mit einer Witterung, die aus ungesalzener Butter oder Gänsefett, Fenchel, Baldriankraut und Kampher besteht, deren Geruch ihn blindlings in die Falle lockt. Sonst ist der Marder sehr behutsam, und greift gemeiniglich das auf der bedeckten Falle festgemachte Ei, wenn er es das erstemal erblickt, nicht gleich an, sondern legt seine Losung neben die Falle, und geht um dieselbe herum. Findet er aber in der folgenden Nacht seine Losung ungestört, so geht er entweder in die Falle, oder er verändert seinen Gang.

Der Zobel (Mustela zibellina)

ist kleiner, als der Marder, sieht braun aus, mit grauen Flecken am Kopf. An der Kehle hat er kleine schwarze oder gelbe Flecken. In Sibirien gab es früher außerordentlich viel Zobel, doch seit 100 Jahren haben die habsüchtigen Europäer solche Niederlagen unter ihnen angerichtet, daß man sie jetzt nur in den entferntesten Wäldern im östlichen Winkel von Asien in größerer Anzahl antrifft. — Es ist ein hurtiges, listiges und muthiges Thier. Es besiegt sogar den viel größeren Hasen. Man kann den Zobel auch zähmen. Er läuft dann wie ein Eichhörnchen an der Kette herum, läßt sich jedoch nicht gern anfassen, ja man kann es frei in der Stadt herumlaufen lassen, wo es die Häuser gut kennen lernt, in denen man ihm etwas gibt. Es schläft gern auf Heu mit gerolltem Leibe. Auch spielen die Zobel sehr lustig mit einander, setzen sich auf den Hintern, wie die Bären, springen und wedeln mit dem Schwanze. Im Zorn knurren sie wie junge Hunde.

Zobeljagd.

Die Jäger versammeln sich auf ihre oder fremde Rechnung, legen ihre Nahrungsmittel, Instrumente und Waffen auf einen Schlitten, nehmen Hunde mit, und gehen auf Schneeschuhen längs der Flüsse in die entferntesten Wälder, wo sie aus Zweigen und dergl. Fallen machen, oder Netze vor die Baumlöcher stellen, und die Thiere heraustreiben. Die entlaufenen werden von Hunden gefangen oder mit Flinten und Pfeilen erschossen. Am besten sind die Pelze mitten im Winter. Jeder Sibirier muß jährlich zwei einliefern, jetzt aber geben sie nur die schlechtern ab, oder bezahlen Geld und verkaufen sie an die Chinesen. Sie sind eigentlich der Reichthum von Sibirien. Der Preis ist jedoch sehr verschieden; das Paar kann an Ort und Stelle 80 Rubel kosten, in Rußland 170, besonders wenn die Haare lang, dicht und schwarz sind und eine braune Unterwolle haben. Die schlechtern kommen nach Europa und China, weil man sie hier zu färben versteht.

Das Stinkthier oder der Skunk (Mustela foeda).

Der Name Stinkthier läßt schon schließen, was es für ein Patron ist. Es soll aber wirklich ganz arg mit dem Gestank sein, den das Stinkthier verbreitet. In seiner Nähe soll dem Menschen der Athem vergehen, und die Hunde sollen ihre Nase auf den Erdboden drücken. Der Gestank dieses Thieres ist so entsetzlich und durchdringend, daß die Luft auf eine Stunde weit wie verpestet ist. Es wird etwa so groß, wie ein Iltis und hat eine schwärzliche Farbe mit weißen Pelzstreifen und einen sehr büschigen Fuchsschwanz. Es giebt mehrere Arten amerikanische, afrikanische, ostindische. Am meisten stinken die amerikanischen. Was mag aber wohl dem Thier dieser Gestank helfen? Ei, gar viel! Es ist seine Waffe. Kömmt ein Feind ihm zu nahe, so spritzt es ihm seinen abscheulich stinkenden Urin ins Gesicht. An ein Verfolgen ist nun nicht mehr zu denken. Selbst der muthigste Hund dreht um und sucht den Gestank los zu werden.

Des Stinkthiers Vertheidigung.

Azara fand es erst südlich von Paraguay, wo es Jaguare (stinkender Hund) heißt, vom 30. Grad an bis zur magellanischen Meerenge; es soll aber auch in Tucuman am obern Plata, gegen Peru, vorkommen. Es lebt im Felde von Insecten, Eiern und Vögeln, schleicht bei Tag und Nacht still und dicht an der Erde herum, und hält den Schwanz wagrecht; kann nicht auf Bäume klettern. Es fliehet vor nichts, selbst nicht vor den Menschen; sobald es aber bemerkt, daß man ihm nachstellt, macht es Halt, nimmt sich zusammen, hebt den Schwanz in die Höhe und sträubt seine Haare. So wartet es, bis man nahe genug ist, und dann spritzt es seinen Harn in sicherer Richtung wohl 5 Schuh weit. Der Gestank ist so arg, daß Menschen und Thiere zurückweichen und es laufen lassen. Fällt ein einziger Tropfen auf ein Kleid, so muß man es ablegen; denn wenn man es auch 20mal wäscht, so bleibt doch der Gestank so stark, daß er das ganze Haus füllt. Ein Hund, welcher 8 Tage vorher bespritzt, aber mehr als 20mal gewaschen und mit Sand gerieben worden war, verpestete eine Hütte dermaßen, daß man es nicht mehr darin aushalten konnte. Man riecht den Gestank auf eine Meile weit. Der Harn soll bei Nacht leuchten, während er ausgespritzt wird.

Die Fischotter (Mustela lustra).

Der Name Otter paßt gar nicht, da sie nicht zu den Ottern, sondern zum Wieselgeschlecht gehört. Am Kopfe sieht das Thier dem Mopse etwas ähnlich. An allen 4 Füßen befinden sich Schwimmhäute. Sie ist etwas über 2 Fuß lang und 1 Fuß hoch, der Schwanz ist halb so lang, als der Leib. Dieser ist aber dunkelbraun, unten graulich weiß. Der Pelz ist sehr werthvoll und wird besonders zu Verbrämungen gebraucht. Das Fleisch wird als Fastenspeise gegessen. An den Flüssen von ganz Europa, im nördlichen Asien, aber nicht in Amerika wird die Fischotter angetroffen. Bei uns ist sie auch nicht häufig. Fische, Krebse, Frösche und Wasserratten sind ihre Nahrung. Ihr Handwerk, das Fischen nämlich, treibt sie bei uns nur im Mondschein. Sie schwimmt dann 2 bis 3 Stunden stromaufwärts, und steckt von Zeit zu Zeit den Kopf heraus, um Athem zu holen und zu wittern. Sie ist sehr scheu, riecht und sieht gut. Schon in weiter Ferne merkt sie die Nähe des Jägers, worauf sie sich schnell in ihre Höhle am Ufer zurückzieht. Ganz jung aufgezogen läßt sie sich auch zähmen. Hiervon ein paar Beispiele.

Eine Fischotter zahm wie ein Hund.

„Vor einigen Jahren hatte James Campbell bei Inverneß in England eine junge Fischotter aufgezogen und gezähmt. Sie folgte ihm allenthalben nach, wie ein Hund, und wenn er sie beim Namen rief, gehorchte sie augenblicklich. Wenn sie aus Furcht vor einem Hunde sich retten wollte, suchte sie Schutz bei ihrem Herrn und sprang aus Leibeskräften, um auf seine Arme zu kommen. Sie wurde oft zum Fischen gebraucht und fing bisweilen 8 bis 10 Lachse in einem Tage. Sobald sie müde war, verweigerte sie den Dienst. Man gab ihr dann von der Beute, so viel sie fressen wollte, und sie rollte sich, sobald sie satt war, zusammen und schlief ein. In diesem Zustande trug man sie nach Hause.“

Freundschaft einer Fischotter mit einem Dachshunde.

Unter der Pflege eines Gärtners, der in Diensten der Familie des Herrn Winckell stand, wuchs eine junge Fischotter auf. „Noch ehe sie," erzählt Herr Winckell, „halbwüchsig wurde, befand sie sich nirgends so wohl, als in menschlicher Gesellschaft. Waren wir im Garten, so kam sie zu uns, kletterte auf den Schooß, verbarg sich vorzüglich gern an der Brust und guckte nur mit dem Köpfchen aus dem zugeknöpften Oberrocke. Als sie größer war, reichte ein einziges Mal Pfeifen, nach Art der Fischotter, verbunden mit dem Ruf des ihr beigelegten Namens hin, sie sogar aus dem See, in welchem sie sich gern mit Schwimmen vergnügte, heraus und zu uns zu locken. Bei sehr geringer Anweisung hatte sie Apportiren, sich mehrmals nach einander über den Kopf zu kullern gelernt, und übte dies Alles sehr willig und zu unserer Freude aus. Beging sie, was wohl zuweilen geschah, eine Ungezogenheit, so war es für sie die härteste Strafe, wenn sie mit Wasser stark besprengt oder begossen wurde, wenigstens half dies mehr, als Schläge. Ihr liebster Spielcamerad war ein ziemlich starker Dachshund. Sobald dieser sich im Garten nur blicken ließ, war auch gewiß gleich die Otter da, setzte sich ihm auf den Rücken und ritt gleichsam auf ihm spazieren. Zu andern Zeiten zerrten sie sich spielend herum; bald lag der Dachshund oben, bald die Otter. War diese recht bei Laune, so kickerte sie dabei fortwährend. Ging man mit dem Hunde in ziemlicher Ferne vorüber, und schien er nicht Willens, seine Freundin zu besuchen, so lud ihn diese durch wiederholtes Pfeifen ein. Jener folgte, wenn sein Herr es erlaubte, augenblicklich dem Rufe."

Die Meer-Fischotter (Mustela lutris).

Ein harmloses Thier, das aber wegen seines schönen überaus kostbaren Pelzes von den Menschen gar sehr verfolgt wird. Es ist um einen Fuß größer, als unsere Fischotter, ihr sammetartiges Fell ist aber weißglänzend schwarz, der Kopf silbergrau. Je schöner das Thier ist, desto munterer, schlauer und hurtiger zeigt es sich. Die Fischottern mit schlechterem Pelz (gewöhnlich haben sie nur braune Wolle) sind meistens träg, schläferig und dumm und lassen sich leicht fangen, gleichsam als ob sie wüßten, daß man ihnen weniger nachstellt. Fast immer halten sie sich in der Nähe des Meeres auf. Ganze Heerden schlafen am Strande, aber einige von den schönern stehen immer auf der Wache und wecken die andern bei Gefahr. Am häufigsten finden sie sich auf der Beringsinsel.

Wir haben, erzählt ein Reisender, in wenigen Monaten über 800 bekommen. An Munterkeit, Spiellust und Schnelligkeit im Laufen übertreffen sie alle andere Thiere, welche zugleich im Wasser und auf dem Lande leben können. Beim Schlafen auf dem Lande liegen sie krumm, wie die Hunde, kommen sie aus dem Meer, so schütteln sie sich ab und putzen sich mit den Vorderfüßen, wie die Katzen. Sie laufen so geschwind, als ein Läufer und mit vielen Umschweifen. Wird ihnen endlich der Weg zum Meere verrammelt, so bleiben sie keuchend stehen, machen einen Katzenbuckel, zischen und drohen auf den Feind loszuspringen. Man braucht ihnen aber nur einen Schlag auf den Kopf zu geben, so fallen sie wie todt nieder und bedecken die Augen mit den Pfoten. Auf den Rücken lassen sie sich geduldig schlagen: sobald man aber den Schwanz trifft, kehren sie um und halten, lächerlich genug, dem Verfolger die Stirn vor. Manchmal stellen sie sich auf den ersten Schlag todt und laufen davon, sobald man sich mit andern beschäftigt. Wir trieben sie bisweilen in die Enge und hoben die Keule in die Höhe, ohne zu schlagen; sie legten sich nieder, schmeichelten, sahen sich um und krochen sehr langsam und demüthig, wie die Hunde, zwischen uns durch; sobald sie sich aber außer Gefahr sahen, eilten sie mit großen Sprüngen nach dem Meer. Sind sie der Keule entgangen, so machen sie die lächerlichsten Geberden, als wenn sie die Jäger verspotten wollten.

Sie halten einen Fuß über den Kopf, als wenn ihnen die Sonne lästig wäre und sehen den Menschen beständig an, legen sich auf den Rücken und tauchen unter. Sie können auf alle Art schwimmen, auf dem Bauche, dem Rücken, den Seiten und aufrecht; dann spielen sie mit einander und küssen sich.

Man sieht sie das ganze Jahr mit Jungen, deren sie aber nur eins werfen. Auf dem Lande tragen sie es im Maul, im Meer halten sie es schlafend in den Vorderfüßen, wie eine Mutter das Kind in den Armen hält. Sie spielen mit denselben, wie eine liebreiche Mutter, werfen es in die Höhe und fangen es wie einen Ball, stoßen es ins Wasser, damit es schwimmen lerne und nehmen es, wenn es müde geworden, wieder zu sich und küssen es, wie Menschen. Ehe sie ihre Jungen fahren lassen, gehen sie lieber dem Tode entgegen. Ich habe, erzählt der Reisende weiter, dem Weibchen absichtlich die Jungen genommen, um zu sehen, was sie thäten. Sie jammerten, wie ein betrübter Mensch und folgten mir von fern, wie ein Hund. Als ich sie forttrug, riefen sie ihre Jungen mit einer Stimme, gleich dem Wimmern der Kinder. Da die Jungen auf ähnliche Art antworteten, so setzte ich sie in den Schnee. Die Mütter kamen herbei und stellten sich bereit, dieselben fortzutragen. Als ich nach 8 Tagen wieder an denselben Ort kam, traf ich ein sehr trauriges Weibchen, welches sich, ohne Miene zu machen, todtschlagen ließ. Es war in der kurzen Zeit so abgemagert, daß es bloß aus Haut und Knochen bestand.

Das Fleisch der Meer-Fischottern, besonders der Jungen, ist kaum von dem der Lämmer zu unterscheiden. Meer-Otternfleisch war unsere meiste Kost auf der Insel, das uns niemals zuwider wurde, obgleich wir es täglich und ohne Zukost aßen..

Der Hund (Canis).

Ganz das Gegentheil von der Katze ist der treue Hund. Er ist gehorsam, folgt dem Menschen überall hin als ein zuverlässiger Begleiter, der seinen Herrn in der Gefahr muthig vertheidigt und ist bereit für ihn sein Leben zu lassen. Es ist jedenfalls das gefühlvollste Thier, und deßhalb von allen Thieren am würdigsten, der Gesellschafter des Menschen zu sein. Nur für seinen Herrn lebt er, auf seinen Befehl lauscht er; mit bittender und forschender Miene sieht er beständig auf seinen Gebieter, und nur eines Winkes bedarf er, er versteht ihn sogleich und voller Eifer stürzt er davon, um den Willen seines Herrn zu vollstrecken. Und wie er heute ist, so ist er immer, ohne Launen, stets treu und beständig, stets gehorsam und eifrig. Für empfangene Wohlthaten hat er ein gutes Gedächtniß, aber angethanes Unrecht und oft grausame Mißhandlungen vergißt er sogleich, ja er leckt die Hand, die ihn so eben geschlagen. Geduldig erträgt er die Strafe, ohne grimmig zu werden oder zu fliehen; im Gegentheil, er schmiegt sich seinem Herrn nur noch mehr an und bietet Alles auf, um von ihm ein beifälliges Wort zu hören. Und wie gelehrig ist der Hund! Er weiß zunächst die in das Haus seines Herrn gehörigen Mitglieder der Familie von allen Fremden zu unterscheiden. Ist die Familie vornehm, so nimmt auch der Hund sehr bald vornehme, feinere Sitten an; mit viel mehr Anstand nähert er sich seinem Herrn, als der Bauernhund, welchen der Umgang plumper gemacht. Hat man ihn des Nachts als Schildwache vor das Haus gestellt, so wird er gleichsam stolz auf das ihm anvertraute Amt und zeigt sich trotzig. Er ist dann beständig auf den Beinen, macht alle Augenblicke die Runde und wittert von weitem schon den Fremden. Kommt dieser näher und bleibt er etwa stehn, oder will er die Schranken überschreiten, so schießt der Hund vor, stellt sich entgegen, bellt und lärmt, und giebt so seinem schlafenden Herrn Nachricht. Ist es etwa ein Räuber, so stürzt er über ihn her, verwundet oder zerreißt ihn wohl gar und nimmt ihm seine Beute. Auch Kinder, welche ihn necken, werden oft von ihm gebissen.

Eben so macht er es, wenn sich ein Wolf oder Fuchs nähert. Hat er gesiegt, so legt er sich neben die errungene Beute hin, und wenn es das schönste Fleisch wäre und er wirklich Eßlust hätte, er würde es unberührt lassen.

Wie nützlich, ja wie unentbehrlich muß dieß Thier nicht den ersten Erdbewohnern gewesen sein, welche ohne diesen treuen Begleiter und Beschützer gewiß nicht so bald die Herren über die wilden Thiere geworden wären. Noch heute ist es fast unmöglich, in manchen Ländern ohne Beistand des Hundes die wilden und schädlichen Thiere zu entdecken, zu jagen und auszurotten. Der Mensch steht zwar durch seinen Verstand erhaben über alle Thiere, von denen ihn aber sehr viele durch Stärke, besonders aber durch feinere Sinnesorgane weit übertreffen. Dadurch aber, daß der Hund sich dem Menschen zum treuesten Diener stellte, und daß er sich dieses Thier erzog, und es an sich schloß,

entbehrte er leicht die Gabe von schärferen Sinnen. Sein Hund that es ja für ihn, durch den feinsten Geruch witterte er von Ferne den Feind und machte durch Bewegungen seinen Herrn darauf aufmerksam, kam es aber zum Kampfe, so war der Hund der treueste Kampfgenosse, der unentbehrlichste Gefährte des Jägers. Vergebens sucht das Wild den Jagdhund zu täuschen, er verfolgt es durch alle die Windungen und falschen Wege, die das gejagte Thier eingeschlagen, um seinem Verfolger zu entgehen; weit entfernt es aufzugeben, verdoppelt er seinen Eifer, und ruht nicht eher, als bis er sein Ziel erreicht hat.

Zu sehr verschiedenen Zwecken wird jedoch der Hund gebraucht, was zum Theil die Ursache sein mag, daß die Größe, Gestalt, Farbe und die besonderen geistigen Eigenschaften der Hunde so verschieden sind.

Am gewöhnlichsten wird der Hund gebraucht zum Schutz für das Haus und den Wagen, zum Begleiter und Hüter der Heerden, zur Jagd, zur Begleitung auf Reisen, in kälteren Ländern sogar zum Ziehen der Schlitten. Auch bei uns sieht man ihn zuweilen vor einen kleinen Wagen gespannt.

Die Lebensart des Hundes ist allgemein bekannt. Er frißt Alles, was der Mensch verzehrt, rohes und gekochtes Fleisch, Gemüse, Brod, Obst, er sauft schlappend, sitzt auf den Hinterbeinen, liegt auf dem Bauch, mit dem Kopf zwischen den vorwärts gestreckten Vorderfüßen, auch auf der Seite mit ausgestreckten Beinen, wenn es heiß ist. Wenn es kalt ist, rollt er sich zusammen, mit der Schnauze zwischen den Hinterbeinen. Er scheint auch zu träumen, da man ihn oft im Schlafe brummen und bellen hört. Doch jetzt einige Geschichten, welche von den vortrefflichen Eigenschaften des Hundes das beste Zeugniß geben.

Der Kaufmann und sein Hund.

Ein Kaufmann wurde einst in der Schweiz, bei Genf, von Räubern angefallen. Der eine hielt die Zügel des Pferdes, der andere forderte ihm das Geld ab. Sein Hund, der ihn begleitete, beobachtete anfangs die Räuber knurrend, doch ohne sie anzufallen. Als er aber bemerkte, daß der eine Räuber eine Pistole auf die Brust seines Herrn richtete, that er einen kühnen Sprung nach der Hand des Räubers und zerfleischte sie. Darauf kehrte er sich wüthend gegen den andern, riß ihn nieder und erwürgte ihn.

Zwei Metzgerhunde retten ihren Herrn.

Ein Metzger (Schlächter, Fleischer) aus Cassel, Namens Schnell, ging über Feld, um Vieh einzukaufen. Unterwegs begegnete ihm ein Mann, der ihn um ein Allmosen bat. Schnell war sogleich bereit, ihm etwas zu geben und zog seinen Beutel hervor; doch wandte er sich um, damit jener nicht das viele Geld sehen möchte. Wie er sich umwendet, schlägt ihn der Bettler mit einem dicken Stocke so heftig auf den Kopf, daß er ganz betäubt und in Ohnmacht zu Boden stürzt, und sogleich fällt jener über ihn her, um ihm das Geld abzunehmen. Allein dem Bösewicht bekam die That sehr übel; denn der Metzger hatte 2 Gehilfen bei sich, nämlich seine beiden Hunde. Diese ergriffen den Bettler, richteten ihn übel zu und zogen ihn in einen nahen Sumpf. Hier ließen sie ihn liegen, kehrten alsdann zu ihrem Herrn zurück und beleckten ihm das Gesicht so lange, bis er aus der Ohnmacht erwachte. Nachdem er völlig zu sich gekommen war, fand er zu seiner Freude, daß er sein Geld noch hatte. Er wollte nun seinen Weg weiter fortsetzen, da hörte er in der Nähe ein ängstliches Jam=

mern, auch sah er Blut auf dem Wege. Er ging dem Blute nach und fand endlich im Sumpf den Räuber, der ihm den Schlag gegeben hatte, und seine Hunde, die sich wieder mit dem Elenden herumzerrten. Sogleich sprang Schnell in den Sumpf, jagte die Hunde fort und zog den übel zugerichteten Menschen aufs Trockene.

Ein Hund entdeckt einen Taschendieb.

Ein französischer Pächter wollte einst in Begleitung seines Hundes einen besonders schönen Platz auf dem Jahrmarkte zu St. Germain, einer Vorstadt von Paris, sehen; man sagte ihm aber, sein Hund dürfe nicht mitgehen. Er bat daher die Schildwache, ihn in Verwahrung zu nehmen, und versicherte, das Thier werde nicht weglaufen. Der Pächter wurde hierauf hineingelassen. Nachdem er seine Neugierde befriedigt hatte, kehrte er zu seinem Hunde zurück, wurde aber zugleich gewahr, daß er seine Uhr eingebüßt hatte. Er klagte seine Noth der Schildwache und setzte hinzu, daß wenn der Dieb auf dem Jahrmarkt wäre, er gar nicht zweifle, daß sein Hund ihn auskundschaften würde. Da die Schildwache ihm erlaubte, einen Versuch zu machen, so rief er seinen Hund, gab ihm zu verstehen, daß er seine Uhr verloren habe und befahl ihm, selbige zu suchen. Nachdem nun der Hund seinen Herrn berochen hatte, lief er auf den Marktplatz hin; es währte nicht lange, so kam er voll Freude und ganz unruhig wieder zurück, machte ein leichtes Gebell, zog seinen Herrn beim Rocke, lief einige Schritte vorwärts und kehrte dann gleich wieder um, als wenn er ihm gleichsam sagen wollte, er sollte ihm nachkommen. Jener folgte ihm wirklich und sah den Hund vor einem sehr wohlgekleideten Herrn still stehen, der in alle Buden blickte. Man rief den Hund, aber vergebens; weder Stöße, noch Drohungen konnten ihn von seinem Standorte wegtreiben. Alle andere Personen ließ er vorbeigehen, nur nicht den wohlgekleideten Herrn, der seine ganze Aufmerksamkeit auf sich zu ziehen schien. Die Schildwache erfuhr diese ganz besonderen Umstände und berichtete sie einem Polizeibedienten. Man nahm nun jenen Herrn in Verhaft und brachte ihn vor Gericht. Der Hund und sein Herr begleiteten ihn dahin und blieben an der Thür stehen. Unterdessen durchsuchte man die Taschen jenes stattlichen Menschen und fand 8 Uhren und 12 Dosen darin. Diese Sachen wurden bei Seite gebracht. Der Pächter wurde hereingerufen. Er gab von seiner Uhr eine umständliche Beschreibung und bat den Richter, seinen Hund noch einmal die Uhr suchen zu lassen. Auf seine Bitte wurden nun die Uhren in eine nahe gelegene Kammer getragen. Darauf befahl er dem Hunde, die seinige herzuholen. Der Hund brachte auch wirklich diejenige mit, welche sein Herr als die seinige vorher beschrieben hatte.

Der eingebrochene Jäger.

Ein Engländer ging einst im Winter mit seinem Hund auf die Jagd. Sie mußten über einen Strom gehen, der zugefroren war; das Eis brach aber, und der Jäger fiel ins Wasser. Zum Glück hatte er seine Flinte quer vor den Leib gehalten, und da diese über der Oeffnung lag und an beiden Seiten auf dem Eise ruhte, so hatte er an ihr eine Stütze; woran er sich eine Zeit lang halten konnte. Aus dem Wasser vermochte er jedoch nicht zu kommen, denn er mußte befürchten, das Eis loszubrechen, worauf die Flinte ruhte, und dann wäre er ohne Rettung verloren gewesen. Der Hund sah die Noth seines Herrn und versuchte durch allerlei Künste ihn zu retten, aber vergebens. Nun lief er, was er konnte, nach dem nächsten Dorfe, schmeichelte Allen, die ihm begegneten und that, als wenn er ihnen etwas sagen wollte. Als sie ihn nicht verstanden, faßte er sie beim Rocke und zog sie nach der Gegend hin, wo sein Herr war. Einige, die sich über die Geschicklichkeit des Hundes wunderten, gingen mit ihm, kamen zu dem Eise, fanden den Mann und retteten ihn.

Der Hund auf dem Grabe seines Herrn.

Vor einigen Jahren sah man in London ein rührendes Beispiel von der Treue eines Hundes. Das treue Thier war untröstlich über den Verlust seines Herrn und wollte ihn selbst im Tode nicht verlassen. Die Nachbarn des Kirchhofes St. Octav sind Zeugen seiner That gewesen, und die Zeitungen haben über dieselbe Bericht erstattet. Der treue Hund hatte seinen Herrn während einer langwierigen Krankheit nicht verlassen; er sah ihn in den Sarg legen und begleitete ihn mit Jammergeschrei zu Grabe. Sobald der Todte hineingesenkt war, flüchtete er, ohne auf den Ruf der Umstehenden zu hören, in eine Höhlung, die ein nahestehendes, verfallenes Grab darbot, und dieses kleine, ihn kaum fassende Loch wurde von nun an seine Wohnung. Er floh fortan jeden Umgang mit Hunden und Menschen und kam nur hervor, wenn der äußerste Hunger ihn quälte, um in einem benachbarten Hause Futter zu suchen. Begegneten ihm unterwegs Hunde, so achtete er sie gar nicht; denn nur mit dem Todten wollte er leben. Fast 10 Jahre brachte er so auf dem Kirchhofe zu. Endlich blieb er einmal zur Essenszeit aus; man ging ihn zu suchen und fand ihn todt auf dem Grabe seines Herrn.

Der treue Hund eines Verurtheilten.

Kurze Zeit vor dem Sturze des schrecklichen Robespierre verurtheilte ein Revolutionstribunal in einer der französischen Provinzen Herrn A., eine bejahrte, allgemein geachtete Magistratsperson, zum Tode. Als der Unglückliche ins Gefängniß geworfen wurde, war die Familie desselben durch die Schreckensregierung zerstreut worden, und jedes Gespräch mit seinen Freunden, wenn ihm ja noch einige geblieben, war ihm streng untersagt. Er besaß indeß einen Freund, den man nicht verhindern konnte, ihm zu folgen — einen Wasserhund der kleinern Art, einen Pudel von 12 Jahren, der seinen Herrn fast nie verlassen hatte. Dieser treue Hund, der bei der Gefangennehmung des alten Mannes gegenwärtig war, folgte seinem Herrn bis an den Kerker, sollte aber nicht mit hineingelassen werden. Die Zurückweisung schreckte ihn nicht ab; er suchte in einem benachbarten Hause eine Zuflucht und stellte sich jeden Tag an der Gefängnißthüre ein, ward aber immer wieder zurückgetrieben. Die unerschütterliche Treue erweichte indeß endlich den Kerkermeister, und der Hund ward zu seinem Herrn hineingelassen. Seine Freude bei dem Erblicken desselben war grenzenlos, und es hielt schwer, ihn von dem alten Manne loszureißen. Der ehrliche Gefangenwärter, der um seine Stelle besorgt war, trug endlich den Hund fort, der an seinen Zufluchtsort zurückkehrte. Den nächsten Morgen fand er sich wieder bei dem Gefängnisse ein und wiederholte so seinen Besuch einige Wochen lang und ward regelmäßig jeden Tag einmal in den Kerker gelassen. Der arme Hund leckte dann die Hand seines Herrn, sah ihn an, leckte ihm wieder die Hand, und nach einigen Morgen, als er wußte, er werde, wenn er komme, wieder eingelassen, entfernte er sich auf den Ruf des Wärters.

Als der Tag der Entscheidung erschien, drängte sich der Hund durch eine ungeheure Menschenmenge in den Gerichtssaal und kroch zwischen die Füße seines unglücklichen Herrn. Nachdem das Urtheil gesprochen, wurde A. in sein Gefängniß zurückgeführt, und der Hund verließ, da man ihm nicht mit hineinzugehen erlaubte, die Thüre die ganze Nacht nicht.

Die schreckliche Stunde der Hinrichtung kommt, das Gefängniß öffnet sich, der ehrwürdige Greis tritt heraus; sein Hund empfängt ihn an der Schwelle und klammert sich an seine Hand. „Ach, diese Hand wird dich nie wieder streicheln, armer Hund!“ ruft der Verurtheilte. Das Beil der Guillotine fällt, der Herr stirbt; aber der treue Hund verläßt den Leichnam nicht. Er ging um denselben herum, und als er begraben wurde, legte er sich auf das Grab. Auf diesem kalten Lager verbrachte er die erste Nacht, den ersten Tag und den zweiten, bis ein Nachbar ihn suchte. Der gute Mann streichelte ihn, nahm ihn mit sich und versuchte Alles, um ihn zu bewegen, Nahrung zu sich zu nehmen; aber bei der ersten Gelegenheit entfloh der Hund und suchte seines Herrn Grab wieder auf. Drei Monate vergingen, jeden Morgen stellte sich das arme Thier bei seinem Gönner ein, um den Hunger zu stillen, dann kehrte es zu dem Grabe zurück, und jeden Tag wurde es trauriger, magerer.

Sein Beschützer versuchte es endlich, ihn von dem Grabe wegzugewöhnen. Anfänglich band er ihn an, dann, als er sich frei gemacht, legte er ihn an die Kette; aber das treue Thier täuschte seine Wachsamkeit und entfloh wieder zu dem Grabe, um dasselbe nie wieder zu verlassen. Vergebens war Alles, ihn von demselben wegzubringen. Selbst der menschliche Kerkermeister brachte ihm Futter; aber er weigerte sich von nun an, Nahrung zu sich zu nehmen, und versuchte die Erde aufzuscharren, die ihn von dem trennte, welchem er gedient. Die Liebe gab ihm Kraft; aber seine geschwächten Glieder waren bald erschöpft, und er verschied auf dem Grabe seines geliebten Herrn.

Unter den vielen und verschiedenen Arten von Hunden wollen wir folgende als besondere Racen des Haushundes bemerken.

Der Fleischerhund.

Er hat einen langen Kopf. Die Stirn ist platt; die halb hängenden Ohren sind ziemlich lang. Sein starker Körperbau, der wenig gebogene Schwanz und die kurzen, schwarzen Haare bezeichnen ihn. An der Schnauze und den Beinen sieht er oft braun aus. Die Fleischer bedienen sich seiner zum Treiben des Viehs, das er, stets unermüdlich, vor sich her treibt.

Der Windhund.

Er ist von derselben Größe, wie der Fleischerhund, zeichnet sich aber durch seine lange, spitzige Schnautze, durch seine kleine Ohren, ganz

besonders aber durch einen sehr schlanken Körper und hohe, dünne Beine aus. Er ist zwar eben nicht sehr treu und wachsam, kann aber außerordentlich schnell laufen und sehr gut in die Ferne sehen. Eine

Abart vom Windhund ist das Windspiel, das viel kleiner ist, aber eben so gut laufen und springen kann; doch ist es gegen Kälte sehr empfindlich und zittert daher beständig.

Das Bologneserhündchen.

Ein sehr niedliches Thierchen und nicht viel größer, als das Eichhörnchen. Früher war es als Schooßhündchen besonders bei den Damen sehr beliebt. Man erkennt ihn an dem rundlichen Kopfe, der dicken Schnauze und dem langen, seidenweichen, meist weißen Haare.

Der Pudel.

Er ist von allen Hunden das treueste und gelehrigste Thier. Das lange, krause Haar von schwarzer oder weißer, oft auch braun und weiß gefleckter Farbe, die breiten, hängenden Ohren zeichnen ihn vor den übrigen Hunden aus. Er schwimmt vortrefflich und lernt eine Menge von Künsten. Ganz besonders versteht er das Verlorne wieder zu finden. Auch geht er sehr gern ins Wasser.

Ein Hund findet seinen Herrn wieder.

Ein Spitzenhändler aus Elterlein, bei Annaberg, der seine meisten Geschäfte in's Preußische machte, nahm vor etwa 50 Jahren auf seiner Reise nach dem Berliner großen Markte, wie gewöhnlich, seinen großen, schwarzen Pudel mit. Als er nach geendigtem Jahrmarkte mit Einpacken fertig war, und eben mit Andern auf die gleich darauf folgende Frankfurter Messe abreisen wollte, fehlte der Pudel und war im ganzen

Hause nicht zu finden. Da sich der Kaufmann nicht aufhalten konnte, gab er dem Gastwirthe den Auftrag, ihm den Hund durch einen Expressen nachzuschicken, sobald er eintreffen würde, was gewiß geschehen werde. Als am folgenden Morgen neuangekommene Fremde in ihr Zimmer geführt werden, springt bei Oeffnung der Thüre der vermißte Pudel heraus, der aus Versehen eingeschlossen worden war, sucht seinen Herrn dann zuerst auf dessen Zimmer, dann in der Bude, und als er ihn da nicht findet, wieder in allen Winkeln des Gasthofes, wo er sich durchaus nicht fangen läßt.

Zwei Tage darauf, als die Familie des Kaufmanns in Elterlein eben bei Tische sitzt, kommt dort der Pudel an. Man besorgt, es möchte dem Vater ein Unglück begegnet sein, weil der Hund allein kömmt, da man doch den Herrn desselben in Frankfurt weiß. Man bemerkt das emsige Suchen des Pudels im ganzen Hause und in allen Häusern, wo sein Herr hinzugehen pflegte, und sucht ihn durch Speise zu beruhigen. Vergebens; nach abermaligem Suchen ist der Pudel auf einmal wieder fort. Den zweiten oder dritten Tag darauf kommt er wieder im Gasthofe zu Berlin an, durchsucht wieder das ganze Haus, verläßt es dann eilig und trifft am folgenden Tage bei seinem Herrn zu Frankfurt an der Oder in der Bude ein. In einer Zeit von 4 bis 5 Tagen hatte also dieser Hund die Reise von Berlin nach Elterlein hin und zurück und wieder nach Frankfurt, was fast siebenzig Meilen beträgt, gemacht und dabei die Elbe und Mulde passirt.

Das Kind auf der Sandbank.

Mein seliger Vater, erzählt der G. R. v. Göckingk, hatte einen großen, schwarzen Pudel, der an Treue, Willigkeit und Gelehrigkeit wenig seines Gleichen hatte. Mein Vater mußte eine Amtsreise machen, und der treue Hund war ohne Wissen seines Herrn ihm nachgelaufen. Als er mit vielen anderen Herren bei Tische saß, kam der Pudel in den Saal, suchte seinen Herrn und meldete sich durch ein ungestümes Bellen bei ihm an. Der Herr befahl seinem Bedienten, den Hund aus dem Saale zu schaffen, dieser aber drohte den Bedienten zu beißen, kehrte wieder zu seinem Herrn zurück, bellte ohne Aufhören, zerrte denselben am Rocke, als wollte er ihn vom Stuhle reißen. Ein Stück Fleisch, womit man ihn zu beruhigen suchte, warf er mit einer Miene von sich, als wollte er sagen: jetzt wäre für ihn nicht Zeit zum Essen; vielmehr setzte er seine Zudringlichkeit auf eine ungewohnte Art so lange fort, bis sein Herr bemerkte, daß der Hund naß war. Da er aus seiner großen Geschicklichkeit etwas Unerwartetes vermuthete, so stand er auf und folgte dem Pudel. Sobald dieß geschah, war der Hund still, sprang vergnügt über die Erfüllung seines Verlangens vor seinem Herrn hin und her und führte ihn und die ganze Gesellschaft auf die Brücke vor dem Schloßthore, stürzte sich mit größter Eilfertigkeit herunter ins Wasser und schwamm auf eine Sandbank zu. Während dieser Zeit erblickte die Gesellschaft unweit des Ufers ein kleines Mädchen, welches mit Weinen und Händeringen erzählte, ihr dreijähriger Bruder wäre von der Brücke hinunter gefallen; der große, schwarze Hund, welcher auf der Brücke gelegen hatte, wäre sogleich hinunter gesprungen, hätte ihren Bruder todt gebissen und auf den Sandberg geschleppt. Als man dahin blickte, sah der Hund nach seinem Herrn und erwartete dessen Befehl; weil es aber zu bedenklich schien, dem Hunde die Ueberbringung des Kindes zu befehlen, wozu er sich sehr bereitwillig zeigte, so wurde ihm von seinem Herrn zugerufen: couche! worauf sich der Pudel neben dem Kinde niederlegte und dasselbe so lange fortwährend beleckte, bis es mit einem Kahne abgeholt wurde. Es war unverletzt; er hatte es blos an den Kleidern gefaßt und es wurde bald völlig wieder hergestellt.

Der Jagdhund.

Er ist an den sehr langen und hängenden Ohren, der langen und dicken Schnauze zu erkennen. Er hat starke Glieder, trägt den Schwanz mäßig gebogen und sieht meist braun, unten heller, an Brust und Stirn oft weißlich aus. Sein Name lehrt schon, daß er besonders zur

Jagd zu gebrauchen ist. Er sucht vorzüglich Hasen auf und leistet dabei dem Jäger herrliche Dienste. Eine Abart des Jagdhundes ist der Schweißhund. Unter Schweiß verstehen nämlich die Jäger Blut. Ein guter Schweißhund dient daher dazu, um dem Blute eines geschossenen Wildes zu folgen und es ausfindig zu machen.

Der treue Jägerhund.

Man hatte eines Morgens lustig und wohlgemuth einen Waidmann mit seinem Dachshunde dem Gebirge zuwandern sehen. Kühn und leicht, wie die Gemse, war er an den mächtigen Felswänden hinauf geklettert bis zu den höchsten Spitzen der Gebirge, wo eine ewige Stille herrscht, die nur zuweilen von dem Geschrei eines in den Lüften kreisenden Adlers unterbrochen wird. Er hatte seine Blicke von der Höhe aus nochmals über die unter ihm liegenden Thäler und Seen schweifen lassen, und war endlich hinter den Felsen verschwunden. Tage und Wochen vergingen, und weder den Jäger, noch seinen treuen Gefährten sah man wiederkehren. Alles Suchen seiner Angehörigen und Freunde, alle Erkundigungen, die man bei den Hirten der Gebirge einzog, blieben erfolglos, bis endlich nach drei langen Wochen sein Leichnam unter einem Felsen, von dem er herabgestürzt war, vom Falle zerschmettert, gefunden wurde. Neben ihm lag sein treuer Hund, von Hunger und Durst erschöpft, und kaum im Stande sich von der Stelle zu bewegen. Er hatte seinen Herrn auch im Tode nicht verlassen, hatte Tag und Nacht bei Sturm und Regen neben ihm ausgehalten und seinen Leichnam gegen die gierigen Raben und die räuberischen Füchse geschützt.

Der Hühnerhund.

Für den Jäger höchst schätzbar, weil er das Aufsuchen des Geflügels und der Hasen ganz vortrefflich versteht, und wenn er einen Hasen im Lager oder ein Volk Hühner bemerkt, nicht plump d'rauf losschießt,

sondern ohne sich zu rühren, so lange davor stehen bleibt, bis der Jäger herangekommen ist und ihm ein Zeichen giebt, drauf los zu gehen.

Der Dachshund.

Das bekannte kleine Thier mit kurzen, krummen Beinen. Er wird zur Jagd auf Füchse und Dachse gebraucht. Sein Gebiß ist sehr stark.

Der Pintscher.

Ein ungemein lebhaftes Thier, ziemlich klein, hat aber hohe Beine. Seine Ohren hängen nur mit der Spitze über. Er ist nur gar zu unruhig.

Der Spitz.

Ein vortrefflicher Haus-, Hof- und Wagenhund. Spitz heißt er wohl, weil er die geraden Ohren stets zu spitzen scheint. Seinen Schwanz trägt er gerollt. Er ist treu und klug, sehr gelehrig, muthig und nicht selten bissig.

Der Bullenbeißer.

Ein großer, starker Hund mit einer kurzen und dicken Schnauze. Sein Haar ist kurz und von erbsengelber Farbe. Er sieht immer finster aus, ist bissig, kühn und grausam.

Die englische Dogge.

Ein außerordentlich starkes Thier mit einem furchtbar majestätischen Blicke. Wie der Bullenbeißer ist der Dogge muthig und im Zorne furchtbar. Man erkennt ihn an dem großen Kopfe, der dicken, aufgeworfenen Schnauze und den hängenden Ohren. Er sieht weiß, einfach grauschwarz oder auch bunt aus, nämlich weiß oder gelblich, mit schwarzen, grauen oder braunen Flecken oder Streifen.

Der Mops

ist von allen Hunden der dümmste. Durch sein Bellen bei der Annäherung eines Fremden vertritt er jedoch die Stelle der Hausglocke. Er wird auch gewöhnlich als Stubenhund gehalten.

Unter den ausländischen Hunden sind noch bemerkenswerth: der neufundländische Hund, ein großes, starkes Thier, von ganz schwarzer Farbe oder weiß und schwarz gefleckt. Sein Haar ist lang und seidenhaarig, sein Schwanz langhaarig; der türkische Hund aus Guinea, fast ganz nackt, schwärzlich oder dunkelfleischfarbig. Er ist klein und bei uns, wegen seiner Nacktheit sehr frostig; der Dingo, in Neuholland zu Hause, wo er wild leben soll. Er ist groß und stark, hat einen dicken Kopf, spitzige Ohren, einen langen, buschigen Schwanz, zottige Haare, sieht röthlich oder dunkelfarbig aus, ist bissig, läuft sehr schnell und bellt nicht, sondern stößt nur ein klägliches Geheul aus, wenn er auf seine Beute losstürzt. Besonders merkwürdig sind die kamtschadalischen und sibirischen Hunde, die man zum Ziehen gebraucht.

Eine Schlittenfahrt mit Hunden.

Den unterhaltenden Reisen Dobell's verdanken wir mehrere anziehende Angaben von den Eigenschaften der sibirischen Race. Wie er erzählt, wurde er, als er St. Petersburg verließ, von Mehreren seiner Bekannten auf Schlitten begleitet, welche Hunde zogen. Sie bildeten eine zahlreiche Gesellschaft, wie man sie in keinem andern Theile der Erde sehen kann. Die Begierde und die Ungeduld der Hunde, den Wetteifer der Kutscher könnte man mit den Anstrengungen der Vollblutrenner und Jockei's bei einem englischen Wettrennen vergleichen. Die Bedeutung und Regierung der Schlittenhunde bedarf auch nicht weniger Geschicklichkeit; die Reise nach Awatscha war im buchstäblichen Sinne ein Rennen, und zwar ein ganz neues und höchst anziehendes.

Bei einer andern Gelegenheit, bei der Fahrt über eine gebirgige Gegend von Timlati längs der Meeresküste, wo Alles nackt und fast baumlos ist, wurde die Gesellschaft vom Untergange durch den wunderbaren Instinkt gerettet, womit der gnädige Schöpfer die Hunde jener unwirthbaren Gegend begabt hat. Es war ein heller, heiterer Morgen, aber der Wind ging heftig, und weiße Wolken jagten an dem blauen Himmelsbogen hin. „Laßt uns eilen," sagte der Führer; „es zieht ein Sturm heran; hier giebt es weder Haus, noch Hütte, noch irgend ein Obdach, und wenn wir nicht eine Rennthierstation erreichen, müssen wir erfrieren." Kurze Zeit darauf ging die Prophezeihung in Erfüllung; der Sturm wüthete mit wachsendem Ungestüm und trieb ihnen das Schneegestöber so heftig entgegen, daß sie es nicht länger auszuhalten vermochten. Um ihre Noth noch größer zu machen, hatten sie den Weg verloren, und sie wußten nun nicht mehr, was sie beginnen sollten. Der Führer schlug vor, man solle sich den Hunden anvertrauen; das Bleiben und Harren war gewisser Tod. Sie hatten kein anderes Hülfsmittel, und „ich habe grosses Vertrauen zu diesen zuverlässigen Thieren," setzte er hinzu; „befindet sich ein Rennthier in der Ebene, so werden sie es gewiß ausfindig machen."

Er trieb also seine Hunde weiter, stellte ihnen aber die Richtung, welche sie einschlagen wollten, ganz frei, und ermahnte die Gesellschaft, dicht bei einander zu bleiben. Zu Aller Erstaunen wandten sich die Hunde sogleich von dem Meere weg, so daß man den Wind fast in den Rücken bekam. Obgleich dies Mehrere beunruhigte, weil sie glaubten, sie kämen auf einen ganz falschen Weg, so waren sie doch von dem schneidend kalten Schneegestöber befreit, das ihnen wirklich die Haut aufriß.

So ging es wenigstens zwei Stunden lang fort. Der Sturm tobte fortwährend mit gesteigerter Wuth; Wolken von feinem Dunst wälzten sich wie schwarzer Rauch über das Meer, und sie waren Alle vor Kälte fast ganz erstarrt. Auf einmal fingen die Hunde des Führers an zu schnopern, laut zu bellen und rannten dann so schnell als möglich weiter. Es war wie ein elektrischer Schlag. Die andern Hunde folgten und strengten alle ihre Kräfte an, Schritt mit jenen zu halten. Die Herzen der ermatteten Reisenden klopften nun gewaltig; sie waren überzeugt, die Hunde witterten das Rennthier, und diese Erregung brachte wieder Wärme in ihre Glieder, da sie hofften, vor dem furchtbaren Sturme, der ihnen den Tod drohete, einen Zufluchtsort zu finden. Nach ungefähr 10 Minuten hatten sie das unnennbare Vergnügen, sich neben einem knisternden Feuer, umgeben von gastfreundlichen Eingebornen zu sehen. Da sich diese vor dem Winde befanden, so hatten sie das Gebell der Hunde gehört, die Ankunft einiger Reisenden erwartet und einen schönen Bock geschlachtet und zugerichtet.

Ein zur Familie der Wasserhunde gehöriger ist der berühmte Alpenhund, den die Mönche im Hospiz auf dem St. Bernhard jeden Morgen aussenden, um auf dem Berge nach verunglückten oder müden Reisenden zu suchen. Einer trägt einen warmen Mantel auf dem Rücken, und der andere ein Körbchen mit einer Flasche stärkenden Getränkes am Halse. Von ihrer außerordentlichen in diesem traurigen Falle zwar nutzlosen Klugheit folgendes Beispiel.

Der Hund auf dem St. Bernhard.

Eine theilweise Aufklärung des Himmels in einem der Wintermonate hatte die Mönche ermuthigt, drei ihrer Knechte an der italienischen Seite des Berges hinabzuschicken, um eine kleine Gesellschaft von Reisenden zu begleiten, welche im Kloster von dem Wetter zurückgehalten worden waren, und zu gleicher Zeit frische Vorräthe aus dem nächsten Dorfe St. Remy, ungefähr eine Stunde entlegen, zu holen. Der Gesellschaft folgten zwei Hunde, Jupiter und ein jüngerer. Der Tag neigte sich, die Nacht brach ein, und zur Verwunderung der Mönche erschienen die Knechte nicht wieder. Sie beschwichtigten indeß ihre Besorgniß durch die Meinung, sie würden nicht gewagt haben, im Dunkel den Berg zu ersteigen, und in St. Remy geblieben sein, erwarteten sie dagegen den andern Tag früh mit den Lebensmitteln zurück. Der Morgen kam — der Mittag — die Schatten des Abends schlossen wiederum den kurzen Tag, und noch war keine Kunde von den Knechten gekommen. Den nächsten Tag machten sich zwei von den Mönchen auf den Weg, gelangten endlich nach großen Beschwerden in tiefem Schnee an das untere Ende des See's, an dem das Kloster liegt, und erreichten einen Punkt, bis zu welchem man gewöhnlich in drei Minuten geht, und von dem aus man den größern Theil des

Weges nach St. Remy hinab überblicken kann. Sie sahen nun, daß das ganze Thal von den Trümmern mehrerer Lavinen bedeckt war, und kehrten um, jedoch das Schlimmste fürchtend, obwohl sie noch immer hofften, die Leute würden St. Remy erreicht haben und daselbst zurückgehalten worden sein. Erst den dritten Tag wurden ihre Befürchtungen bestätigt. An diesem Tage kam nämlich ein Knecht von St. Remy mit dem armen Jupiter in dem Kloster an und berichtete, die Reisenden seien sämmtlich wohlbehalten im Dorfe angekommen, und die Klosterknechte hätten sich nach kurzem Aufenthalte in Begleitung eines Reisenden wieder auf den Rückweg gemacht. Weiter konnte man nichts von ihm erfahren, als daß nach einer Stunde Jupiter allein in's Dorf zurückgekommen wäre, und durch sein Heulen und seine Aengstlichkeit angezeigt habe, daß ein Unglück geschehen. Die Ursache des Unfalles konnte nun nicht länger ungewiß sein, und ward auch nach einigen Monaten, als man die Leichname fand, bestätiget. Allem Anscheine nach wurden die Wanderer, nachdem sie ungefähr eine halbe Stunde gegangen, von einer fürchterlichen Lavine von dem Abhange des Mont Mort angehalten und verschüttet, welche sie in ihrem jähen Sturze fast eine Viertelstunde weit den Berg mit hinabriß, und nebst dem jüngern Hunde tief unter Schnee begrub. Jupiter war zufällig dem Rande oder der Oberfläche näher geblieben und hatte sich, als es wieder ruhig war, wieder herausgearbeitet. Man glaubte, er habe versucht, den Berg hinaufzukommen bis in das Hospiz; die ungeheuern Massen weichen Schnee's legten ihm aber so viel Hindernisse in den Weg, daß er genöthigt war, in dem Bette eines Gießbaches nach St. Remy zurückzukehren, wo er die ganze darauf folgende Nacht heulte und wehklagte.

Recht Schade ist es, daß die Hunde einer fürchterlichen Krankheit, nämlich der Wuth, ausgesetzt sind. Schneller Wechsel der Kälte und Hitze, Mangel an Wasser veranlassen oft diese Krankheit. Der Hund wird dann unruhig, verändert seine Stimme, frißt und säuft nicht mehr, zieht den Schwanz ein, läßt die Zunge heraushängen, geifert und beißt umher. Wenn andere Hunde oder Menschen von ihm gebissen werden, so bekommen sie dieselbe Krankheit. Wer das Unglück hat, von einem tollen Hunde gebissen zu werden, eile schnell zu einem Arzte. — Doch jetzt noch ein paar Geschichten.

Ein Hund rettet ein Kind.

Die engen Thäler, welche das Grampian-Gebirge durchschneiden, werden größtentheils von Hirten bewohnt. Jeder hat in diesen wilden Einöden seine festbestimmten Grenzen, die oft so ausgedehnt sind, daß er seine Heerde nicht zu übersehen im Stande ist, außer wenn sie des Verkaufs oder Scheerens wegen zusammengetrieben wird. Jeden Tag muß er nach verschiedenen Richtungen umherstreifen, um mit Hülfe seines getreuen Hundes irgend ein Stück seiner Heerde, das sich beim Umherstreifen auf des Nachbars Gebiet verirrt hat, zurückzubringen. Auf einer dieser Wanderungen nahm einst ein Schäfer seinen kleinen Knaben von etwa drei Jahren mit sich, denn die Hochländer gewöhnen ihre Kinder frühzeitig an die Strenge des Klimas. Nachdem er eine Strecke über seine Weiden gegangen war, stieg er in Begleitung seines Hundes auf eine steile Anhöhe, um einen weitern Ueberblick über seine zerstreute Heerde zu gewinnen. Da das Ersteigen derselben dem Kinde zu beschwerlich geworden wäre, so ließ er es unter dem ausdrücklichen Vermahnen, nicht von der Stelle zu gehen, bis er zurückkäme, an einem sichern Orte zurück. Kaum aber hatte er jedoch den

Gipfel erreicht, als der Horizont plötzlich durch einen jener undurchdringlichen Nebel, die sich mit unbegreiflicher Schnelligkeit über das Grampian-Gebirge herabsenken und jeden Gegenstand einhüllen, verdunkelt ward. Der besorgte Vater eilte sogleich zurück, um sich seines Kindes zu versichern; aber die ungewöhnliche Dunkelheit und seine Bestürzung ließen ihn im Herabsteigen den Weg verfehlen. Nach mehrstündigem, fruchtlosen Suchen zwischen gefährlichen Morästen und Wasserfällen, an denen diese einsamen Berge so reich sind, wurde er von der Nacht überfallen. Immer noch fortwandernd, ohne zu wissen wohin, gelangte er endlich an die Grenze des Nebels und entdeckte bei dem Scheine des Mondes, daß er den Eingang seines Thales erreicht hatte und nicht mehr weit von seiner Wohnung entfernt war. Das Suchen in der Nacht fortzusetzen war unmöglich; aber so wie der Morgen zu grauen anfing, eilte er in Begleitung mehrerer seiner Nachbarn wieder hinaus. Den ganzen Tag liefen sie in den Bergen hin und her, kein Thal, keine dunkle Schlucht oder Höhle blieb undurchsucht, aber Alles vergebens. Der Hund war unterdeß zurückgekehrt und, nachdem er seine gewöhnliche Portion Brod erhalten hatte, wieder fortgelaufen, und noch immer abwesend. Tag für Tag fing der trostlose Vater seine Nachforschungen von Neuem an, und auch die benachbarten Schäfer verließen wiederum ihre Heerden, um das verlorne Kind überall zu suchen. Aber immer wieder vergebens. Nicht die leiseste Spur war auf dem feuchten Rasen bemerkbar. Nicht den geringsten Laut, außer dem Brausen des reißenden Stromes, oder dem Blöcken der zerstreuten Heerden vernahm das aufmerksame Ohr des horchenden Vaters. Als er jedoch am Abende in seine Wohnung zurückkehrte, erfuhr er, daß der Hund da gewesen war, seine gewöhnliche Kost erhalten hatte, und dann augenblicklich wieder verschwunden war. Dieser sonderbare Umstand fiel ihm auf; er blieb zu Hause, und als der Hund wiederum wie vorher mit seinem Brode fortlief, folgte er ihm sogleich nach. Das getreue Thier nahm seinen Weg zu einem tobenden Wasserfalle, unweit der Stelle, wo der Schäfer sein Kind zurückgelassen hatte. Es war ein wilder, grauenvoller Ort. Die hohen Felsen, die ihn von beiden Seiten einschlossen, öffneten sich nach unten zu einem entsetzlichen Abgrunde, dergleichen den Reisenden, der das Grampian-Gebirge besucht, oft in Schrecken setzen. Ohne Zögern eilte der Hund einen dieser gefährlichen und fast perpendiculären Abhänge hinunter und lief endlich in eine Höhle, deren Oeffnung mit dem tosenden Strome fast in gleicher Höhe lag. Der Schäfer konnte ihm nur mit vieler Mühe folgen; er trat hinein, und wie groß war seine Ueberraschung, als er hier seinen Knaben erblickte, wie er das Brod verzehrte, das ihm der Hund gebracht hatte, während dieser ruhig daneben stand und seinem jungen Pfleglinge mit dem größten Wohlgefallen zusah. Aus der Lage, worin das Kind gefunden wurde, und aus seiner eigenen Aussage erhellte, daß es an den Rand des Abhangs gegangen, und von da entweder hinabgefallen oder geklettert war, bis es die Höhle erreicht hatte, die es, aus Furcht in den Fluß zu stürzen, nicht wieder zu verlassen gewagt hatte. Der Hund hatte den Ort ausgewittert, und dadurch, daß er sich seine eigene Nahrung versagte, das Kind vom Tode gerettet. Er schien das Kind weder bei Tag, noch bei Nacht verlassen zu haben, außer wenn er seine Nahrung holte, und auch dann hatte man ihn im schnellsten Laufe zur Wohnung hin- und wieder zurückeilen sehen.

Ein Hund bringt das verlorne Schaf.

An einem schönen Sommerabende bemerkten wir im Spazierengehen auf der Schafweide von Enfield einen Schäfer mit seinem Hunde. Die Sonne wollte untergehen, und der Schäfer rief mit dem bekannten jo, ho! seine Heerde zusammen. Augenblicklich sprang der Hund fort, und wir sahen ihn in die Ebene fegen und jedes Gebüsch durchspüren, um die zerstreute Heerde zu sammeln. Die Leithammel führten den stattlichen Zug ihrem Herrn zu, der sie dann zählte und ein Schaf vermißte. „Sie sind nicht alle da," rief der Schäfer. Fort rannte der Hund, mit der Nase auf dem Boden nach allen Seiten spürend, bis er das säumige gefunden hatte, das nun von der ganzen Heerde mit einem allgemeinen Geblöke begrüßt wurde. Es war wahrscheinlich in einen Graben gefallen, denn sein Fell war voll Schlamm, und offenbar hatte es der Hund herausgezogen, denn auch er war schmutzig, und an seinen Zähnen hing noch etwas Wolle. Der Schäfer lobte seinen Hund und tadelte das säumige Schaf, das sich unter die übrigen schlich, als ob es sich seines Unrechts bewußt wäre.

Der Wolf (canis lupus).

Ein grausamer Bursche, zumal wenn er Hunger hat. Wer ihm dann unbewaffnet begegnet, der ist nicht sicher, von ihm gefressen zu werden. Bei Tage hält er sich in dem dickesten Gebüsch auf, aber des Nachts streift er in kleinen Rudeln meilenweit nach dem Raube herum, ja er kommt wohl gar in die Dörfer, um sich im Schafstalle nach dem Befinden der Schafe zu erkundigen. Wenn ihn jedoch die Hunde gewahr werden, welche seine größten Feinde sind, so muß er sich freilich wieder aus dem Staube machen. Aber ein Hund richtet nichts

aus. Es hat sich wohl ereignet, daß er den armen Hund an der Kette aufgefressen hat. Besonders wird das Wild, als wilde Schweine, Hirsche, Rehe, Hasen seine Beute. Sogar Pferde und Kühe fällt er an. Er ist ungefähr so groß, wie ein Fleischerhund. Der fast graue Kopf hat eine spitze Schnauze, die Färbung des Körpers ist fahlgrau. Auf den Vorderfüßen befindet sich ein Streifen. Die Schwanzspitze ist meist schwarz. Er lebt in Europa, Asien und Amerika. Bei uns in Deutschland ist er fast ganz ausgerottet. Man tödtet ihn auf verschiedene Art. In Sibirien legt man ihm vergiftete Butterkugeln oder Würste hin. Die Kosaken hängen Angeln mit Köder an ihre Häuser, nach welchen der Wolf springt und hängen bleibt. Auf unserm Bild hat sich Herr Wolf in einem Fangeisen gefangen.

Der betrogene Wolf.

„Der Bauer Janke, ein sehr rechtlicher Mann aus der Gemeinde zu Chodecz in Polen, ging einst zur Winterszeit in der Nacht bei Mondschein von einem benachbarten Dorfe, wo er bei einem fröhlichen Schmause gewesen war und sich durch Branntwein etwas berauscht hatte, sorglos durch den Wald nach Hause. Ehe er sich's versieht, erblickt er vor sich, nahe am Wege, einen großen Wolf, der, ohne sich zu rühren, dasitzt und ihn mit funkelnden Augen ansieht. „Guten Abend, Wolf," sagt Janke, dem Wölfe nichts Neues waren, und geht ruhig seines Weges. Aber kaum ist er am Wolfe vorüber, als dieser wüthend losspringt und ihn beim Kragen nimmt. Zum Glück hatte Janke einen Schafpelz, wie ihn dort jeder Bauer als Rock im Winter trägt, nur über die Schultern gehängt. Der Schafpelz fliegt auf den Ruck herab, und Janke entflieht aus Leibeskräften, während der Wolf ihn im Pelze sucht. Am folgenden Morgen zieht Janke mit bewaffneter Macht aus, seinen Pelz zu suchen; allein er war nicht mehr zu finden und gewiß vom Wolfe gefressen."

Ein Schäfer kämpft mit einem Wolf.

„Ein Schäfer hütet seine Schafe an einer offenen Stelle im Walde; da kommt ein Wolf hervor und packt ein Schaf. Der Schäfer legt die Flinte an, schnappt los, aber das alte verrostete Gewehr versagt; er dreht es schnell um, springt zu und will eben dem Wolf einen tüchtigen Hieb mit der Kolbe versetzen, als jener die Beute fahren läßt, ihm an die Brust springt und ihn grimmig beißt. Der Schäfer, ein kräftiger Mann, packt seinen Gegner mit gewaltigen Armen und sucht ihn zu erdrücken. Sie ringen lange auf Tod und Leben und stürzen zur Erde nieder. Endlich ist der Wolf erstickt, der Schäfer aber, dessen ganze Brust zerfleischt ist, liegt erschöpft neben dem besiegten Feinde. So werden Beide gefunden, aber wenige Tage nachher stirbt auch der Sieger."

Ein Hirtenknabe findet ein Nest junger Wölfe.

„Ein kleiner Hirtenknabe hört im dichten Gebüsch ein leises Gewinsel. Er geht hin und findet ein Nest voll junger Wölfchen. Gut, denkt er, die bekommt man bezahlt, und will sich eben daran machen, als die alte Wölfin mit gesträubtem Haar, blitzenden Augen und offnem Rachen auf ihn losstürzt. Der Knabe läßt das schon genommene Wölfchen fallen und stößt einen lauten Schrei des Entsetzens aus. Er war verloren, wenn nicht sein kleines, treues Hündchen dem Unthiere muthig entgegengesprungen wäre. Indem es zerrissen wurde, fand er Zeit zu entfliehen, lief ins Dorf, holte Hilfe und zog hinaus; aber man fand weiter nichts mehr, als das zerfleischte Hündchen und das warme Nest, die Jungen waren von ihrer Mutter schon weggetragen."

Der Schakal (C. aureus).

Er ist etwas kleiner, als der Wolf, der Schwanz reicht nicht bis auf den Boden. Sein Pelz ist braungelb mit schwarz untermischt, unten gelblich weiß, die Ohren rothgelb. Man findet ihn in Afrika, in Asien und im östlichen Europa bis Griechenland und Dalmatien. Zu Hunderten streifen sie des Nachts unter lautem Geheul herum und fallen gemeinschaftlich ihren Raub an. Vor dem Menschen fürchten sie sich zwar, kommen aber in ihre Wohnungen und holen sich da Geflügel, Schafe und dergleichen. Ja sogar in die Zelte dringen sie ein und schleppen Eß- und Lederwaaren, Brod, Käse und dergleichen fort. Ihre Frechheit würde noch weiter gehen, wenn die Hunde nicht wären. Bei Tage lassen sie sich selten und nur einzeln sehen. In Paris hatte man ein Paar Schakal in der Gefangenschaft. Das Weibchen warf 5 Junge.

Der Fuchs (C. vulpes).

Von diesem listigen Patron, liebe Kinder, habt Ihr gewiß schon Manches gehört. Viele Erzählungen von seiner Schlauheit mögen Fabeln sein, und wir wollen sie nicht wiederholen, aber Folgendes ist gewiß wahr. Wenn er des Nachts an einen Bauernhof kommt und das Krähen des Hahnes hört, was ihn besonders zum Raube zu reizen scheint, so geht er etwa nicht auf's Gerathewohl hinein, sondern horcht vorher sehr sorgfältig, ob sich auf dem Hofe etwa ein Hund

merken läßt. Damit er sich aber nicht täuscht, geht er immer dem Wind entgegen. Ist er nun endlich in den Hof und das Hühnerhaus oder in den Gänsestall gedrungen, so fängt er an zu morden, und setzt es fort, so lange er noch ein lebendiges Huhn oder eine Gans findet. Wird er in diesem Geschäft nicht gestört, so schleppt er ein Stück nach dem andern in einen nahen Busch oder verbirgt es im Getraide oder sonst wo in der Nähe. Von da erst trägt er es in seinen Bau. Dieser Bau ist eine Höhle, welche sich 30—50 Fuß im Umkreis erstreckt und 4—5 Fuß unter der Erde ist. Mehrere Kammern befinden sich darin, von denen die geräumigste der Kessel heißt, welcher sein eigentlicher Wohnsitz ist. Außerdem hat er noch hie und da sogenannte Nothbaue, wohin er sich in der Gefahr flüchtet, wenn der Weg zur eigentlichen Residenz zu weit ist. Da er sein Handwerk meist nur des Nachts treibt, so ruht er am Tage in seiner

Wohnung. Hierin baut er auch ein mit Moos ausgefüttertes Nest für seine Junge, deren die Füchsin im Monat Mai 3—9 blind auf die Welt bringt. Bei warmem Sonnenschein ertheilen nun die Fuchs-Eltern ihren Kindern Unterricht. Im Spielen lernen sie von dem Vater und der Mutter, welche ihnen nicht nur todtes, sondern auch lebendiges, junges Federvieh bringen, wie sie ein Thier tödten müssen. Wenn sie nun einen Vogel zerrissen haben, so nimmt sich jedes ein Stück und läßt sich unter Knurren von dem andern nichts nehmen. Sind Menschen oder Hunde beim Baue gewesen, so wittern sie es gleich, und die ganze Familie wandert aus, wobei die Füchsin die Jungen im Maule forträgt. Wenn sie 3 Monate alt sind, springen sie schon den Mäusen und Heuschrecken nach. Sie schnellen dabei die erhaschten Feldmäuse in die Luft und fangen sie mit dem Maule wieder auf. Im Herbste werden die Jungen aber von den Alten in die

Fremde geschickt, worauf sie ihren eigenen Hausstand gründen und ihr Handwerk, wie die lieben Eltern, treiben.

Füchse mit einem schwarzen Kreuz auf dem Rücken heißen Kreuzfüchse. Brandfüchse sind diejenigen, welche eine schwarze Schwanzspitze haben. Der Fuchs ist in Europa, Asien und Amerika zu Hause. Sehr häufig ist er in Rußland, wo er am schönsten angetroffen wird, besonders die röthlichen in Kamtschatka, welche man Feuerpelze nennt. Noch seltener sind die mit silbergrauem Pelze. Auch ganz weiße und schwarze, sogar geschäckte giebt es. Die schwarzen sind ungeheuer theuer. Gleich dem Hunde ist auch der Fuchs der Wuth ausgesetzt.

Der listige Fuchs an der Kette.

„Ich hatte einst, erzählt ein Forstmann, zwei junge Füchse, die ich beim Kornabhauen einfing und zähmte, als sie noch ganz wollig waren. Bis zum September hin befanden sie sich beständig in Gesellschaft eines Pudels und zweier Katzen, fraßen mit diesen einerlei Futter, das größtentheils aus mit Wasser oder Fleischbrühe abgebrühetem Brode bestand. Nach dem Monat September ließ ich beide Füchse mehr im Hause und bisweilen frei im Hofe herumlaufen, und sie vergriffen sich an keinem Federvieh; allein zufälligerweise hatte ich einige todte Rebhühner in der Stube auf den Tisch gelegt, und war kaum aus der Stube gegangen, als meine Füchse sich darüber hergemacht hatten. Sie erhielten von mir eine dermaßen harte Strafe, daß einer den folgenden Tag starb, der andere aber von nun an unter die Hausfenster in eine Hundehütte und an die Kette gelegt wurde. Hier lebte er bis zum folgenden Frühjahre ganz ruhig und friedfertig; allein im darauf folgenden Maimonat hatte er nach und nach 10 bis 12 Hühner und Enten gehascht, welche er durch das Brod herbeilockte, das er während des Fressens grade so weit um sich her streute, als er mit der Kette springen konnte. Da er bei einem jedesmaligen Versuche eine stärkere Züchtigung als vorher von mir auszustehen hatte, so pflegte er seine Jagden nur jedesmal dann anzustellen, wenn er weder mich, noch meinen Vater oder sonst eine Mannsperson in der Nähe merkte. Wenn er einige Mannspersonen erblickte, so konnten Hühner und Enten ohne Furcht die umhergestreuten Brosamen aufzehren und sogar aus seinem Troge fressen, ohne daß er Muth hatte, sich an ihnen zu vergreifen, ob man schon an den Bewegungen der Ruthe, der Ohren, der Zunge und der Schnauze seine Mordlust deutlich genug sehen konnte. In diesem Zustande behielt ich ihn noch ein Jahr, ehe ich ihn tödtete. Seinen Tod zog er sich durch das Zerfleischen eines Lammes zu, welches sich von ohngefähr vom Platze des Schafstalls entfernt, und seiner Hütte genähert hatte. Wenn er irgend etwas geraubt hatte und darüber gezüchtiget werden sollte, so scharrte er alles in der Hütte befindliche Stroh vor das Loch derselben, und setzte sich, außer meinem Vater und mir, jedem andern, besonders Frauenzimmern, tapfer zur Wehre."

Die Zibethkatze (Viverra zibetha).

Die Zibeththiere (Viverren) haben eine schlanke Gestalt, eine rauhe Zunge und ziemlich kurze Füße mit etwas zurückziehbaren Klauen. Die Schnauze ist spitzig, die Ohren stumpf. Unter dem Schwanze befindet sich ein Beutel mit einer schmierigen Feuchtigkeit gefüllt, welche Zibeth heißt, stark bisamartig riecht und des Wohlgeruchs wegen hoch geschätzt wird. Die Zibeththiere werden daher gefangen und eingesperrt. Mit einem silbernen Löffel nimmt man den Thieren, meist wöchentlich zweimal, den Zibeth ab. Sie nähren sich von allerlei Früchten, Eiern und Vögeln. Es giebt verschiedene Arten von Zibeththieren. Die afrikanische Zibethkatze ist gegen 2 Fuß lang, von grauer Färbung voll schwarzer, meist wellenförmiger, Flecken. Der Rückgrath ist schwarz, der 14 Zoll lange Schwanz schwarz und weiß geringelt. Man nimmt gewöhnlich jedesmal eine Drachme aus dem Beutel.

Die Ginsterkatze (V. genetta).

Sie ist etwas kleiner, als die Zibethkatze, etwa 1½ Fuß lang, übrigens aber derselben sehr ähnlich. Die Färbung ist grau, mit schwarzen, vollen Flecken, in ungefähr 5 Längereihen auf beiden Seiten. Am Schwanz sind 6 Ringel, am Hals 3 Querstreifen, unter den Augen ein weißer Flecken. Ihr Vaterland ist Afrika. Sie findet sich aber auch in Spanien und im südlichen Frankreich, besonders in der Nähe von Bächen. In Constantinopel läßt man sie zahm, wie unsere Katzen, in den Häusern herumlaufen, um Mäuse zu fangen.

Der Ichneumon oder die Pharaonsratte (V. ichneumon).

Ein gar berühmtes Thier, das die Eier des furchtbaren Krokodils auffrißt und dadurch ihre Zahl vermindert. Daß es aber dem Krokodile durch den Rachen in den Bauch krieche, die Gedärme fresse und dasselbe tödte, ist nur eine Fabel. Hühner und Tauben und anderes Geflügel versteht es aber so gut, wie der Iltis, zu würgen, dem es überhaupt an Gestalt und Lebensart sehr ähnlich ist. Das Thier ist einen Fuß lang, das Haar ist lang, ziemlich grob und trocken, fahl und braun geringelt, mit fahler Spitze, wodurch die grauliche Färbung entsteht. Gleich den Mardern geht der Ichneumon auf den Zehenspitzen.

Es läßt sich auch zähmen, wird sanft, unterscheidet die Stimme seines Herrn, folgt ihm wie ein Hund und läßt mit sich spielen. Es ist nie in Ruhe, schnuppert allenthalben herum, und wenn es in einem Loche eine Beute wittert, so wendet es Alles an, um sie zu erlangen. In kurzer Zeit ist das ganze Haus von Mäusen und Ratten gereinigt. Es läuft mit Allem, was es bekommt, in einen dunkeln Winkel, und vertheidigt daselbst seine Beute mit Grunzen und Beißen, auch wenn es sie nicht fressen kann. Beim Harnen hebt es ein Hinterbein auf, wie die Hunde, schlappt auch beim Saufen und stößt sodann das Gefäß um, daß ihm das Wasser über den Leib läuft. Man hatte in Paris ein Männchen, zu dem man später ein Weibchen brachte. Anfangs entstand ein gewaltiger Streit, wobei das Männchen den Kürzern zog und bei der geringsten Drohung in einen Winkel flüchtete, auch erst das zu fressen wagte, was das Weibchen übrig gelassen hatte. Zur Paarungszeit aber, im Jänner, änderte sich das ganze Verhältniß; und es zeigte sich, daß das Weibchen seine Oberherrschaft nur der Sanftmuth des Männchens zu danken hatte. Ohngeachtet dieser Veränderung gegen das Weibchen blieb es doch immer sanft gegen die Menschen, und ließ sich sogar von denselben wegnehmen.

Die Hyänen (Hyaena).

Es sind widerliche, stinkende, grimmige und doch feige Thiere, welche des Nachts herumstreifen, um ihren Raub zu suchen, und selbst Leichen ausgraben. Sie sind sehr stark und ihr Gebiß ist so muskulös, daß sie im Stande sind, einen Menschen fortzutragen. Des

Nachts kommen sie in die Dörfer und Städte, um sich das Aas zu holen, was von den geschlachteten Thieren herumliegt. Wenn sie sich einmal verbissen haben, so lassen sie sich eher todtschlagen, als daß sie loslassen. — An Gestalt sind sie den Wölfen ähnlich, unterscheiden sich aber besonders durch den gebogenen Rücken, meist mit einem Borstenkamme. Auch ist die fast walzige Schnauze dicker. Afrika und das wärmere Asien ist ihre Heimath.

Die gemeine Hyäne (H. striata).

Ihr Pelz ist grau mit braunen Querstreifen und einem starken Borstenkamme auf dem Rücken. An Größe gleicht sie einem Fleischer-

hunde. Man findet sie häufig in Südasien und Nordafrika. Bei Tage steckt sie in selbstgegrabenen Höhlen oder Felsenklüften. Man versichert, daß ein Mann sie lebendig fangen könne, wenn er in die Höhle krieche, dieselbe mit seiner Kutte bedecke, um sich vor ihren Bissen sicher zu stellen, und ihr sodann einen Strick um die Beine binde, was das Thier ohne den mindesten Widerstand zugebe. Sie ist zwar ein gefräßiges Thier, das, wie bei uns der Wolf, den Schafheerden in jenen Gegenden gefährlich wird, an größere Thiere, besonders aber an den Menschen, dessen Schießgewehr sie kennen gelernt, wagt sie sich so leicht nicht.

Die gefleckte Hyäne (H. crocuta).

Sie ist an Gestalt der vorigen sehr ähnlich, unterscheidet sich nur durch eine schmutzig gelbe oder bräunliche Färbung mit dunkelbraunen oder schwarzen Flecken. Man findet sie im südlichen Afrika vom Cap bis an den Aequator hin.

„Sie ist am Cap," sagt Lichtenstein, „das häufigste unter allen Raubthieren, und findet sich selbst noch in den Schluchten des Tafelberges, so daß die Pächtereien ganz in der Nähe der Capstadt nicht selten davon beunruhiget werden. Sie hält sich im Winter auf den Berghöhen, im Sommer aber in den ausgetrockneten, sumpfigen Stellen großer Ebenen auf, wo sie in dem hohen Schilf den Hasen, Zibethkatzen und dergleichen auflauert, die an solchen Stellen Wasser, Kühlung oder Nahrung suchen. Die Güterbesitzer in der Nähe der Capstadt stellen fast jährlich Hyänenjagden an. Es giebt dort mehrere solcher mit Schilfrohr bewachsener Niederungen; eine jede derselben wird umzingelt und an mehreren Stellen unter dem Winde in Brand gesteckt. Sobald die Hitze das Thier zwingt, seinen Hinterhalt zu verlassen, fallen es die ringsum aufgestellten Hunde an, und der Anblick dieses Kampfes ist der Hauptzweck der ganzen Unternehmung. Inzwischen bringen die Hyänen in der Nähe der Stadt weniger Schaden, als Nutzen; sie verzehren manches Aas und vermindern die Zahl der diebischen Paviane und der listigen Genettkatzen. Man hört es sehr selten, daß die Hyäne in diesen dichter bewohnten Gegenden ein Schaf gestohlen; denn sie ist scheu von Natur und flieht vor dem Menschen, und man weiß kein Beispiel, daß sie den Menschen angefallen. — Ihr Haar ist struppig und fettig; den Kopf trägt sie niedrig mit gebogenem Nacken, und ihr Blick ist boshaft und scheu. Fast auf jeder Pächterei findet man in einiger Entfernung von dem Wohnhause eine Hyänenfalle, ein von Steinen roh aufgeführtes Gebäude, von 6 bis 8 Fuß im Quadrat, mit einer schweren Fallthür versehen, die von innen ganz nach Art einer Mäusefalle mit der Lockspeise in Verbindung steht und zuschlägt, sobald das Raubthier das hingelegte Aas von der Stelle bewegt."

Der Löwe (Leo).

Ihr habt, liebe Kinder, gewiß schon einmal einen Löwen in einer Menagerie gesehen? Nicht wahr, er ist ein schönes Thier? Wie stolz ist sein Gang! Seine ganze Gestalt flößt Ehrfurcht ein. Mit festem Blicke sieht er uns an. Wie furchtbar ist seine Stimme! Sein Leib ist ein Musterbild von Leichtigkeit: er ist weder mit Fleisch noch mit Fett überladen, sondern fest und nervig. Seine außerordentliche Muskelkraft beweist er durch die gewaltigen Sprünge, die er ohne alle Mühe ausführt. Seinen Schwanz bewegt er rasch und mit einer solchen Kraft, daß er einen Menschen damit zu Boden streckt. Wenn er wüthend wird, bewegt er die Haut des ganzen Gesichts, besonders die Stirnhaut, was ihm ein fürchterliches Ansehn giebt, zumal wenn er dazu die Mähne schüttelt, die sich bei seinem Zorne nach allen Seiten hin sträubt und wendet. Kommt es zum Kampf mit einem andern Thier, so ist er fast immer Sieger auf dem Schlachtfeld. Man hat den Löwen daher nicht mit Unrecht den König der Thiere genannt.

Es hat jedenfalls in älteren Zeiten mehr Löwen gegeben, als jetzt. Viele hunderte wurden alljährlich zu Thierkämpfen nach Rom gebracht. Pompejus der Große gab z. B. im Circus einen Löwenkampf mit 600 Löwen. Ihre Zahl wurde dadurch sehr vermindert, so daß man eine Zeit lang die Jagd den Einzelnen in Afrika verbot um nur immer hinlänglich für den Circus zu haben. M. Antonius hatte sogar zur Zeit des bürgerlichen Krieges Löwen vor einen Wagen gespannt, und fuhr darin durch die Straßen Roms.

Man findet in den Naturbeschreibungen viele Geschichten von der Großmuth und Dankbarkeit des Löwen aufgezeichnet. Manche dieser Erzählungen mögen wahr, manche gewiß nur Mährchen sein.

Ein gewisser Mentor von Syracus begegnete einem Löwen und gerieth vor Schrecken außer sich, als sich derselbe winselnd vor ihm hinwarf, sich überall seiner Flucht entgegenstellte und seine Fußtapfen schmeichelnd leckte. Endlich bemerkte er am Fuß eine Geschwulst und eine Wunde mit einem Splitter, den er herauszog. —

Ein Mann aus Samos, Namens Elpis, kam zu Schiff nach Afrika, begegnete am Strand einem Löwen mit aufgesperrtem Rachen und kletterte in seiner Angst auf einen Baum, der Löwe legte sich darunter, blickte jämmerlich nach ihm hinauf, immer mit aufgesperrtem Rachen. Es war ihm nämlich von zu gierigem Beißen ein Knochen im Rachen stecken geblieben, so daß er nicht mehr fressen konnte. Der Mann stieg endlich hinunter und zog ihm den Knochen heraus. Zur

Erkenntlichkeit für den ihm geleisteten Dienst soll der Löwe seinem Wohlthäter, so lange derselbe an der Küste blieb, Wildpret herbeigeschafft haben.

Eine Frau, erzählt Plinius, habe viele Löwen, von denen sie in der Barbarei angefallen wurde, durch Zureden besänftigt und sich dabei folgender Worte bedient: Ich bin ja nur eine Frau, flüchtig und krank, eine Bittende vor dir dem großmüthigsten und allen übrigen befehlenden Thiere, eine deines Ruhmes nicht würdige Beute. —

Doch mehr Glauben verdienen die Nachrichten aus neuerer Zeit, da sie sich auf genauere Beobachtungen gründen. Kolbe, ein Naturforscher, sagt, der Löwe, welcher zwar sowohl den Menschen als den Thieren nach dem Leben strebt, ist dennoch ein edelmüthiges, tapferes, starkes und heldenmüthiges Thier, das den Namen eines Königs unter den Thieren wohl verdient. Man mag an ihm betrachten, welches Glied man will, so erhellt aus demselben eine solche Majestät, daß auch der herzhafteste Mensch vor ihm erschrecken muß. Seine Mähne zeigt durch ihre röthliche Farbe, seine breite Brust und ganze Gestalt, sein herzhafter Gang, sein erstaunliches Springen, seine hellen funkelnden, wie zwei Lichter lodernden Augen, sein Schnauben und Brüllen, seine großen, an den eisenharten Füßen befindlichen Klauen, die er nach Art der Katzen herauslassen und wieder einziehen kann; sein erschrecklicher Rachen und Angst einjagender Kopf, kurz Alles an und um ihn beweist eine solche Macht, Unerschrockenheit, Tapferkeit und Großmuth, daß man wohl seines Gleichen unter allen Thieren der ganzen Welt schwerlich antreffen wird. Seine Knochen sind so dicht und hart, daß man auch mit dem Vergrößerungsglase kein Löchlein darin bemerken kann. Darum ist er auch im Stande, mit einem Schlage Alles zu Boden zu werfen. Jetzt einige Löwengeschichten!

Der listige Hottentotte.

„Ein Hottentotte bemerkte am obern Sonntagsfluß, daß ihm ein Löwe 2 Stunden lang nachging und schloß daraus, daß er nur die Nacht abwarte, um über ihn herzufallen. Da er nichts als einen Stock bei sich hatte, versteckte er sich beim Einbruch der Nacht in eine Kluft an einem Absturz, steckte den Hut und das Wamms auf seinen Stock und bewegte denselben von Zeit zu Zeit. Der Löwe schlich wie eine Katze herbei, stürzte über den Hut und die Felsen hinunter.“

Geistesgegenwart eines Landmannes.

„Ein Landmann mit Namen Kock, am Seekuhflusse, stieß beim Spaziergang auf einen Löwen. Er legte auf ihn an, verfehlte ihn aber und wurde von ihm verfolgt; als er außer Athem war, kletterte er auf einen Steinhaufen und hob den Flintenkolben hoch in die Höhe. Der Löwe legte sich 20 Schritte vor ihm nieder. Nach einer halben Stunde aber stand er auf, ging Anfangs Schritt für Schritt zurück, als wenn er sich fortstehlen wollte und erst, als er ein Stück weit gewesen, fing er aus allen Kräften an zu laufen.“

Der vom Löwen belagerte Hottentotte.

„Am Kamiesberge, im Lande der Namaken, wollte ein Hottentott eine Heerde Rindvieh ins Wasser treiben, als er einen Löwen erblickte. Er floh mitten durch die Heerde, in der Hoffnung, daß der Löwe eher ein Stück Vieh ergreifen, als ihm folgen würde. Keinesweges. Der Löwe brach durch die Heerde und folgte dem Hottentotten, der jedoch noch so glücklich war, auf einen Aloebaum zu klettern und sich hinter einem Haufen Nester des grauen Webervogels zu verstecken.

Der Löwe that einen Sprung hinauf, verfehlte aber seinen Zweck und fiel auf den Boden. In mürrischem Schweigen ging er um den Baum, warf dann und wann einen schrecklichen Blick hinauf, legte sich endlich nieder und ging 24 Stunden nicht von der Stelle. Endlich kehrte er zur Quelle zurück, um seinen Durst zu stillen. Der Hottentott stieg herunter und lief nach Hause, das nur eine halbe Stunde entfernt war. Der Löwe folgte ihm aber und kehrte erst 300 Schritt vom Hause um."

Der Meisterschuß.

„Es ist jetzt etwa zwei Jahre her," erzählt van Wyk, ein Colonist, „daß ich an eben der Stelle, wo wir stehen, einen der verwegensten Schüsse that, die jemals vorkamen. Meine Frau saß drinnen im Hause, nahe an der Thüre, die Kinder spielten um sie herum, und ich war außerhalb ganz in der Nähe mit Reparaturen an einem Wagen beschäftigt, als plötzlich, obwohl es heller Mittag war, ein ungeheurer Löwe zum Vorschein kam, und sich beinahe an der Schwelle der Hausthüre ruhig in den Schatten niederlegte. Meine Frau, die entweder vor Schrecken erstarrt war, oder die Gefahr kannte, die jeden Versuch zur Flucht begleitete, blieb regungslos an ihrem Platze, während die Kinder in ihrem Schooße Zuflucht suchten. Das Geschrei, welches sie ausstießen, zog meine Aufmerksamkeit auf sich, und ich eilte nach der Hausthüre, allein man kann sich leicht mein Erstaunen denken, als ich den Eingang auf diese Art verlegt fand. Obschon mich das Thier nicht erblickt hatte, so schien doch jede Flucht, da ich gänzlich unbewaffnet war, unmöglich; gleichwohl stahl ich mich, ohne recht zu wissen, was ich thun sollte, an der Seite des Hauses hin, bis an das Fenster meines Zimmers, wo mein geladenes Gewehr stand.

Durch einen glücklichen Zufall hatte ich es in die Ecke dicht neben das Fenster hingestellt, so daß ich es mit der Hand erreichen konnte, und, was noch glücklicher war, die Thüre des Zimmers stand offen, so daß ich die ganze Gefahr dieser Scene überblicken konnte. Der Löwe fing an, sich zu bewegen, vielleicht in der Absicht, um einen Satz zu thun. Hier war kein Augenblick Zeit mehr zu verlieren; ich rief leise der Mutter zu, nicht in Angst zu gerathen, und indem ich den Namen des Herrn anrief, feuerte ich mein Gewehr ab. Die Kugel ging gerade über das Kopfhaar meines Sohnes, traf den Löwen in die Stirne, gleich über den Augen, die Feuerfunken aussprühten, und streckte ihn zu Boden, so daß er nicht wieder aufstand."

Ein Bauer wird von einem Löwen eingeholt.

„Lucas van Bunsen, ein Viehbauer, ritt gegen Tagesanbruch über die offenen Flächen am kleinen Fish River, und da er in einiger Entfernung einen Löwen wahrnahm, so suchte er durch einen weiten Umweg ihm zu entgehen. Ueber diese ausgedehnten Ebenen waren Tausende von Antilopen zerstreut, da aber das Land nach allen Seiten offen da lag, war es dem Löwen nicht gelungen, eine zu erjagen. Lucas merkte bald, daß derselbe keine Lust habe, ihn unangefochten vorbeikommen zu lassen, und daß er sich ihm rasch nähere. Da er keine Waffen bei sich führte, und auch sonst auf die Bekanntschaft mit dem Thiere nicht sehr gespannt war, so wendete er sich im rechten Winkel von ihm ab, gab seinem Pferde die Sporen und galoppirte so schnell als möglich davon. Allein dazu war es schon zu spät. Das Pferd war ermüdet und hatte einen schweren Mann zu tragen. Der Löwe, wüthend vor Hunger, schoß wie der Blitz auf ihn los; in wenigen Secunden holte er Lucas ein, sprang hinten auf und riß Mann und Pferd zu Boden. Glücklicher Weise blieb der arme Bauer unverletzt; der Löwe war zu hitzig in dem Zerreißen des Pferdes begriffen, als daß er dem Reiter hätte viel Aufmerksamkeit schenken können. Ohne selbst recht zu wissen, wie er entrann, war er so glücklich, aus dem Kampf zu entkommen und erreichte sicher die nächste Wohnung."

Ein junges Löwenpaar.

„Es war im Jahre 1823, als General Watson, der damals in Bengalen diente, plötzlich bei einem Morgenspazierritte, bei dem ihn eine gezogene Doppelflinte begleitete, von einem großen, männlichen Löwen, welcher in einer Entfernung von nur wenig Ellen aus dem Dickicht auf ihn zusprang, angefallen wurde. Er feuerte sofort auf ihn, und da der Schuß vollkommen traf, so stürzte das Thier beinahe zu seinen Füßen todt nieder. Kaum war dieser furchtbare Feind erlegt, als die nicht weniger furchtbare Löwin zum Vorschein kam; der General schoß auch auf sie und verwundete sie so gefährlich, daß sie sich in das Dickicht zurückzog. Da sie so unmittelbar den Fußstapfen des Männchens gefolgt war, so ließ sich mit Grund annehmen, daß ihr Lager nicht sehr fern sein könne. Der General beschloß demnach, das Abenteuer zu Ende zu führen und verfolgte sie bis in ihren Schlupfwinkel, wo er den einen seiner Flintenläufe, den er inzwischen wieder geladen hatte, auf sie entlud und sie vollkommen tödtete. In der Höhle fand sich ein schönes Paar Junge, ein Löwe und eine Löwin, die nicht über drei Tage alt sein konnten. Diese nahm der General mit sich, und es gelang ihm, vermittelst des Beistandes einer Geiß, welche bei dem königlichen Paare die Stelle einer Pflegemutter zu vertreten angelernt wurde, dasselbe aufzuziehen, bis es stark genug geworden war, die Reise nach England aushalten zu können."

Der kühne Löwenjäger.

„Dietrich Müller, einer der unerschrockensten und glücklichsten Löwenjäger im südlichen Afrika, jagte allein in der Wildniß, als er auf einen Löwen stieß, der, anstatt auszuweichen, durch die zornige Haltung, die er annahm, Lust zu zeigen schien, mit ihm um die Herrschaft der Wüste zu kämpfen. Dietrich stieg sofort vom Pferde und zielte im Vertrauen auf seinen sichertreffenden Schuß mit seinem gewaltigen Feuerrohre nach der Stirn des Löwen, der sich so eben in einer Entfernung von 15 Schritten vor ihm niedergekauert hatte, um seinen Satz zu machen; allein in dem Augenblicke, wo der Jäger feuerte, fuhr sein Pferd, dessen Zügel um seinen Arm geschlungen war, zurück, und der Schuß ging fehl. Der Löwe sprang vorwärts, hielt aber innerhalb weniger Schritte gerade vor Dietrich ein, der ohne alle Vertheidigung dastand, da seine Flinte entladen, und sein Pferd davongelaufen war. Der Mann und das Thier standen, sich in das Gesicht blickend, ganz nahe vor einander. Endlich machte der Löwe eine Bewegung rückwärts, als wolle er hinweggehen; Dietrich fing an sein Gewehr zu laden, der Löwe blickte über seine Schulter, brüllte und kehrte um; Dietrich blieb ruhig stehen. Der Löwe bewegte sich wieder vorsichtig von dannen, der Bauer lud weiter und stieß seine Kugel mit dem Ladstocke fest. Der Löwe sah sich wieder um und brüllte zornig, und dieses Manöver wiederholte sich öfters, bis das Thier sich etwas weiter entfernt hatte, worauf Müller sich davonmachte und hinwegeilte."

Die vom Löwen zerrissene Schildwache.

„Die Wagen und das Zugvieh" erzählt Johann Sterneberg in seinem Tagebuch, „waren für die Nacht untergebracht, als gegen Mitternacht eine völlige Verwirrung entstand. Etwa 30 Schritte von dem Zelte stand ein Löwe, der, als er uns erblickte, ganz ruhig sich etwa auf 30 Schritte hinter eine Dornhecke zurückzog, indem er etwas, was ich für einen jungen Stier hielt, mit sich fortschleppte. Wir feuerten mehr als 60 Schüsse nach dem Gebüsche ab. Es ging ein starker Südostwind; der Himmel war heiter, und der Mond schien sehr hell, so daß wir in einiger Entfernung Alles wahrnehmen konnten. Nachdem die Thiere wieder etwas beruhigt waren, und ich nach Allem gesehen hatte, vermißte ich die Schildwache vor dem Zelte. Wir riefen so laut als möglich, aber umsonst; Niemand antwortete, weshalb ich vermuthete, sie möge fortgeschleppt worden sein. Drei oder vier Männer näherten sich dann sehr vorsichtig dem Busche, der dem Eingange des Zeltes gerade gegenüber stand, um zu sehen, ob sie irgend Etwas von dem Manne entdecken könnten, kehrten aber in voller Verwirrung wieder zurück, denn der Löwe, der noch immer dort versteckt war, erhob sich und fing an zu brüllen. Gegen 100 Schüsse wurden wieder nach dem Busche abgefeuert, ohne daß man irgend Etwas von dem Löwen gewahrte. Dies veranlaßte einen der Männer, sich mit einem Feuerbrande in der Hand dem Busche wieder zu nähern; allein sobald er dieses that, brüllte der Löwe furchtbar und sprang auf ihn zu, worauf der Mann den Feuerbrand nach ihm schleuderte; da die Uebrigen zugleich etwa 10 Schüsse nach dem Thiere feuerten, zog es sich sogleich in seine frühere Stellung zurück."

„Der Feuerbrand, den der Mann nach dem Löwen geschleudert hatte, war mitten in den Busch hineingefallen, und dieser begann, von dem Winde angefacht, hell aufzulodern, so daß wir Alles ganz deutlich sehen konnten. Wir fuhren fort, darnach zu schießen; die Nacht ging vorüber; der Tag brach an, und Jeder fühlte sich nun ermuthigt, nach dem Löwen zu feuern, weil er unmöglich, ohne sich ganz bloß zu stellen, dort liegen bleiben konnte. Sieben Mann, die sich auf die am fernsten stehenden Wagen gestellt hatten, warteten, um, so wie er herauskäme, nach ihm zu schießen. Endlich, als es ganz Tag wurde, zog er sich, mit dem Mann im Rachen, den Hügel hinauf, und gegen 40 Schüsse wurden, ohne ihn zu treffen, nach ihm abgefeuert. Mitten unter dem Feuern hielt er seine Beute fest und brachte sie sicher weiter. Uebrigens wurde er verfolgt und noch am Vormittage getödtet, wo man dann die verstümmelten Ueberreste der unglücklichen Schildwache fand." —

Ueber Löwenjagd.

Der Löwe greift, nach Aussage der Jäger, kein Thier und keinen Menschen an, wofern sie nicht fliehen, ohne vorher in einer Entfernung von 10 Schritten sich niedergelegt und seinen Sprung abgemessen zu haben. Daher schießen die Jäger nicht eher, als bis er sich gelegt hat, weil sie ihn dann sicher vor den Kopf treffen. Begegnet man einem Löwen unbewaffnet, so ist Muth und Geistesgegenwart das einzige Rettungsmittel. Wer entflieht ist unfehlbar verloren; wer ruhig stehen bleibt, den greift der Löwe nicht an. Wenn er sich auch zum Sprunge hinlegt, so wird er es doch nicht wagen, wenn man ihm unbeweglich, wie eine Bildsäule, in's Auge schaut. Die erhabene Gestalt des Menschen flößt ihm, vorausgesetzt, daß er den leichten Kampf mit dem Menschen noch nie versucht hat, eher Furcht und Mißtrauen in seine eigene Kraft ein, und eine ruhige Haltung des Leibes verstärkt diesen Eindruck mit jedem Augenblick. Man würde ihn stören, sobald man durch eine unbedachtsame Bewegung entweder dem Löwen die eigene Furcht verriethe, oder ihn zur Vertheidigung aufzufordern schiene. Der Ausgang beweist, daß er selbst sich nicht minder gefürchtet hat, als der Mensch; denn nach einiger Zeit erhebt er sich langsam, geht unter beständigem Umsehen einige Schritte zurück, legt sich nieder, entfernt sich abermals in immer größeren Zwischenräumen und nimmt endlich, wenn er ganz aus dem Wirkungskreis des Menschen gekommen zu sein glaubt, in vollem Laufe die Flucht. Der Löwe wiegt die Gefahr ab, der Panther aber stürzt sich blindlings auf den Feind, unbekümmert, ob er siegen oder unterliegen werde.

Vormals, als man das Naturell des Löwen noch nicht so kannte, stellte man gemeinschaftliche Jagden auf einen Löwen an, suchte ihn durch Hunde in die Ebene zu locken, schloß einen Kreis um ihn und schoß von allen Seiten auf ihn los. Gegenwärtig werden zwei Jäger mit ihm fertig, und oft nimmt es ein einziger mit ihm auf, was jedoch immer gefährlich ist. — Ihrer Zwei trieben durch Hunde einen Löwen aus einer Schlucht. Er legte sich zum Sprunge und wurde von einer Kugel gestreift. Darauf stürzte er wüthend auf den Schützen. Schon nach wenigen Sätzen war der Löwe auf dem Rücken des Pferdes und schlug dem Unglücklichen die Tatzen in die Schenkel. Der andere Jäger sprang vom Pferde und erschoß den Löwen durch den Kopf. — Bei einem ähnlichen Falle packte der Löwe mit den Zähnen den linken Arm des Reiters. Der feige Gefährte entfloh, um einige Hottentotten in der Nähe zu Hilfe zu rufen. Der mit dem Löwen kämpfende zog ein Messer aus der Tasche und stach ihm dasselbe durch's Herz. Beide blieben auf dem Platze.

Barrow, ein anderer Naturforscher, spricht dem Löwen keine löblichen Eigenschaften zu. Er nennt ihn ein hinterlistiges Thier, das selten einen offnen Angriff wagt, sondern sich, wie die andern Katzenarten, in einem Versteck auf die Lauer legt, bis es bequem auf seine Beute springen kann. Es wäre ein Glück, wenn der Löwe den edlen und großmüthigen Charakter besäße, der so oft die Einbildungskraft der Dichter entflammt hat, und wenn es wahr wäre, daß er es unter seiner Würde hielt, seine königliche Klaue mit dem Blute irgend eines schlafenden Geschöpfes zu besudeln. Er ist eines der trägsten Raubthiere und giebt sich nie die Mühe Etwas aufzusuchen, so lange er nicht hart vom Hunger bedrängt wird. — Als Barrow in die Nähe des Sonntagsflusses kam, wurden ihm in einer Nacht zwei Pferde von den Löwen gefressen. Ueber den Büffel, der doch noch einmal so schwer ist, als ein gemeiner Ochs, trägt er zwar gewöhnlich den Sieg davon, aber durch Ueberfall aus einem Hinterhalt, nicht durch freien Kampf auf dem Felde. Er springt auf ihn los, setzt ihm die Klauen an den Hals, schlägt ihm mit der Tatze ins Gesicht, schlingt sich um den Kopf, zieht ihn mit den Hörnern zu Boden und hält ihn so lange, bis er dem Blutverlust erliegt. — Zwei Bauern sahen einmal einen Büffel fortschleppen, sie vertrieben jedoch den Löwen, weil sie selbst Lust nach dem Besitz des Büffels hatten. Als sie das Fleisch auf den Wagen trugen, sah er sich recht oft aus dem nahen Walde nach ihnen um, ohne Zweifel nicht ohne großen Verdruß. — Wir kommen jetzt zu einem Verwandten des Löwen, dem furchtbarsten aller Thiere, das in seiner Wuth selbst die eigenen Kinder auffrißt. Es ist dies

Der Tiger.

Dieses Ungeheuer, das auch den Namen Königstiger führt, hat auch keine Spur von königlicher Gesinnung. Er weiß Nichts von Großmuth und Milde oder wohl gar von Erkenntlichkeit, welche man an dem Löwen rühmt, der oft zu vergessen scheint, daß er das stärkste

unter den Thieren ist, der, wenn er nicht herausgefordert wird, selten den Menschen angreift, und nur jagt, wenn ihn der Hunger drängt. Doch der Tiger mordet zum Vergnügen, und sein Blutdurst scheint nie gestillt zu werden. Er ergreift eine neue Beute mit derselben Wuth, die er so eben, als er die erste verzehrte, ausgeübt und nicht gestillt hat. Die Ehrfurcht, welche der Löwe vor der erhabenen Gestalt des Menschen zeigt, kennt der Tiger nicht, im Gegentheil scheint ihm der Mensch seine liebste Beute zu sein, vielleicht weil er sich ihrer am leichtesten bemächtigen kann, denn selbst des Menschen Waffe fürchtet er nicht. Er erwürgt und verheert die Heerden zahmer Thiere, mordet alle wilden, greift die kleinen Elephanten und die jungen Nashörner an, und wagt zuweilen selbst dem Löwen zu trotzen. Schon der bloße Anblick läßt seine gräßlichen Eigenschaften ahnen. Ihm fehlt ganz und gar die stolze Haltung, der majestätische Gang, die dichte und starke Mähne, der feste Blick des Löwen; des Tigers gegen 6 Fuß langer Körper steht zu den kurzen Beinen nicht in schönem Verhältniß, wie bei dem Löwen, sein Kopf ist glatt, seine Augen sind groß, und die blutfarbige Zunge hängt beständig aus seinem Rachen. Alles verräth an ihm seine niedrige Bosheit und seine unersättliche Grausamkeit.

Zum Glück ist dieses Thier nur in Asien zu finden, von den Molucken an bis zum Aralsee, an dem südlichen Altai und in der Wüste zwischen Sibirien und China, im Westen von Armenien, an dem Berge Ararat bis in China hinein, am häufigsten aber im eigentlichen Indien, namentlich in Malabar, Siam und Bengalen.

Sein Aufenthalt sind große Wälder, welche in der Nähe von Flüssen liegen. Da sitzt er nun, lauert bis ein Mensch oder Thier vorübergeht. Manchmal behauptet einer monatlang eine gewisse Stelle und fängt täglich einen Menschen weg von denen, welche auf dem Wege vorbeigehen, so daß die Postverbindungen ganz unterbrochen werden. Sie holen in Ostindien, wo ihre Zahl noch ungeheuer groß ist, oft einen Menschen aus einer Schaar marschierender Engländer weg, oder Pferde und Ochsen vom Wagen, Kameele von ihrem Führer. Unvermuthet springen sie aus einem Gebüsch hervor und schleppen ihren Raub fort, daß es dem Begleiter nicht möglich ist, denselben zu retten. Auch ist er ein großer Kinderfreund, er holt sie sich von den Häusern weg, nicht etwa um mit ihnen zu spielen, sondern um sie aufzufressen. Aber vor einem Thier hat dieses Ungeheuer Furcht, nämlich vor dem Elephanten; denn der giebt ihm oft mit seinen großen Hauern den Zahlaus.

Ein Kampf des Elephanten mit dem Tiger.

„Man führte 3 Elephanten in eine Umzäunung von Pallisaden. Der Tiger, der nicht zu den größten gehörte, und den man an zwei Seilen hielt, bekam von einem Elephanten einige Schläge mit dem Rüssel auf den Rücken, daß er umstürzte und einige Zeit wie todt liegen blieb. Als man ihn aber losgebunden hatte, sprang er auf, brüllte fürchterlich und wollte sich auf den Rüssel des Elephanten stürzen. Dieser hob ihn aber in die Höhe und gab dem Tiger einen Stoß mit den Hauern, daß er einen hohen Satz machte und nun keinen Angriff mehr wagte, sondern an den Pallisaden hinlief und daran hinaufsprang gegen die Zuschauer. Endlich trieb man alle drei Elephanten gegen ihn, und diese versetzten ihm solche Schläge, daß er wieder einmal wie todt liegen blieb und nachher sie vermied. Sie würden ihn getödtet haben, wenn man den Kampf nicht beendigt hätte."

Der Tigerritt.

„Beim Marsch eines englischen Reitertrupps holte ein Tiger einen im Sattel sitzenden Engländer, warf ihn über seinen Rücken und entfloh. Alle Gewehre waren zwar auf das Thier gerichtet, aber aus Furcht, daß man den Unglücklichen treffen möchte, überließ man ihn seinem traurigen Schicksal. Einige Minuten war er durch den Sturz von dem Elephanten seiner Besinnung beraubt, endlich aber erwachte er, von den Dorngebüschen an den Händen und im Gesichte zerfleischt, auf dem Rücken des fürchterlichen Thiers, erkannte seine schreckliche Lage, zog mit vieler Anstrengung eine seiner Pistolen aus dem Gürtel und feuerte sie auf den Kopf des Ungeheuers ab. Er schoß jedoch fehl, das Thier biß noch tiefer ein und beschleunigte seine Sprünge.

Nachdem er abermals auf einige Augenblicke seine Besinnung verloren hatte, wendete er seine letzte Kraft zu einem zweiten Versuche an, sich aus dem verderblichen Rachen zu befreien. Er ergriff die zweite Pistole, und schoß mit besserem Erfolg dem Thiere durch das Schulterblatt in's Herz. Seine Freunde fanden ihn besinnungslos neben dem getödteten Tiger. Eine unausgesetzte Pflege brachte ihn aber in's Leben, und er bezahlte nur mit einem lahmen Beine die seltene Erfahrung, sich aus dem Rachen des fürchterlichsten aller Raubthiere gerettet zu haben."

Wenn den Tiger der Hunger plagt, hält ihn auch das Feuer nicht ab, das die übrigen Raubthiere zu schrecken pflegt. Das beweist das unglückliche Schicksal eines Engländers, der sich mit mehreren Freunden im Schatten eines Gebüsches um ein Feuer gelagert hatte. Plötzlich hörte man das donnerähnliche Gebrüll eines Tigers, der in demselben Augenblick den Unglücklichen packte und fortriß. Alle schossen nach dem Thiere, zu dem sich die Tigerin gesellte, und erlegten es glücklich. Der Engländer schleppte sich, in seinem Blute gebadet, zum Feuer zurück; man bestieg eiligst einen Kahn und stieß vom Lande ab. In dem Augenblick erschien die Tigerin in voller Wuth, um einen neuen Angriff zu wagen. Sie blieb am Ufer stehen, so lange sie das Fahrzeug sehen konnte. Nach vier und zwanzig Stunden starb der Unglückliche aller ärztlichen Hilfe ungeachtet.

Der Panther.

Man hat dies Thier oft mit dem Leoparden und Jaguar verwechselt. Er ist aber größer, als der Leopard und hat einen kürzeren Schwanz, der nicht länger, als der Rumpf ist. Er ist voll schwarzer Dupfen, wovon an den Seiten 5—6 ringförmig sind, und 6—7 Reihen bilden. In jedem Ringe befinden sich meist einige schwarze Düpfel.

Der Panther findet sich in ganz Afrika, in Arabien und Indien, in Persien, im Kaukasus und im nördlichen China. Auch der Panther ist, wie überhaupt die ganze Verwandtschaft, ein grausamer Patron.

Der Panther und der Bürgermeister.

„Einmal wurde der Bürgermeister von der Kapstadt, als er über Land ging, unversehens von einem Panther besprungen, der ihm die Klauen auf den Kopf schlug, mit dem Maul nach dem Halse fuhr, um ihm das Blut auszusaugen. Er wehrte sich aber tapfer, rang mit ihm, daß Beide zu Boden fielen. Fast ganz ermattet strengte er seine letzten Kräfte an, drückte dem grimmigen Thiere den Kopf auf den Boden, zog sein Schnappmesser heraus und schnitt ihm den Hals ab. Er selbst hatte mit seinen vielen Wunden noch lange zu thun."

Der Panther an der Kette.

„Auf einer der Pflanzungen, die von den Holländern nach und nach über die südliche Spitze von Afrika verbreitet sind, hatte man eines

Tages einen lebendigen Panther in der Falle gefangen. Es war dies ein Fest, zu dem nach Landessitte die Freunde und nächsten Nachbarn besonders eingeladen wurden, um das Thier zu beschauen und Zeugen seines Kampfes mit den Hunden zu sein, die es zu Tode beißen sollten. Unter diesen befand sich auch ein europäischer Reisender. „Nachdem wir," erzählt derselbe, „zuvor auf das Reichlichste bewirthet worden, besichtigten wir zuerst die Hunde, welche den Kampf bestehen sollten, eine Art von Windhunden. Und in der That, man kann nichts Muthigeres und Kühneres sehen, als diese, dem einsamen Pflanzer in der Wildniß so unentbehrlichen Gesellschafter, die ihm nicht nur Diebe und Räuber von seinem Hause entfernt halten, sondern auch den Kampf mit den reißenden, an Stärke weit überlegenen Thieren nicht scheuen, indem sie durch Gewandtheit ersetzen, was ihnen an Kräften abgeht."

„Man führte uns nun zu der Falle, aus welcher das Thier erst in unserer Gegenwart hervorgeholt werden sollte. Sie lag in der Tiefe einer einsamen Bergschlucht, von rohen Felsstücken aufgemauert; der Eingang mit einer schweren Fallthüre versehen, die nach innen, wie bei unsern Mäusefallen, mit einer Lockspeise in Verbindung steht, und von selbst zuschlägt, sobald das Raubthier die Beute berührt. Oben war sie mit rohen Balken bedeckt, durch deren Zwischenräume wir das wüthende, überaus schön gefärbte und gefleckte Thier beobachten konnten."

„Auf diese Balken stellten sich jetzt die Leute, welche es fesseln sollten. Man suchte zuerst die Pfoten, eine nach der andern, in Schlingen zu fangen. Mit diesen zog man es an die Decke herauf und band ihm, unter entsetzlichem Brüllen und vergeblichem Wüthen alle vier Beine zusammen. Alsdann begab sich einer von den Leuten in die Falle hinunter und warf ihm eine Schlinge über den Kopf, an der man es zwischen den Balken halb hervorzog, um ihm zuletzt noch einen festen Maulkorb umzulegen."

„So nun völlig gebunden, ward es auf den Kampfplatz geschleppt, der von dem Wohnhause und den Wirthschaftsgebäuden eingeschlossen war. Hier durchbohrte man zuerst den einen Hinterlauf zwischen der Hackensehne und dem Unterschenkelbein, zog einen Nothring hindurch und befestigte ihn mit diesem an eine lange Kette, die in der Mitte des Hofes um einen freistehenden Pfahl geschlungen war. Alsdann löste man vorsichtig die fesselnden Schlingen, einen Riemen nach dem andern, und zuletzt den Maulkorb, so daß das Thier nun frei an seiner Kette sich bewegen konnte. Es hatte bald seine ganze Kraft und Geschmeidigkeit wieder erlangt, und gewährte durch den Wechsel seiner wilden Sprünge und seiner behenden Seitenbewegungen allerdings ein sehr schönes Schauspiel, von dem man keine Vorstellung haben kann, wenn man diese Thiere nur in den engen Käfigen der Thierwärter, und überdies durch Zucht, Hunger und durch die naßkalte Witterung unseres Himmelstriches gedemüthigt, gesehen hat."

„Die Kette war vorher wohl untersucht worden. Fest überzeugt also, daß sie nicht brechen könne, wagten wir uns ganz nahe hinzu, und reizten ihn durch leichte Steinwürfe und andere Neckereien zu immer neuen und heftigeren Sprüngen, und ergötzten uns an dem wahrhaft furchtbaren Gebrülle des zornigen Thieres."

„Darüber war der Abend herangekommen. Man rathschlagte noch, ob man den Kampf bis morgen verschieben, oder sogleich die in ihrem Stalle furchtbar heulenden Hunde loslassen solle, während Andere von der Gesellschaft aus Ungeduld, zu unserm Glück, sich schon entfernt hatten, um Alles zum Kampfe vorzubereiten; als plötzlich mit einem einzigen heftigen Ruck der Nothring, er war aus zu weichem

Eisen geschmiedet, sich öffnete, und das rasende Thier, nunmehr frei und ungehindert, auf mich und meinen Begleiter, der sich mit mir am vorwitzigsten genähert hatte, blind wüthend losstürzte. Wir flohen; die Angst beflügelte unsere Flucht; auch schien das Ungethüm etwas abgemattet und seiner vollen Sprungkraft beraubt zu sein. Dennoch kam es uns immer näher und näher auf die Fersen; wir hörten schon dicht hinter uns sein Schnauben — wir gaben uns verloren! Aber in demselben Augenblicke stürmten an uns auch schon die Hunde vorbei, die man so eben losgelassen hatte, jetzt waren sie an ihm und über ihn her. Den ersten schüttelte er sich leicht von den Ohren ab, und tödtete ihn mit einem einzigen Bisse. Um so sicherer konnten ihn indeß die anderen fassen, und zwei von ihnen hatten sich so in seine Gurgel verbissen, daß das gewaltige Thier in weniger als einer Viertelstunde ohne Lebenszeichen erwürgt am Boden lag. So lange hatte es sich aber bis auf den letzten Augenblick, wie verzweifelt, mit seinen Krallen gewehrt, und noch einen von den Hunden so schwer verwundet, daß auch dieser nicht gerettet werden konnte.

Beim Zerlegen fanden sich alle Muskeln an Hals und Nacken zerbissen, aber das Fell selbst, welches überaus zähe und von den dichtesten Haaren geschützt ist, völlig unversehrt. — Es wurde zum Andenken an die glücklich überstandene Gefahr für einen billigen Preis erkauft und mitgenommen.

Der amerikanische Tiger oder Jaguar (felis onza)

hat fast die Größe des ächten Tigers. Oben ist er röthlich fahl und an den Seiten hat er nur etwa 4 Reihen großer Ringel, meist mit einem Tupfen in der Mitte. Unten ist er weiß mit schwarzen Quer-

streifen. Er findet sich im ganzen heißen Amerika. In diesem Welttheil ist er das größte Raubthier, sowohl durch seine Größe und Schönheit, als durch seine Kühnheit und Grausamkeit ausgezeichnet. Es gab ihrer sonst sehr viele, doch weil ihnen überall nachgestellt wird, um sie auszurotten, hat sich ihre Anzahl sehr vermindert. Auch scheint er sich jetzt mehr vor dem Menschen zu fürchten, da er ihn nur selten angreift. Den Ansiedlern in den Urwäldern machten sie viel zu schaffen, und auf einem einzigen Gute wurden allein in einem Monat 20—24 solcher Thiere erlegt. Ihre Räubereien sind auf Hirsche, Rehe, Schweine und Meerschweine gerichtet, doch greift er auch Ochsen, Kühe, Kälber, Pferde, Maulthiere und Schafe an. Fängt er ein Kalb, so packt er es mit den Zähnen und schleift es an eine sichere Stelle, saugt ihm das Blut aus, frißt etwas von dem fetten, weichen Halse und der Brust, verscharrt den Rest und ruht in einem nahen Dickicht aus, um in der folgenden Nacht das Uebrige zu verzehren. Am gefährlichsten ist er, wann er Junge hat. Nimmt man eins, so irrt die Mutter unter heftigem Brüllen in der ganzen Gegend umher und bezeigt sich ganz untröstlich. Am liebsten bewohnt er die Ufer und das Moorland, wo über 6 Fuß lange Gras- und Schilfarten wachsen, in offnen Feldern und großen Wäldern zeigt er sich nur auf seinen Zügen. Auch hat er kein bestimmtes Lager und gräbt keine Höhlen; wo ihn die Sonnenhitze überrascht, da legt er sich in das Dickicht des Waldes oder in das Schilf; er geht nur in der Dämmerung aus, oder bei Mond- und Sternenschein, nicht in dunkler Nacht.

In Paraguay sieht man ihn langsamen und leichten Schrittes hinschleichen, um den Fischottern nachzustellen. Hat er eine bemerkt, so nähert er sich mit unglaublicher Vorsicht und Geduld, windet sich, wie eine Schlange, auf dem Boden hin, hält Minuten lang still und macht nöthigenfalls weite Umwege, um nicht bemerkt zu werden: dann macht er einen, selten zwei Sätze, drückt das Thier zu Boden, reißt ihm den Hals auf, und trägt es strampelnd im Maule davon ins Dickicht. Hat er seinen Sprung verfehlt, so geht er, wie beschämt, weiter. Bisweilen verräth ihn das Knistern der brechenden, dürren Reiser, auf welche er tritt. Darauf achten auch die Schiffer, wenn sie am Ufer übernachten. — Es muß ein sehr starkes Thier sein, denn Reisende haben gesehen, daß er ein zusammengekuppeltes Pferd getödtet und weit fortgeschleift hat, trotz des Sträubens des andern. Vor dem Menschen ergreift er aber die Flucht, wenn er ihn in Einöden bemerkt. Diejenigen Jaguare aber, welche sich an Flüssen und in bewohnten Gegenden aufhalten, verlieren die Scheu vor den Menschen, und hat einer einmal Menschenfleisch geschmeckt, so stellt er demselben sogar nach. Das begegnet am Parana jährlich einigen Schiffern. Man will behaupten, daß er den Neger den Weißen vorziehe, und der Letztere hält sich daher für ganz sicher, wenn er die Nacht mit Schwarzen oder Indianern zubringen muß.

Auch auf das Fischefangen versteht er sich. Er lauert, wie eine Katze, am Ufer, thut einen Schlag mit der Pfote ins Wasser und wirft ihn heraus.

In der Paarzeit, im August und September, und wenn das Wetter sich ändert, lassen sie ihr lautes Hu eine halbe Stunde weit hören. Sie sollen nach 3 bis 3½ Monaten 1 bis 3 blinde Junge werfen, welche im siebenten Monat wie die Alten gefärbt sind. Jung aufgezogen werden sie sehr possierlich, lassen sogar die Kinder auf sich reiten; später giebt man ihnen ein Halsband, und bindet sie in einem Hof an einen Pfahl, weil sie in einem Käfig zu sehr stinken würden. Aber schon vor dem dritten Jahre gebrauchen sie ihre Kraft und schlagen zuweilen ihren eigenen Wärter so zu Boden, daß er sich kaum wieder erholt.

Jagd des Jaguars.

Im Walde jagt man ihn mit einer Menge Hunde, welche zwar nicht zum Einbeißen kommen, als höchstens in den Schwanz, aber ihn durch Bellen und Umschwärmen so belästigen, daß er langsam auf einen Baum steigt, wenn er einen etwas geneigten findet, und dann von den Jägern erschossen oder mit der Schlinge angeworfen wird; er springt nicht, sondern steigt auch langsam wieder herunter. Aeltere Jaguare erwarten meist unten den Angriff, wobei indessen nicht selten ein Jäger kläglich zugerichtet wird. Es giebt Jäger, welche den linken Arm mit einem Schaffell umwickeln und mit einem 2 Fuß langen

Dolch und mit einigen Hunden auf ihn losgehen. Während ihn die Hunde beschäftigen, reizt ihn der Jäger mit Worten und Geberden. Plötzlich springt der Jaguar auf ihn los, richtet sich auf, wie der Bär, und öffnet brüllend den Rachen. In diesem Augenblick hält der Jäger den umwundenen Arm den Tatzen entgegen und stößt ihm den Dolch in die linke Seite, worauf er fällt und von den Hunden überfallen wird. War aber die Wunde nicht tödtlich, so steht er mit Blitzesschnelle auf, greift wieder an und bekommt den zweiten Stich. Ein Indianer erlegte auf diese Weise über 100 Jaguare, blieb aber im Jahre 1821 auf dem Platze. Es giebt sogar Tollkühne, welche ihn blos mit dem Schafpelz und einer Keule angreifen, indem sie ihm mit derselben das Kreuz entzwei schlagen, und sodann einige Schläge auf die Nasenwurzel geben. Gewiß ist es, daß man zahme mit einem mäßigen Schlag auf die Lendenwirbel für einige Tage lähmen kann.

Der Jaguar unter Kindern.

Alexander von Humboldt traf sie nicht selten am Orinoco, Apur-Sarare, wo sie besonders sehr groß werden und vielen Schaden anrichten, vorzüglich unter dem Vieh. Sie fressen daselbst sehr viele Schildkröten, und leben mit den Alligatoren in beständigem Kampfe, in welchem sie unterliegen, wenn sie ins Wasser geführt werden. — Einmal hatten bei Atures ein Knabe und ein Mädchen von 8—9 Jahren mit einander gespielt. Dazu sei ein Jaguar aus dem Wald gekommen und um sie herumgehüpft, habe endlich den Kopf des Knaben mit einer Tatze sanft berührt, und dann derber, daß Blut floß, darauf habe das Mädchen einen Ast ergriffen, und das Thier in die Flucht geschlagen. Das war also wahrscheinlich ein junger Jaguar, der mit den Kindern spielen wollte, vielleicht wie die Katze mit den Mäusen.

Als man einmal einen Leichnam, von dem man ihn vertrieben hatte, auf einem Flusse nach dem Dorfe gebracht und in der Kirche begraben hatte, fand man ihn am dritten Morgen ausgewühlt und durch eine Maueröffnung fortgeschleppt. Das Thier folgte also dem Kahn einige Stunden weit und brach, lüstern geworden nach Menschenfleisch, in der Kirche ein.

Die Tigerkatze (f. pardalis).

Sie ist 4 Fuß lang, der Schwanz 14 Zoll; weißlich gelb, mit großen, länglichen, gelbrothen und schwarzgesäumten Flecken in Längebändern auf den Seiten.

Sie findet sich im ganzen heißen Amerika; in den mehr entfernteren Wäldern von Surinam, in Brasilien und Paraguay. Des Nachts gehet sie auf die Jagd, und wenn es recht finster und stürmisch ist, daß sie von den Hunden nicht bemerkt wird, schleicht sie sich selbst in die Höfe, um die Hühner fortzuschleppen, und kommt bisweilen in einer Nacht sechsmal. Bei mondhellen Nächten bleibt sie fort und spürt den Jäger, ehe dieser ihre Annäherung bemerkt. Sie fliehet vor ihm eiligst, wie vor dem Hunde.

Die Tigerkatze im Käfig.

Jemand hatte einen großen Käfig mit einer Fallthür, führte denselben auf zwei Rädern in den Wald und setzte einen weißen Hahn hinein in eine besondere Abtheilung. Auf diese Weise wurden Viele gefangen, und Einige, welche später entwischten, zum zweiten- und drittenmale. Man hatte sie an den Ohren gezeichnet. Die Eingesperrten ließen ihren Unrath immer ins Wasser, selbst wenn man es ihnen in eine Tonne that. Sie schliefen den ganzen Tag zusammengerollt. Wenn man ihnen Stroh vor den Käfig legte, so zogen sie es mit den Pfoten hinein, bissen es zu Häckfel und legten sich darauf. Des Nachts liefen sie herum, wurden böse, wenn eine andere in die Nähe kam, zankten sich aber nicht, sondern gaben sich höchstens einige Tatzen. Sie verzehrten täglich 3 Pfund Fleisch. Sie fraßen auch Schlangen, Frösche und Kröten, mußten sich aber dann erbrechen. Katzen und Hunde packten sie am Genick; waren die letzteren aber größer, so thaten sie ihnen nichts, denn sie halfen einander nicht im Streit. Sie tödten nicht aus Lust; eine hatte einen Hahn 3 Tage bei sich, ehe sie ihn fraß. Ließ man sie in einen Hof, so versteckten sie sich in einen Winkel, um zu schlafen; wurden sie von Knaben gestört, so liefen sie nach dem Käfig. Sie betragen sich ganz wie die Katzen, und werden so zahm, daß man sie kann frei laufen lassen, aber dann fressen sie die Hühner. Ihre Augen leuchten bei der Nacht.

Der Leopard (f. leopardus).

Man erkennt ihn leicht an den schwarzen Dupfen, von denen 3 bis 6 einen Kreis bilden, welche wie Rosen aussehen. Der Leopard ist etwas kleiner, als der Panther. Uebrigens hat er dieselben Eigenschaften, wie seine Herren Vettern und Verwandten, d. h. er ist ein listiger, blutdürstiger und grausamer Patron. Er wagt sich in die Nähe der menschlichen Wohnungen, und wehe dem armen Hausthiere, was ihm begegnet.

Unweit der Capstadt kamen einmal zwei Leoparden in einen Schafstall und erwürgten in kurzer Zeit gegen 100 Stück Schafe. Nachdem sie sich gesättigt hatten, schleppten sie ihren Jungen, welche draußen

vor dem Schafstalle standen, von der Beute zu, und schickten sie damit fort. Sie selbst aber nahmen jedes auch eines und wanderten damit durch den Garten.

In Alexandrien hatte einmal ein Kaufmann 2 Leoparden, welche so zahm waren, daß sie mit ihm auf seidenen Polstern schliefen, welche sie ihm ganz zerrissen. Er ging mit ihnen auf die Gazellenjagd. Diese Thiere wehren sich lange mit ihren Hörnern, bis sie endlich vor Ermüdung unterliegen.

Auf unserm Bilde sehen wir, wie ein Leopard eine Gazelle unter seinen fürchterlichen Tatzen hält.

Der Jagdleopard (f. jubata).

Er ist dem Leoparden sehr ähnlich, aber schlanker und höher; hat stumpfe, nicht einziehbare Krallen und eine Art Mähne auf dem Hals; der fahle Pelz ist voller Dupfen, der lange Schwanz ist am Ende geringelt. Das Thier ist über 3 Fuß lang.

Der Jagdleopard findet sich vorzüglich in Arabien und Indien, wo er Chittah heißt. Sie sehen wie große Windhunde aus, ihr Leib ist gestreckt, mit sehr langen Beinen, wodurch ihnen die Jagd außerordentlich erleichtert wird.

Ihr Gebrauch zur Jagd.

In Ostindien werden die Jagdleoparden allgemein gezähmt und völlig wie Hunde zur Jagd gebraucht, vorzüglich der schnelleren Thiere, wie der Gazellen und Schakale. Der Schach von Persien läßt sie aus Arabien kommen, und hält dieselben mit einer Menge Hunde in einem eignen Hause. Sie heißen Dgious, und sind so zahm, daß sie keinem Menschen ein Leid zufügen. Der Jäger setzt einen hinter sich auf das Pferd und hält ihn an einer Kette um den Hals und mit einer Kappe über den Augen. Erblickt man eine Gazelle, so nimmt man ihm Beides ab und zeigt ihm dieselbe. Er springt herunter, kriecht ganz langsam auf dem Bauche hin, indem er sich so viel wie möglich hinter dem Gebüsche verbirgt, und nachdem er noch etwa 60 Schritte entfernt ist, fängt er an so schnell zu springen, daß er dieselbe mit 3—4 Sätzen erreicht. Mißlingt ihm der Sprung, so geht er nicht weiter und schämt sich dergestalt, daß man ihn diesen Tag über kaum wieder zum Jagen bringen kann. Um ihn aber zu trösten und ihm wieder Muth zu machen, sprachen die Jäger ganz laut zu einander: er habe die Gazelle nicht gesehen, sonst würde ihm der Fang nicht gefehlt haben. Sie glauben, daß das Thier dieses Compliment sehr wohl verstehe.

Die Tigerbuschkatze (f. serval)

ist gewöhnlich 2 Fuß lang, ihr Schwanz 8 Zoll, die Höhe 15 Zoll. Ihr Pelz ist lang, röthlich gelb, unten weiß, überall schwarz gefleckt, auf dem Nacken 4 Streifen. Die Ohren sind groß, schwarz und weiß gestreift.

Die Tigerbuschkatze findet sich ziemlich häufig überall am Vorgebirge der guten Hoffnung und im ganzen südlichen Afrika. Unter den wilden Katzen sind sie die größten. Man sagt, daß sie Hasen, junge Gemsen, Lämmer und Geflügel rauben. Sie werden leicht zahm, und betragen sich dann gerade wie unsere Hauskatzen.

Der Couguar (f. concolor)
(auch der rothe amerikanische Löwe genannt).

Er wird 4 Fuß lang, Schwanz 2, Höhe über 2 Fuß; Färbung fahlbraun mit kaum bemerkbaren dunkeln Flecken. Er findet sich in ganz Amerika und ist ein für das Wild und das zahme Vieh sehr gefährliches Thier. Kann er einer Heerde Schafe beikommen, so tödtet er wohl 50 auf einmal, um ihr Blut zu saugen, was ihn zu berauschen scheint, denn er legt sich dann gewöhnlich nicht weit davon hin und schläft. Das Beste an ihm ist, daß er sich vor dem Menschen fürchtet, und selbst vor Knaben und Mädchen flieht. Gewöhnlich wagt er sich nur an Kälber, Fohlen und Schafe. Auch sagt man, springe er dem Esel auf den Rücken, der sich dann niederwirft und wälzt, um seinen Feind zu erdrücken, oder den Kopf zwischen den Beinen in den Wald läuft, um ihn an den Bäumen abzustreifen. — Weil der Couguar den Menschen nicht angreift, so ist die Jagd auf ihn eben nicht gefährlich, auch ist er nicht sehr schnell, so daß ihn der Reiter einholen und ihm eine Schlinge umwerfen kann. Das Klettern kann er vortrefflich, und trifft er einen Affen auf einem Baume, so verfolgt er ihn, indem er von Baum zu Baum nachspringt, und dabei furchtbare Sätze macht. Verfehlt er seine Beute, so schämt er sich nicht, wie viele andere große Katzen, sondern verfolgt sie weiter. Das Fell des Couguar hat geringen Werth und dient nur zu Pferdedecken. Die Neger und Indianer genießen sein Fleisch. Er soll zwar sehr gut schwimmen können, als aber einmal einer an einen starken Bach von den Hunden getrieben wurde, schwamm er nicht hinüber, sondern kletterte auf einen Baum und sprang von einem Ast auf einen andern am gegenüberstehenden Ufer.

Der Luchs (f. lynx).

Er ist größer, als die wilde Katze, ungefähr wie ein Fuchs, seine Augen haben auch einen Sehspalt, sein Schwanz ist aber sehr kurz und an den spitzen Ohren befindet sich ein Pinsel. Der Balg ist gefleckt.

Es giebt wohl an 8 Arten von Luchse, die sich durch Größe, Farbe oder durch mehr oder minder langen Schwanz von einander unterscheiden. Der gemeine oder nördliche Luchs ist röthlich grau mit schwarzen oder braunen Flecken, findet sich im Norden aller Welttheile und liefert ein vortreffliches Pelzwerk. Doch auch von dem nördlichen Luchs giebt es wieder mehrere Arten. Derjenige Luchs, welcher sich in Ungarn, Polen, ganz Rußland und in Schweden findet, heißt der europäische. Er ist röthlich mit braunen Flecken, hat graue Ohren mit einem schwarzen Pinsel; seine Schwanzspitze ist schwarz, und eben so 4 wellenförmige Striche auf den Backen. Er ist 3 Fuß lang, Schwanz 8 Zoll, Höhe 16 Zoll.

Die Luchse leben zu Paaren in Felsenhöhlen und in Schilf, klettern auf die Bäume und springen von da herab auf das Wild, ja sogar auf Menschen herunter. Zu uns nach Deutschland kommen sie des Winters aus Ungarn und Polen, wohin sie zurückkehren, wenn sie nicht geschossen werden, was jedoch gewöhnlich geschieht, indem Alles Jagd auf sie macht, wenn man von einem hört. Am meisten schaden sie den Rehen und Hirschen, im Osten den Elennthieren, im Norden den Rennthieren, indem sie sich ins Gebüsch oder Gras ver- verstecken, dann plötzlich mit 3 ungeheuren Sprüngen sich ihnen auf den Rücken setzen und das Genick zerbeißen. Sie saugen das Blut aus, fressen einige Pfund Fleisch und sollen das Uebrige verscharren, um am folgenden Tage wieder zu kommen, wenn sie nichts Frisches erobert haben. Ihre Hauptnahrung besteht jedoch in Hasen und Waldhühnern, denen sie den Pelz und die Federn abrupfen, ehe sie sie fressen, und sehr dabei Acht geben, daß sie sich nicht mit dem Blute beschmutzen, was von einem so blutgierigen Thiere recht lächerlich klingt. — Die alten Römer glaubten, der Luchs habe so gute Augen, daß er durch Mauern sehen könne, und sein Urin verwandle sich in einen kostbaren Edelstein.

Ein lächerliches Märchen! Das alte Sprichwort: Er hat Augen wie ein Luchs, mag wohl von jener Zeit stammen, da er eben nicht von einem so gar scharfen Gesicht Proben giebt.

Außer dem europäischen Luchs sind zu merken: 1. Der Luchs in Canada, ohne Ohrpinsel, sehr furchtsam und mit einem Schlage auf den Rücken zu tödten. Die Hudsonsbai-Compagnie schickt jährlich gegen 9000 Pelze von dieser Luchsart nach Europa. 2. Der braune Luchs mit kurzem, dünnen Schwanz, braun und schwarz geringelt, kurzem Backenbart und kleinen Ohrpinseln. Der Balg kommt auch von dieser Art zu Tausenden aus den vereinigten Staaten nach Europa. 3. Der Sumpfluchs, nicht größer, als die Katze, 26 Zoll lang, Schwanz 9, Höhe 13 Zoll. Er sieht bräunlich grau aus. Er ist sehr wild. Ein eingesperrter fraß 12 Tage nichts, sondern zerbiß seinen Stock und seinen eigenen Vorderfuß, womit er in Eisen gefangen worden war, ein anderer dagegen lebte 3 Monate, fraß viele Fische, schäumte aber immer vor Zorn.

Zuletzt noch der südliche Luchs, Caracal, der sich besonders durch die längeren Ohrpinsel unterscheidet. Er ist in der asiatischen Türkei, in Arabien und Persien zu Hause, und überhaupt in den Ländern, wo der Löwe vorkommt. Man nennt ihn daher den Löwenführer, weil man von ihm sagt, er kundschafte für denselben die Beute aus, führe ihn dahin, und bekomme dann auch seinen Antheil. Es ist aber auch dies wieder ein Märchen. Der Löwe hält durchaus weder Freundschaft, noch Compagnieschaft mit dem Luchse. Dieser schleicht nur, aber ungeheißen, dem Löwen nach, um die Ueberbleibsel seines Raubes zu verzehren, nachdem er sich des Morgens in sein Lager zurückgezogen hat. — Uebrigens ist der südliche Luchs ein sehr böses und wüthendes Thier, das selbst Hunde anpackt und zerfleischt. Sie jagen in Rudeln und zwar bei Tag, suchen jedoch des Nachts Vögel zu überfallen.

Die wilde Katze (felis).

Sie ist bedeutend größer, als die zahme, meist röthlich grau mit dunkeln Querstreifen, auf dem Schwanz einige Ringel und das Ende

schwarz. Sie findet sich fast in ganz Europa, im Caukasus und selbst in Indien. Ihr Revier sind die dicksten Wälder, wo sie in Felsspalten, hohlen Bäumen, in leeren Dachs- und Fuchslöchern ihre Wohnung aufschlägt.

Sie sind jedoch überall sehr selten. Am meisten schaden sie den Wald- und Feldhühnern, den Hasen und jungen Rehen, den Wasservögeln und selbst den Fischen. Sie sind sehr geschickt, Mäuse und Maulwürfe zu fangen. Die jungen, wilden Katzen leben fast immer auf den Bäumen, und drücken sich bei Gefahr auf die Aeste. Nicht selten verwildern zahme Katzen, und von diesen verwilderten mögen wohl viele als Pelze von ächten wilden Katzen in den Handel kommen. Ob die zahme Katze von der wilden, oder die wilde von der zahmen abstammt, das ist noch zweifelhaft.

Die zahme Katze (felis catus).

Dieser ungetreue Hausdiener ist Euch Allen hinlänglich bekannt. Seine Falschheit ist sogar zum Sprichwort geworden, denn von gewissen Leuten sagt man: sie sind falsch, wie die Katzen, die vorne lecken, hinten kratzen. Niemals kann man diesem Thiere trauen, es bleibt einmal ein heuchelnder, schmeichelnder Bösewicht, der je älter, desto durchtriebener und hinterlistiger wird. Denn während man sie schmeichelt und liebkoset, wobei sie doch ihre Zufriedenheit durch Anstreichen und Scheuren äußert, hat man, ehe man sich's versieht, einen Schlag von ihrer Tatze, und will man sie nun bestrafen, so ist sie bereits davon gelaufen. Erreicht man sie aber noch, so ist es nicht einmal rathsam, ihr etwas zu thun, denn sie ist im Stande, ihrem eigenen Herrn in das Gesicht zu springen. — Als Erzdieb und Gauner verstehen sie ihren Gang zu verbergen, ihre Absicht zu verheimlichen, die Gelegenheiten zu erspähen, den Augenblick zur Ausführung ihres Streichs abzuwarten, hierauf sich der Züchtigung zu entziehen, zu fliehen und entfernt zu bleiben, bis man sie zurückruft. Anhänglichkeit an die Familie, in deren Hause sie gehalten wird, hat die Katze durchaus nicht. Dies beweist, daß sie zurückbleibt, wenn man auszieht. Sie ist einmal mit allen Schlichen, Gängen und Löchern des Hauses bekannt, und viel zu träge, um sich in einem andern Hause dieselben Vortheile zu verschaffen. Bringt man sie mit Gewalt 2 bis

3 Stunden von ihrem Aufenthaltsort, so kehrt sie aus demselben Grunde auf ihr altes Gebiet zurück. Ihren Herrn zu begleiten, wie es der Hund thut, das fällt ihr niemals ein, ja sie kennt ihn kaum. Ruft man sie, so kommt sie zwar, aber nicht geradezu und in freudigen Sprüngen, wie der Hund, sondern mit krummen Bewegungen, mit zweideutigen Augen nähert sie sich, entweder um Futter in Empfang zu nehmen, oder um sich über den Rücken hinstreicheln zu lassen, weil ihr dies eine angenehme Empfindung auf ihrem Felle verursacht.

Nichts ist natürlicher, als daß ein so falsches hinterlistiges Thier, wie die Katze ist, den treuen, ehrlichen Hund zum Feinde hat, weshalb dieser auch mit ihr in beständigem Kriege lebt. Ihre Lieblingsplätze sind die Küche, der Keller und der Boden. In der Küche sucht sie sich beliebt zu machen, indem sie von Zeit zu Zeit einige getödtete Mäuse angeschleppt bringt. So lange sie beobachtet wird, läßt sie auch Alles still liegen, setzt sich unter den Feuerheerd, weil sie die Wärme liebt, macht die Augen zu und thut, als ob sie schliefe.

Die Köchin vergißt indessen, daß die Katze in der Küche ist, geht hinaus und läßt die Katze allein. Doch diese erhebt sich sogleich von ihrem Lager, untersucht die ganze Küche, wenn sie sich nicht schon vorher ihren Braten auserlesen hat, und findet sie nichts, so ist sie im Stande, das Fleisch aus dem heißen Topf herauszulangen, wobei sie sich freilich gehörig verbrennt. Merkt sie, daß Jemand sich nähert, so geht sie wieder an ihren Ort, macht die Augen zu und stellt sich, als ob gar nichts vorgefallen wäre. Zuweilen wird sie wohl ertappt, und mit dem Besen aus der Küche gejagt, viel öfter entgeht sie der Strafe, indem sie sich die Gelegenheit wahrnimmt, aus der Thür zu schlüpfen, worauf sie sich mehrere Tage gar nicht sehen läßt. Selbst der Vogel im Bauer ist nicht sicher, sie weiß mit der Tatze geschickt in das Bauer hinein zu langen und das schlafende Thierchen grausam zu ermorden. Doch selbst der Mensch ist vor ihr nicht sicher. Man hat Beispiele, daß Katzen ihren eignen Herrn im Schlafe umgebracht haben. Es ist daher sehr unvorsichtig gehandelt, wenn Leute Katzen des Nachts ins Bette mit nehmen.

Eine Katze nährt ein junges Häschen.

Der Naturforscher von Selborne erzählt, einer seiner Freunde habe ihm einen ganz jungen Hasen gebracht, den die Dienerschaft im Hause mit Milch aus einem Löffel gefüttert; zu derselben Zeit habe seine Katze geworfen, und die Jungen seien ihr weggenommen und begraben worden. Das Häschen war bald darauf verschwunden, und man glaubte, es sei einem seiner Feinde in die Klauen gerathen. Nach ungefähr vierzehn Tagen saß der Herr Abends in der Dunkelheit im Garten, sah seine Katze mit emporgehaltenem Schwanze auf ihn zukommen und hörte sie mit kurzen, selbstgefälligen Tönen etwas ihr

Nachhüpfendes rufen; was war dies? — das Häschen, das die Katze groß gezogen hatte und noch immer säugte.

Eine Katze wandert mit ihren Jungen in ihre Heimath.

„Eine Katze wurde von der Familie ihres Herrn mit von Glasgow nach Edinburg genommen, welche Städte 10 Stunden aus einander liegen. Sie war ein schönes, kluges Thier und ihrer guten Eigenschaften wegen geschätzt. Bald nach der Ankunft in der neuen Wohnung warf sie Junge und pflegte die beiden davon, welche man am Leben gelassen hatte, bis sie sehen und fressen konnten. Eines Morgens war zum großen Leidwesen der Familie Miez nirgends zu finden; auch eine junge Katze fehlte, und nach langem vergeblichen Suchen vermuthete man, sie sei auf irgend eine Weise verunglückt, und die junge, bei dem Versuche der Mutter zu folgen, umgekommen. Nach ungefähr zwei Wochen erzählte man der Frau vom Hause in einem Briefe, ihre Katze sei, wahrscheinlich aus Anhänglichkeit an die verlassene Wohnung, mit einer jungen zurückgekommen, aber so matt und abgezehrt, daß sie kaum noch gehen könne. Die Wanderung muß wenigstens eine Woche gedauert haben, und wenn wir bedenken, daß das arme Thier das Kleine zu tragen und zu ernähren, Unterhalt für sich selbst zu suchen hatte, und den Weg ohne Karte und Wegweiser finden mußte, kann man diesen Vorfall vielleicht für das außerordentlichste Beispiel von thierischer Klugheit halten, das man kennt. Ruhe und gutes Futter brachten die erschöpften Kräfte bald wieder zurück; dann überließ sie ihr Junges der neuen Freundin, machte sich wieder auf den Weg und begab sich von Neuem in die Wohnung ihres Herrn nach Edinburg. Mit Worten konnte sie ihre Gefühle nicht zu erkennen geben; aber sie miaute laut und äußerte ihre Freude, ihre alten Freunde wieder zu sehen, auf alle mögliche Weise. Man hoffte deshalb, sie würde nun bleiben; das lag aber nicht in ihrem Plane. Sie hielt sich nur so lange auf, als sie zur Stärkung nöthig hatte, und entfernte sich dann mit ihrem zweiten Jungen, das nun schon alt genug war, um bisweilen neben der Mutter herlaufen zu können, und also mit weniger Mühe in die alte Heimath gebracht werden konnte, welche sie weder aus Liebe zu ihrer Herrin, noch wegen der Gefahren des weiten Weges verlassen mochte."

Die gemeine Robbe (Phoca vitulina.)

Sie heißt auch Meerkalb, Seehund, ist auch nicht viel größer, als ein Kalb. Ihre Länge beträgt höchstens 4 Fuß und ihre Dicke 1 Fuß. Sie sieht grau aus mit bräunlichen Schatten. Die Robbe gehört zu den Küstenthieren. Dies sind große Thiere mit walzigem Leibe, der mit steifen Haaren bedeckt ist. Sie haben Füße mit Schwimmhäuten und bringen ihr Leben fast nur im Meere zu. Zuweilen nur schlafen sie am Lande oder werfen daselbst Junge. Fast nie gehen sie in süße Wasser. Sie sind furchtsam, wehren sich aber in der Noth. Unter sich sind sie sehr gesellig. Ihre Nahrung besteht nur aus Fischen.

Die gemeine Robbe oder Seehund, von der hier die Rede ist, findet sich auf der nördlichen Erdhälfte, besonders im Eismeer. Die kurzen Gliedmaßen sind mit Schwimmhäuten versehen. Der Seehund schwimmt daher vortrefflich. Das Gehen auf dem Lande dagegen ist ein plumpes Watscheln. Doch in der Noth ist er auch dann so schnell, wie ein Mensch.

Er ist den Bewohnern des kalten Nordens ein sehr nützliches Thier. Das Fleisch und Fett desselben giebt Nahrung und Licht. Aus dem wasserdichten Felle machen sie Kleider, Ueberzüge für Kähne, Schlitten und Wohnungen. Die Sehnen geben Zwirn, die Gedärme Hemden, Segel und Fenster. Aus den Knochen verfertigen sie mancherlei Werkzeuge, als Messer und dergleichen. Wir Europäer verfolgen den Seehund besonders seines Thranes wegen. Ihr habt gewiß schon Jagdtaschen oder Koffer mit Seehundfell überzogen gesehen.

Die Anhänglichkeit eines Seehundes.

„Ein Pächter in England nahm einst einen jungen, etwa drittehalb Fuß langen Seehund vom Meeresstrand mit nach Hause, und gab ihm Suppe und Milch, die er sich herrlich schmecken ließ. Nach einigen Tagen aber war die Frau des Pächters über diesen unnützen Fresser unwillig und dessen überdrüssig. Er wurde deshalb ins Meer geworfen, kam aber sogleich wieder. Nun wurde er noch einmal so weit als möglich in die Fluth geworfen, und die Leute liefen schnell fort und verkrochen sich hinter einem Felsen. Der Seehund aber stieg jedoch zum zweitenmale ans Land, und suchte so lange, bis er die Leute gefunden hatte. Aus Freude über die Anhänglichkeit des Thierchens nahm es der Pächter wieder in sein Haus auf.“

Der Seelöwe (Phoca jubata).

Die löwenartige Mähne von etwas dichterem, lockigerem Haar, als am übrigen Körper, ist wohl Veranlassung gewesen, dies Thier Seelöwen zu nennen, denn im Uebrigen ist er dem Löwen wenig ähnlich. Faul ist der Seelöwe, denn er schläft den ganzen Tag an der Küste. Das Weibchen drückt oft im Schlafe ihr Junges todt. Man erzählt auch von Schlachten, welche die Männchen mit einander führen. Das Meer soll hintendrein ganz roth von Blut sein.

Der Seebär (Phoca ursina).

Man verwechsele dieses Thier ja nicht mit dem Eisbären, dem er nur sehr wenig ähnlich ist. In seiner Lebensweise gleicht er dem Seelöwen, welcher aber noch einmal so groß ist. Das Fell der Seebären ist mit langen, steifen, struppigen Haaren besetzt, die bei dem Männchen schwarz und an der Spitze grau, bei dem Weibchen aber aschgrau und dazwischen öfters röthlich sind. Man findet diese Thiere häufig auf der Beringsinsel. Hier leben sie in großen Familien und manche Familie besteht aus 120 Mitgliedern. Es entsteht oft Streit unter ihnen, und dann werden blutige Schlachten geliefert, die gewöhnlich mit einem Zweikampfe anfangen. Nachdem nämlich die andern den beiden Kämpfern eine Weile zugesehen haben, wollen sie endlich Frieden stiften, gerathen aber bei dieser Gelegenheit so an einander, daß ein allgemeines Treffen entsteht, wobei Wunden geschlagen werden, die Säbelhieben gleichen. Man hat manche, welche die Wunde zu sehr schmerzte, Thränen vergießen sehen.

Im Sommer sind sie sehr faul, sie schlafen, gähnen, recken sich und sehen einander an, während die Jungen wie junge Hunde mit einander spielen. Ihre Nahrung, die sie des Nachts suchen, besteht aus Fischen, Meerkrebsen und allerhand Seethieren. Ihr Aufenthalt sind die nördlichen Theile des stillen Meers. Sie brummen wie ein Bär, zuweilen blöken sie wie Kühe.

Das Wallroß (Trichechus rosmarus)

ist beinahe so groß wie ein Ochs. Seine beiden Hauzähne, welche gewöhnlich 1 bis 2 Fuß lang sind, und deren jeder über 10 Pfund wiegt, gehen aus der obern Kinnlade niederwärts bogenförmig gekrümmt und sind so hart und weiß, wie Elfenbein. Es braucht dieselbe als Waffe gegen den Eisbären, mit dem es beständig Krieg führt.

In Heerden von vielen Hunderten liegen sie auf dem Eise und schlafen. Aber eines hält die Wache, welches die andern weckt, wenn ein Boot sich nähert. In wenigen Augenblicken ist die ganze Heerde erwacht. Anstatt aber nun zu eilen, um wegzukommen, warten sie erst, bis man geschossen hat. Alsdann stürzen sie in der größten Unordnung ins Meer. Hier in ihrem Element sind sie ein wenig muthiger und verfolgen wohl gar das Boot, lassen sich aber durch einen einzigen Schuß in die Flucht jagen. Wenn sie mit den Köpfen aus dem Wasser gucken, sieht es von fern beinahe so aus, als wenn ein Mensch emportauchte. Dies mag zu manchen Geschichten von Meerjungfern Anlaß gegeben haben.

„Ich habe selbst," sagt Scoresby, dem wir die Beschreibung dieses Thieres verdanken, „ein Wallroß in einer solchen Stellung und unter solchen Umständen gesehen, daß nur eine kleine Spannung der Einbildungskraft dazu gehörte, um es für ein menschliches Wesen zu halten, so täuschend war der Anschein, daß der Schiffswundarzt mir wirklich meldete, er hätte einen Mann mit seinem Kopfe so eben über das Wasser hervorkommen sehen. Seehunde zeigen sich zwar auch auf diese Art, und ihr Kopf ist, in einiger Entfernung, einem menschlichen Kopfe nicht unähnlich, indessen ist die Aehnlichkeit bei diesem nicht so auffallend, wie beim Wallroß."

Vom Fang des Wallrosses.

„Im Juli ruderten wir," erzählt ein Reisender aus Spitzbergen, „zu einer Heerde von Wallrossen und tödteten 10 davon; dann kamen die andern um die Schaluppe her und schlugen mit den langen Zähnen Löcher in die Bretter unter Wasser, daß viel hineinrann, obschon wir alles Mögliche thaten, mit Schlagen, Stechen und Hauen. Andere hoben den halben Leib aus dem Wasser und wollten zu der Schaluppe herein; eines faßte den Harpunier mit den Zähnen zwischen dem Hemde und dem Hosenbund, und wäre der letztere nicht zerrissen, so hätte es ihn mit sich ins Wasser genommen. Wir mußten endlich ihrer Menge weichen, weil immer mehr sich sammelten; sie folgten uns, so lange wir sie sehen konnten."

„Sie schlafen, daß sie schnarchen, nicht allein auf den Eisfeldern, sondern auch im Wasser, daß man sie für todt hält. Als wir in ein solches die Harpune warfen, erschrak es und zog die Schaluppe fort, wie ein Wallfisch, kehrte aber bald wieder zur Schaluppe um, wo ihm der Schlaf genommen wurde. Es sind überhaupt sehr beherzte Thiere, die einander bis in den Tod beistehen. Wenn sie brüllen, und die Menschen es ihnen nachmachen, so will eines vor dem andern zuerst unter Wasser sein, und da sie, ihrer Menge halber, einander nicht ausweichen können, so klappern sie mit den Zähnen und beißen einander, daß sie bluten. Ist eines gefangen, so will jedes vor dem andern in der Schaluppe sein, um es zu retten. Dabei geht es wieder an ein Beißen, Klappern und schreckliches Brüllen; sie weichen auch nicht, so lange eines lebt, und folgen der Schaluppe so lange, bis man sie aus dem Gesichte verliert; denn wegen ihrer Menge hindern sie einander und bleiben zurück."

„Unter hundert Wallrossen sieht man kaum eines mit guten Zähnen; bei den meisten sind sie klein; andere haben nur einen oder gar keinen. Die letztern sieht man leicht für Seehunde an, sind meistens alte, kahle und krätzige, denen die Zähne ausgefallen sind; daher sind sie furchtsam und nehmen die Flucht."

„Auf den Eisfeldern liegen sie wie Schweine durch einander; sie haben aber eine Wache, welche mit den Zähnen den Nachbar schlägt, wenn man herbeirudert. Beim Aufwachen richten sie sich in die Höhe, stellen sich auf die Vorderfüße, brüllen, schlagen mit den Zähnen auf das Eis und sehen erschrecklich aus; sie klettern auch damit hoch auf das Eis, wie die Seehunde. Man muß sich in Acht nehmen, daß man mit den Schaluppen nicht zu nahe kommt, sonst fallen sie herein und stürzen sie um. Am besten faßt die Harpune in dem Augenblick, wo sie von den Eisschollen stürzen, weil dann die Haut gespannt ist; während des Schlafs ist sie locker, und die Harpune dringt nicht ein. Die Harpune muß viel stärker sein, als die für den Wallfisch. Man haut ihnen den Kopf ab, zieht ihn in das Schiff, und nimmt die Hauzähne für die Rheeder oder die Kaufleute; die kleinen Backenzähne werden wenig geachtet. Den Rumpf läßt man schwimmen."

Wallrosse greifen die Boote an.

Auf Parrys zweiter Reise nach dem Nordpol sah man zuerst in der Hudsons-Straße, im Juli 1821 unter 64° Nordbreite und 75° Westlänge, ein Wallroß nebst vielen Robben im Wasser, in der Nähe des Landes. Während des Winters leben die Esquimalen vom Fleische der Seehunde und des Wallrosses, das aber daselbst nicht häufig ist; jenseits des 68.° Nordbreite und 82.° Ostlänge, wurden sie von Stunde zu Stunde zahlreicher, und lagen in großen Heerden auf dem Treibeise. Einige abgeschickte Boote schätzten dieselben auf 200 Stück, welche in abgesonderten Rudeln von 12 bis 30 auf einander lagen. Sie warteten mehrere Schüsse ruhig ab, ließen die Leute landen und zeigten Lust zu einer Schlacht; indessen suchten sie doch ins Wasser zu kommen, wo 3 harpunirt wurden. Eines davon griff wüthend ein Boot an, und beschädigte mehrere Bretter mit seinen ungeheuern Hauern. Viele sammelten sich um die Verwundeten, und schlugen auf dieselben mit ihren Zähnen, entweder um sie aus dem Wege zu schaffen, oder über sie hin zum Gefechte zu kommen. Mehrere hatten Junge, welche sie beim Angriff entweder zwischen die Vorderfinnen nahmen, oder auf dem Rücken forttrugen. Zwei waren Weibchen, und das größte wog 1500 Pfund. Es giebt aber viel größere. Das dem Gebell ähnliche Geschrei, wenn sie zornig sind, hört man zwei englische Meilen weit. Sind sie einmal harpunirt, so thut ein Schuß bessere Wirkung, als eine Lanze, weil sie meist abspringt. Als eines zufällig mit dem Ruder berührt wurde, faßte er dasselbe zwischen die Vorderfüße, wand es dem Mann aus der Hand und brach es entzwei. Sie hatten in dieser Zeit, im Juli 1822, wenig Speck, und gaben daher nicht viel Thran; dagegen ließ man sich das Fleisch schmecken, sobald man den Ekel vor dessen schwarzer Farbe überwunden hatte. Herz und Leber sind wirklich schmackhaft. Im März 1823 bekamen sie ziemlich in derselben Gegend ein Wallroß mit 3 Hauzähnen, alle sehr kurz, 2 auf der rechten Seite dicht hinter einander. Sie hatten Junge; im Juli tödtete man 9 Wallrosse, welche alle Männchen waren; man nahm ein Skelet mit, und dies bekam nachher Cuvier zur Untersuchung und Abbildung. Eine ganze Heerde machte als einige verwundet waren, einen so fürchterlichen Angriff auf die Boote, daß eines sehr beschädigt wurde, und ein anderes wirklich unterging.

Es ist auch das einzige Thier, welches die Esquimalen mit viel mehr Vorsicht angreifen, als den Wallfisch. Das Fleisch schmeckt ihnen besser, als das von den Robben, sie ziehen jedoch das von dem Wildprett allem andern vor.

Die Beutelratte (Didelphis).

Sie gehört zu den Beutelthieren, welche sich dadurch vor andern Thieren auszeichnen, daß sie am Bauche einen Beutel oder eine Tasche haben, worin die zur Welt gebrachten Jungen so lange gepflegt werden, bis sie völlig ausgebildet sind. Selbst dann, wenn die Jungen schon herumlaufen, flüchten sie bei drohender Gefahr in den Beutel. Die zu diesem Geschlechte gehörende Beutelratte ist in Amerika zu Hause, wo sie sich in Gebüschen und Wäldern aufhalten, den Tag über schlafen und nur des Nachts auf Raub ausgehen, der aus Vögeln, Eiern, Insekten und Früchten besteht. Das Thier zeichnet sich durch einen langen Kopf mit spitzer Schnauze, ziemlich große, unbehaarte Ohren und durch einen fast nackten Schwanz aus. Die merkwürdigsten Arten dieser Gattung sind:

Das Opossum (Didelphis virginiana),

das so groß wie eine Katze ist. Es schleicht sich des Nachts in die Häuser, stiehlt die Hühner und säuft die Eier aus. Die Jungen, deren es oft 16 zur Welt bringt, sind ungefähr ein Pfefferkorn schwer, und werden von der Mutter 50 Tage lang im Beutel herumgetragen, bis sie die Größe einer Maus haben. Bei schönem Wetter kommen sie aus dem Beutel heraus, um sich zu sonnen. Das Fleisch dieser Thiere wird von den Amerikanern, bei denen sie fast überall zu Hause sind, als ein Leckerbissen gegessen. — Ferner gehört hierher

Die Aeneasratte (Didelphis dorsigera).

Aeneas, ein trojanischer Held, hatte, wie Ihr vielleicht wißt, seinen Vater Anchises auf dem Rücken aus dem brennenden Troja getragen, was gewiß rührend aussah. Die Aeneasratte macht es fast auch so mit ihren Jungen, indem sie dieselben, wenn sie nicht mehr saugen, auf dem Rücken trägt, wobei die Kleinen ihre Schwänzlein um den Schwanz der Mutter schlingen, was sehr possierlich aussieht. Merkwürdig ist noch, daß die Aeneasratte statt des Beutels an jeder Seite des Bauchs eine Hautfalte hat.

Der kapische Klippendachs (Hyrax capensis).

Das Thier ist nicht viel größer, als ein Kaninchen, und hat einen graulichen, feinen und dichten Pelz. Es hat zwar keinen Beutel, ist aber seinem Gebiß nach, einigermaßen mit den Beutelthieren verwandt. Es lebt in Afrika und Syrien in felsigen Gegenden. Ein gewisser Graf Mellin besaß ein zahmes, und verglich es mit einem Bären, der nicht größer, als ein Kaninchen wäre. Es ist, sagt er, ein ganz wehrloses Thier, das sich weder durch schnelle Flucht, noch durch Zähne oder Klauen retten kann. Jeder große Vogel jagt ihm Furcht ein.

Saß es im Fenster, seinem liebsten Aufenthalte, so sprang es gleich herunter und lief nach seinem Kasten, wenn nur eine Krähe vorüberflog. Es fraß Gras, Brod, Obst, vorzüglich gern Erdäpfel, roh und gekocht. Besonders gern sprang es auf den warmen Ofen. Sein Gehör war sehr leise und es wußte sehr wohl die Stimme und den Gang von denjenigen zu unterscheiden, gegen die es besondere Neigung hatte. Wenn man es rief, so antwortete es mit einer Art von Pfeifen, kam herbei und ließ sich gern auf den Schooß nehmen.

Das Känguru (Halmaturus giganteus).

Die kurzen Vorderbeine und die sehr langen Hinterbeine machen das Thier leicht kenntlich. Es ist etwa so groß, wie ein Schaf.

Sein Haar ist weich, aschgrau und am Bauche weißlich. Sein Vaterland ist Neuholland. Seine Nahrung besteht aus Laub und Blättern.

Das Känguru im Kampf mit Hunden.

„Die Kängurus," sagt Cuminghham, „sind die größten Thiere Australiens. Wenn sie grasen, so gehen sie, unter Beihilfe ihres Schwanzes, auf allen Vieren, und richten sich von Zeit zu Zeit auf, um eine mit den Vorderpfoten abgerupfte Lieblingspflanze in aller Gemächlichkeit zu verzehren. Werden sie gejagt, so hüpfen sie auf den Hinterbeinen mit bewunderungswürdiger Geschwindigkeit, und der auf- und niederschlagende Schwanz hilft ihnen das Gleichgewicht erhalten. Sie springen dann über Bäche und tiefe Abhänge und Buschwerk mit Einem Satze, und die Hunde können ihnen an solchen Stellen nichts anhaben; auf der Ebene aber, wo sie leicht ermattet werden, packen die Hunde sie gewöhnlich an den Lenden, werfen sie um und erwürgen sie durch einen Biß in die Gurgel. Einzelne Hunde wagen sich aber nicht leicht an ein großes Känguru, das, wenn es recht stark ist, bisweilen mit 3, ja 4 an ihm hängenden Hunden davonhüpft. Kommt einem solchen ein Hund zu nahe, so richtet es sich häufig auf seinen Hinterpfoten und Schwanz in die Höhe und dreht sich rund herum, dem Hunde stets entgegen, den es mit den Vorderpfoten abwehrt oder ergreift, und wie ein Bär umarmt, indem es ihn mit den scharfen Klauen seiner kräftigen Hinterfüße aufschlitzt. Nicht selten verwunden und tödten sie Hunde mit dieser gefährlichen Waffe, welche selbst der Jäger scheut. Die beste Zeit zur Jagd des Kängurus ist des Morgens, wenn der Thau noch auf dem Grase liegt. Ist ein Fluß oder ein Teich in der Nähe, so kann man sicher sein, daß die Känguru's vor den Hunden ihre Zuflucht dahin nehmen. Die große Länge ihrer Hinterbeine und

Schwänze macht es ihnen leicht, mitten im Wasser auf festem Boden zu stehen, während die angreifenden Hunde schwimmen müssen. Ganz ernsthaft steht das Känguru in der Mitte seiner ringsum schwimmenden Feinde, indem es fortwährend um sich blickt und seine Vorderpfoten bereit hält, jeden, der ihm zu nahe kommt, damit zu packen und unterzutauchen. Das Sprudeln und Strampeln seines Gefangenen ist ihm ganz gleichgültig, hat auch gewöhnlich bald ein Ende, wenn ihm nicht ein muthiger Kamerad zu Hilfe kommt und das Känguru nöthigt, jenen fahren zu lassen. Der Befreite lief dann so schnell als möglich ans Ufer, schüttelt die Ohren, und ist auf keine Weise zu einem zweiten Angriff zu bewegen. Werden die weiblichen Känguru's von Jägern hart bedrängt, so bleiben sie zuweilen plötzlich sitzen, greifen mit den Vorderpfoten in die Tasche und werfen ihr Junges heraus, um leichter fliehen zu können. Dies geschieht indeß nur im höchsten Nothfalle, und rührend ist es, die zärtlichen Blicke zu sehen, welche sie nach dem hilflosen Opfer von Zeit zu Zeit zurücksenden. Sind sie dagegen in Ruhe und grasen, so ist es lustig anzusehen, wie das Junge den Kopf aus der Tasche heraussteckt, um die zarten Spitzen der Gräser abzunagen."

Der Biber (Castor).

Von diesem berühmten Baumeister habt Ihr gewiß schon Manches gehört. Er hat ungefähr die Größe eines mittelmäßigen Hundes, einen verhältnißmäßig kleinen Kopf, eine kurze, dicke Schnauze, kleine Augen, kurze, runde behaarte, Ohren, einen hochgewölbten Rücken und einen breiten, platten, schuppigen Schwanz. Die Beine sind nur 5 Zoll lang, die 5 Zehen an den Vorderfüßen haben lange, scharfe Nägel und sind von einander getrennt. Die hintern sind durch eine Schwimm-

haut verbunden, und haben breite, stumpfe Nägel. Er ist ein vortrefflicher Schwimmer, sein Gang ist aber schwerfällig. In der Gegend des Afters hat er 2 Säckchen, in denen sich eine zimmtartige, fette Substanz von starkem Geruch und bitterm Geschmack befindet, welche Bibergeil heißt.

Ueber die Lebensart des Bibers und seine Kunstfertigkeit wollen wir einen Augenzeugen hören.

Lebensart der Biber.

„Cartwright, welcher ein Dutzend Jahr lang in Labrador gelebt hat, erklärt fast alle Erzählungen über den Haushalt des Bibers für Märchen, die sich nur auf Hörensagen gründeten. Anfangs Augusts machen sie unter dem Wasser ins Ufer ein Loch, schief nach oben, mischen unter die ausgescharrte Erde Holzstücke und Steine, und machen einen

4—7 Schuh hoch über die Boden-Ebene hervorragenden Hügel 10—12 Schuh in großem und 8—9 in kleinem Durchschnitt, und höhlen denselben so zu ihrer Wohnung aus, daß sie immer über dem höchsten Stande des Wassers bleibt. Sie hat an der Vorderseite einen bis drei schräge Gänge ins Wasser, unter dem sie immer aus- und eingehen. Sie hat nur eine Kammer, gewölbt wie ein Backofen, der Boden mit kleinen Spänen bestreut, neben dem Mundloch eine Vorrathskammer mit Wurzeln von der Seerose und Aesten, oft einen Karren voll. Sie sammeln und arbeiten unaufhörlich an der Wohnung, bis sie das Eis hindert. Ist das Wasser zu seicht, so machen sie einen Querdamm von Holzstücken, Steinen, Schlamm und Sand, so fest, daß man darüber gehen kann. Wird das Wasser doch nicht tief genug, so machen sie ihre Wohnung einige Schritte vom Ufer in das Wasser selbst, indem sie die gesammelte Erde aufhäufen. Das Wasser muß wenigstens 3 Schuh über dem Mundloch stehen, wenn es nicht durch das Eis versperrt werden soll. Am liebsten bauen sie auf Inseln, und zwar an der Südseite derselben. Nach der Landseite hat die Wohnung keinen Ausgang. Steigt das Wasser einmal zu hoch, so machen sie in die Kuppel ein Loch und entfliehen."

„Manchmal bleiben sie 3—4 Jahre in derselben Wohnung, manchmal bauen sie jährlich eine neue oder bessern eine alte aus, bauen auch eine an die alte und setzen sie mit ihr in Verbindung. Es ist nicht glaublich, daß sie sich des Schwanzes als einer Kelle bedienen, sondern sie scheinen mit den Füßen die Wände zu glätten. Sie sitzen wie Affen, und bringen die Nahrung mit den Pfoten zum Maul. Im Sommer laufen sie herum und schlafen im Gebüsch. Sie gehen sehr langsam, wehren sich aber und beißen Hunden die Beine ab. Können sie dem Jäger nicht mehr entfliehen, so setzen sie sich aufrecht und schreien, wie kleine Kinder. Von den Fischottern werden ihnen bisweilen die Jungen gefressen."

„Sie selbst fressen weder Fische, noch irgend etwas Thierisches; ihre einzige Nahrung besteht in Blättern und Rinden von Laubholz oder den Wurzeln der Seerose; sie lieben am meisten Aspen und Birken, vorzüglich junge Bäume von der Dicke eines Stocks fällen sie auf einen Hieb; dickere nagen sie an einer Seite, sehr dicke rings um ab, aber so, daß sie ins Wasser fallen. Dann beißen sie die Aeste ab, theilen sie in Stücke, und ziehen sie mit den Zähnen fort. Sehr fett werden sie von der Seerose, schmecken aber unangenehm, gut dagegen, wenn sie Birkenrinden fressen. Sie nehmen von der Mitte Juli bis in den September zu, im Winter ab und sind im Mai ganz mager. Vom Vorrath fressen sie erst, wenn der Teich zugefroren ist, die Rinde, und werfen das Holz ins Wasser. Sie paaren sich im Mai, werfen 2—4 Junge Ende Juni, welche bis zum dritten Jahre mit den Alten leben, sich dann paaren und eine eigene Burg bauen. Haben sie genug Vorrath und werden sie nicht beunruhigt, so bleiben oft zwei Familien beisammen. Ein alter, ausgeweideter wiegt 45 Pfund, junge 34."

Zahme Biber.

„Ich wurde," erzählt ein anderer Reisender, „im September von den Wilden, mit Namen Saki, am Huron-See, zum Essen eingeladen. Es wurde aufgetragen: Fleischsuppe, Fische, eine Rehzunge mit Cotelet, 2 Waldhühner, eine hintere Bärentatze und ein Biberschwanz, alle drei gebraten; man trank dazu verdünnten Syrup von Ahornsaft, der sehr gut schmeckte. Ich sah in diesen Dörfern nichts merkwürdiges, als Biber, so zahm, wie Hunde, sowohl im Bach, als in den Hecken, wo sie ungestört hin und her liefen. Sie gehen bisweilen ein ganzes Jahr lang nicht ins Wasser, obschon sie nicht zu den sogenannten Grubenbibern gehören, welche nur um zu saufen, an den Bach kommen, und nach der Meinung der Wilden wegen ihrer Faulheit von den andern fortgejagt wurden. Ihre Haare sind sehr abgerieben. — Es ist nicht wahr, daß sich die Biber das Bibergeil selbst ausreißen, damit sie der Jäger nicht weiter verfolge.

Es hat übrigens keinen so hohen Werth, als die Felle, um derentwillen man sie fängt. Ein großer Biber ist vom Hinterhaupt bis zur Schwanzwurzel 29 Zoll lang, der Kopf 7, der Schwanz 14. Der Umfang des Leibes ist 3 Schuh 8 Zoll; Kopf 6 Zoll breit, so der Schwanz und 1 Zoll dick. Seine Gestalt ist länglich oval, und er hat ziemlich sechseckige Schuppen; er schleppt darauf Schlamm, Gerölle und alle anderen Baumaterialen herbei. Die Ohren sind kurz, rund und eingesenkt, Vorderbeine 5 Zoll lang, vom Handgelenk bis zur Fingerspitze 3½, die Hinterbeine 6¾ Zoll, mit einer Schwimmhaut. Die Augen klein, wie bei den Ratten; Schneidezähne 1 Zoll lang, ¼ breit und schneiden, wie ein Säbel. Sie fällen damit Bäume, so dick, wie eine Tanne; ich habe 20 dergleichen abgehauene Bäume gesehen. Der Pelz besteht aus zweierlei Haaren, aus langen, schwärzlichen, wie Roßhaar, und aus sehr feinen, im Winter 15 Zoll lang: ihretwegen werden sie gefangen. Solch ein Fell wiegt 2 Pfund. Das Fleisch ist im Herbst und Winter sehr gut, doch nur gebraten. Es geht gewöhnlich das ganze Dorf auf ihren Fang aus. Ihre Häuser sind wahre Meisterstücke der Baukunst."

Der Ai (Bradypus tridactylus).

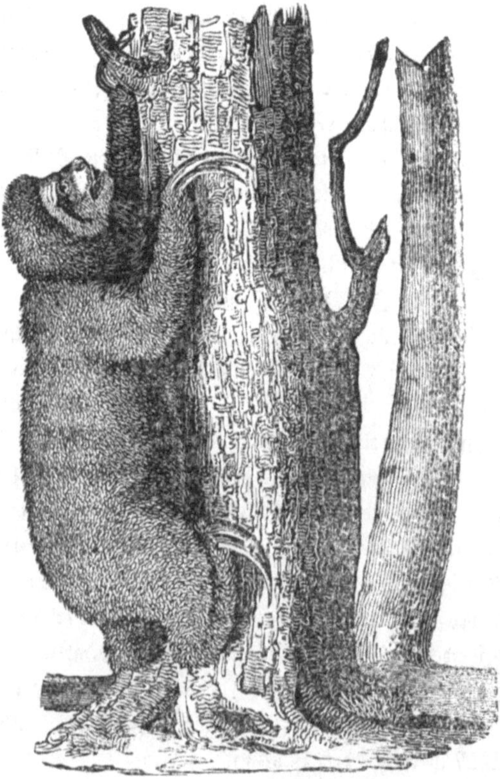

Wir werden jetzt mehrere ganz wunderbar gestaltete Thiere kennen lernen, welche die Klasse der sogenannten zahnlosen Säugethiere ausmachen. Sie haben nämlich keine Schneidezähne, aber große Nägel, welche die Spitzen der Zehen umfassen. Zu denselben gehören die Faulthiere, die ihren Namen nicht ganz mit Unrecht führen, weil sie sich wirklich sehr langsam bewegen. Der Ai, eins von diesen Faulthieren, hat seinen Namen von dem Tone Ai, den er aber nicht zweisilbig, sondern nur einsilbig hören läßt. Es hat etwa die Größe einer starken Katze, und ist überall mit zotteligen, röthlich grauen Haaren bedeckt, unten sieht es weißlich aus; das Gesicht ist nackt und schwarz. Es ist ein hilfloses Wesen, und in Brasilien bei der zunehmenden Bevölkerung fast ausgerottet. Es lebt fast nur auf Bäumen, und wird daher selten eine Beute der Raubthiere. Trifft man es auf dem Boden an, so kann man sich des Staunens über dies sonderbare Thier nicht enthalten. Seine wahrhaft komischen, langsamen Bewegungen geschehen mit einem kläglichen Ausdruck, die matten, kleinen und feuchten Augen sind ohne Glanz und Leben, der lange Hals mit dem kleinen Kopf wird hoch ausgestreckt, der Vorderkörper etwas aufgerichtet, und einer der Arme bewegt sich sogleich, um den Feind zu umklammern. Das ist die einzige Vertheidigung dieses hilflosen Thieres. Die Stärke seiner Arme ist aber gewaltig, und man kann sich nur mit Mühe von ihnen befreien.

Das gemeine oder schwarze Gürtelthier (Dasypus novemcinctus).

Die Gürtelthiere sind mit einem Panzer von knochenartigen, vieleckigen Täfelchen bedeckt, welche in der Mitte des Leibes bewegliche Gürtel bilden. Sie haben große Klauen und Ohren. Ihr Fleisch besonders das des gemeinen Gürtelthiers, ist sehr schmackhaft. Letzteres

findet sich besonders in Brasilien sehr zahlreich. Man trifft es dort in Wäldern und Haiden, wo es in Höhlen wohnt und von Pflanzen und Thieren lebt. Man gräbt es auf oder fängt es in Schlagfallen, wo es oft noch einen ganzen Tag lebt, indem die Seitenpanzer den schweren Schlagbaum aufhalten.

Der Ameisenfresser (Myrmecophaga).

Ihr Name lehrt schon, wovon sie leben. Aus ihrem walzigen Kopf stecken sie ihre lange, wurmförmige Zunge in einen Ameisenhaufen, und ziehen sie dann wieder zurück, wenn sie voll Ameisen ist.

Ein Ameisenfresser in der Gefangenschaft.

„Duperrey kaufte 1824 einen Ameisenfresser in Neuholland, und hatte es längere Zeit lebendig. Als er es bekam, hatte man es seit 2 Monaten mit allerlei Pflanzennahrung gefüttert, obschon die Zunge auf Ameisennahrung hinweiset. Man bekam es aus den Wäldern, wo es sich unter den Bäumen Höhlen in die Erde gräbt. Man sagte, es fresse Mäuse, obschon der Mangel an allem Gebiß nicht dafür spricht. Er sperrte es in eine Kiste mit Erde, und gab ihm auf den Rath des Verkäufers Gemüse, Suppe, frisches Fleisch, was es aber alles nicht anrührte; Wasser dagegen schlappte es sogleich mit seiner 2—3 Zoll langen Zunge, wenn es ihm angeboten wurde. So lebte es 3 Monate, bis er mit ihm auf der Insel Moritz ankam, wo man ihm Ameisen und Regenwürmer geben konnte, die es aber auch nicht fraß; Cocosmilch dagegen schien es sehr zu lieben, und so hoffte er, es lebendig nach Europa bringen zu können, aber 3 Tage vor der Abreise fand er es todt, scheinbar ohne Ursache; wahrscheinlich hatte es sich jedoch vergiftet. Weil es ihm nicht lange in der Kiste gefiel, ließ er es frei herumlaufen, und dann brachte es eine Nacht in der Jagdtasche zu, worin sich Arsenikseife befand."

„Von 24 Stunden brachte es gewöhnlich 4 zu, um herumzuschwärmen. Begegnete es einem Hinderniß in seinem Wege, so suchte es dasselbe wegzuschaffen, und nahm nicht eher eine andere Richtung, als bis es die Unmöglichkeit bemerkte; wahrscheinlich eine Folge von der Gewohnheit des Grabens. Es wählte ein Eck des Zimmers, um seinen Unrath zu lassen, und ein anderes, dunkeles, von einer Kiste verstelltes, zum Schlafen. Der Koth ist schwarz, weich und sehr stinkend, was ohne Zweifel von der Art seiner Nahrung auf dem Schiffe herkam.

Beim Stallen verbarg es sich, als wenn es sich schämte. Bei seinem Herumwandeln im Zimmer lief es oft einige Zeit hin und her, ohne die gewählten Gränzen zu überschreiten. In einer Minute machte es 36—39 Schuh, obschon sein Gang schwerfällig und schleppend war."

„Eines Tages unterließ es den gewöhnlichen Spaziergang. Er zog es aus seinem Winkel und rüttelte es stark. Es zeigte so schwache Bewegungen, daß er glaubte, es würde sterben; daher trug er es in die Sonne, rieb ihm den Bauch mit einem warmen Tuch, wodurch es allmählich sich erholte und seine gewöhnliche Munterkeit erhielt. Einige Zeit nachher blieb es 48, 72—78 und selbst 80 Stunden hinter einander liegen; allein er wußte nun, daß es schläft, und kümmerte daher sich nicht darum. Weckte er es auf, so wiederholte sich derselbe Vorgang, und es erhielt seine Munterkeit nur, wenn es selbst aufwachte, was oft zu derselben Stunde geschah; bisweilen lief es doch auch des Nachts herum, aber so still, daß er es nicht gemerkt, wenn es nicht an seinen Füßen geschnüffelt hätte. Sein größtes Vergnügen bestand darin, die Nase in einen Schuh zu stecken."

„Sein Naturell ist mild und zutraulich, und es läßt sich gern streicheln. Es war jedoch furchtsam, kugelte sich beim geringsten Geräusch zusammen, wie ein Igel," so daß man die Nasenspitze nicht mehr sah, und das that es, so oft er neben ihm mit dem Fuß stampfte; hörte das Geräusch auf, so streckte es sich langsam wieder aus."

„Es ging immer mit hängendem Kopfe, als wenn es in Betrachtungen vertieft wäre. Seine keineswegs weiche und beweglich lange Nase dient ihm als Fühlorgan, womit es sich wahrscheinlich des Nachts zurecht findet; die Spitze ist weich. Die Augen sind sehr klein; die Ohrmuscheln, welche man sehr gut sah, wenn es horchte, lassen sich mit nichts besser vergleichen, als mit dem Ohr einer Eule."

Das Schnabelthier (Ornithorhynchus).

Sie sehen der oben bereits beschriebenen Fischotter sehr ähnlich und sind sehr merkwürdige Thiere. Man hat lange sich herumgestritten, ob sie wirklich zu den Säugethieren gehören, da sie sich durch einen Schnabel, welcher ziemlich die Gestalt eines Entenschnabels hat, so sehr von ihnen unterscheiden. Ihr sollt jetzt, liebe Kinder, dies interessante Thier aus der Beschreibung des Herrn Bennet kennen lernen, welcher 1832 deshalb nach Neuholland reisete, um die Lebensart dieses lang bestrittenen Thieres zu beobachten.

Das Schnabelthier von G. Bennet 1832 beobachtet.

„Im September sah G. Bennet am Yasflusse in einem Altwasser, wo es viele Wasserpflanzen giebt, unter welchen die Schnabelthiere ihre Nahrung suchen, und an dessen steilem und schattigem Ufer ihre Höhlen graben, eines rudern, den Rücken gerad in der Wasserhöhe und den Kopf etwas hervorgestreckt. Sie sehen und hören sehr gut, verschwinden daher beim geringsten Geräusch, und lassen sich selten wieder sehen. Sie spielen und rudern nicht länger, als 1 oder 2 Minuten, tauchen dann unter, kommen aber bald mit einem hörbaren Platzen wieder herauf. Meistens schwimmen sie von Wasserpflanzen bedeckt. Man schießt sie beim Wassertauchen, und läßt sie durch Hunde holen. Verwundet man sie nur, so sinken sie unter, kommen aber bald wieder und öfters hervor, so daß man wieder schießen kann; jedoch entkommen sie leicht zwischen Wasserpflanzen und Schilf. Sie geben keinen Laut von sich. Obschon er ein angeschossenes Männchen, welches stark zappelte, so hielt, daß es ihn mit dem Sporn verwunden konnte, so that es dieses doch nicht, später auch nicht unverwundete. Die Eingeborenen behandeln sie auch ohne alle Furcht."

„Am 7. Oktober besuchte er die Höhle, welche im Sommer von den Eingeborenen aufgegraben worden war, um ein Thier zu bekommen, weil sie es gern essen. Der Eingang war ein Schuh über dem Wasser, unter Gras im Gebüsch, an einem steilen Ufer schlangenförmig und gegen 20 Schuh lang. Im Dezember vorher hatte man 3 Junge darin gefunden, 6—8 Zoll lang und behaart; außerdem ist noch ein Eingang unter dem Wasser, durch welchen sich das Thier rettet, wenn es nach dem Untertauchen nicht wieder zum Vorschein kommt. Um die Höhlen aufzusuchen, bemerken die Wilden die Tritte auf dem nassen Boden, langen sodann einen Klumpen Schlamm heraus, um zu sehen, ob frische Tritte darin sind."

„Ein angeschossenes Weibchen kam zu Hause wieder zu sich, und rannte schnell im Zimmer herum, um ein Schlupfloch aufzusuchen. Sie können wegen ihrer starken Hautmuskeln sich so zusammenziehen, daß sie durch kleine Löcher kommen, wo man es für unmöglich gehalten hätte. Man war kaum im Stande, es mit den Händen zu erhalten, jedoch versuchte es nie zu beißen oder zu verletzen. Er band es mit den Hinterfüßen an, es kratzte aber unaufhörlich und so lange, bis es ganz erschöpft war, heftig schnaufte und einen winselnden Ton von sich gab, der Mitleiden erregte. Es starb während der Nacht."

Vom Fang des Schnabelthiers.

„Am 8. Oktober fanden sie wieder die Spuren im nassen Boden, und 2—4 Schuh vom Wasser entfernt eine Höhle unter dem Gesträuch. Sie sahen auch zwei im Wasser plätschern. Ein Wilder sagte, man würde jetzt vergebens nach Jungen graben, sie kämen erst später, im vorigen Sommer, mehr als nach einem Monat. Die Gefangenen nährten sich zuerst mit der Milch von ihren Müttern, und dann bekamen sie Brod, Yam u. s. w. zu fressen. Der Gang wurde aufgegraben. Zuerst steckte der Wilde eine Stange hinein, um die Richtung zu suchen; der Eingang war über einen Schuh weit, die Fortsetzung aber viel länger. Um nicht zu viel Arbeit zu haben, senkt man oben von Stelle zu Stelle ein Loch hinein, bis man den Kessel erreicht. Als sie ein solches 10 Schuh vom Eingang durchgesenkt hatten, sahen sie den Schnabel eines Thieres herausgucken, als wenn es sehen wollte, was vorging. Es kehrte sogleich um, wurde aber an einem Hinterfuß ergriffen und herausgezogen. Es war in großer Angst, ließ den Unrath und den Harn von sich, der stark roch, schrie aber nicht und suchte nicht zu beißen. Es war ein ausgewachsenes Weibchen. Man setzte es in eine Tonne mit Schlamm, Gras und etwas Wasser, aus der es anfangs zu entkommen suchte, aber endlich ruhig wurde und einschlief. Während der Nacht lief es aber wieder herum, stand an den Wänden in die Höhe und kratzte heftig, um sich einen Ausweg zu erscharren. Des Morgens schlief es wieder sehr zusammengebogen, den Schwanz einwärts und den Kopf unter die Brust geschlagen. Gestört brummte es bisweilen wie ein junges Hündchen. Der Eingang zu seiner Höhle war 5 Schuh vom Wasser, unter langem Grase versteckt, so daß also Niemand die Jungen kann saugen sehen. Der Gang war 20 Schuh lang und ging allmählig aufwärts, fast bis an die Oberfläche der Erde, enthielt aber noch kein Nest, das sonst aus trockenem Grase besteht. Einige Tage nachher ließ man es an einer langen Schnur ins Wasser, in dem es den Strom hinauf schwamm, sich besonders an den Stellen aufhielt, wo am meisten Wasserpflanzen waren, und mit dem Schnabel, wie die Enten, im Schlamm schnupperte, wahrscheinlich um Insectenlarven zu suchen; dann kroch es auf das Ufer, legte sich ins Gras, kratzte und rollte sich behaglich herum. So putzte es sich länger, als eine Stunde, und bediente sich dabei vorzüglich der Hinterfüße, mit denen es, wegen seiner Biegsamkeit, leicht den Kopf erreichen kann. Nach herumfliegenden Insecten schnappte es nicht. Am 17. war es entflohen."

Drei gefangene Schnabelthiere.

„Am 24. Dezember grub man" erzählt Bennet weiter, „am Wollundillyfluß in der Goulburn-Ebene einen 35 Schuh langen Gang auf. Als sie das letzte Loch einsenkten, hörten sie ein Knurren, und fanden 2 ganz behaarte Junge, schlafend zusammengerollt, 10 Zoll lang in einem Nest von Wasserpflanzen, der Oberhaut von Schilf und kleinen Graswurzeln. Sie haben bisweilen 4 Junge, und es giebt Gänge von 10 Schuh Länge. Die Eingeborenen behaupten, sie wären schon 8 Monat alt."

„Bald darnach wurde ein Weibchen, wahrscheinlich die Mutter, in der Nähe gefangen. Es sah sehr schlecht aus, war sehr schwach, der Pelz und die Hinterklauen abgerieben, und die Milch, welche man ausdrücken konnte, betrug sehr wenig, was übrigens von einer Mutter von so großen Jungen nicht anders zu erwarten war."

„Die Jungen schlafen in verschiedenen Lagen, bald ausgestreckt, bald zusammengerollt, wie ein Igel, und in der Kiste bildeten sie eine interessante Gruppe, und schienen glücklich und zufrieden. Das eine lag gebogen, wie ein Hund, und hielt den Schnabel warm unter dem darüber geschlagenen, breiten Schwanz; das andere lag ausgestreckt auf dem Rücken, und ruhte mit dem Kopf auf dem Leibe der Mutter, welche auf der Seite lag. Der zarte Schnabel und der glatte, schmucke

Pelz der Jungen stach sehr gegen den rauhern und schmutzigern der Mutter ab. Am liebsten liegen jedoch die Jungen, wie eine Kugel, zusammengerollt. Wurden sie im Schlafe gestört, so entstand ein allgemeines Knurren. Die Jungen konnte man im Zimmer herumlaufen lassen, das alte aber beschädigte mit Kratzen die Wände so sehr, daß man es in der Kiste lassen mußte, wo es des Tags sich mit den Jungen herumtummelte, des Nachts aber zu entkommen suchte. Läßt man sie 15—20 Minuten lang in tiefem Wasser, so werden sie matt und ersaufen, wenn sie nicht in seichtes Wasser kommen können."

„Bisweilen spielen sie mit einander, wie junge Hunde, indem sie sich mit ihren Kiefern angreifen, und die Pfoten gegen einander erheben. Wenn sie rennen, so sind sie außerordentlich belebt; ihre kleinen Augen funkeln, und die Ohröffnungen erweitern und verengern sich sehr schnell. Nimmt man sie in die Hände, so zappeln sie heftig, und ihre lose Haut macht, daß man sie fast nicht halten kann. Stößt und streichelt man sie, so freuen sie sich darüber, öffnen den Mund, beißen sanft in die Finger, und tummeln sich herum, wie kleine Hunde. In seichtem Wasser sind sie außerordentlich lustig, jagen einander, überschlagen sich, und begeben sich sodann ins Trockene, um den Pelz mit den Füßen zu reinigen, wobei sie wieder sehr glänzend werden. Sie bleiben selten über 10—15 Minuten im Wasser, und dann suchen sie Ruhe. Da ihre Augen hoch am Kopfe stehen, so können sie nicht gut vor sich sehen, und stoßen daher an Alles im Zimmer, so daß sie leichtere Gegenstände umwerfen. Sie klettern mit großer Geschicklichkeit auf Schränke und dergleichen, indem sie den Rücken an die Wand stemmen, und mit den Hautmuskeln und den Klauen sich empor arbeiten. Sie sind weder ausschließlich Tag-, noch Nachtthiere, indem sie zu allen Zeiten herumlaufen und schlafen; ziehen jedoch die kühlen und düstern Abende dem heißen und hellen Mittag vor; während oft das eine schläft, streicht das andere herum. Ihre Nahrung bestand in eingeweichtem Brod, gehackten Eiern und fein geschnittenem, gekochtem Fleisch; Milch schienen sie dem Wasser nicht vorzuziehen."

„Diese Munterkeit dauerte aber nicht lange, sie fraßen wenig, magerten ab, der Pelz verlor das glatte, schöne Ansehen; war er naß, so blieb er verwirrt, und ihr Ansehen wurde endlich so schlecht, daß es Mitleiden erregte. Die Mutter starb am 1. Jänner 1833, das junge Weibchen am 29., das Männchen am 2. Hornung; er hatte sie daher nur gegen 5 Wochen lebendig.

Der Elephant.

Ihr habt, liebe Kinder, Gelegenheit gehabt, die Klugheit der Hunde, die Kunstfertigkeit der Biber und die Gewandtheit der Affen zu bewundern. Im Elephanten findet Ihr diese Eigenschaften unter sich vereinigt. Er ist, trotz seiner Größe und Schwere, das hurtigste, geschickteste, gescheidteste, gelehrigste und verständigste Thier. Nicht wie ein Sclave, sondern wie ein freier, einsichtsvoller Mann leistet er dem Menschen seine Dienste. Er trägt die ihm übergebene Last mit der größten Vorsicht, schützt sie vor jeder Beschädigung, legt unter Fässer, die fortrollen wollen, Steine, schichtet Balken gehörig über einander und verrichtet Alles, was ihm sein Diener anbefiehlt, auch wenn sich dieser entfernt hat. Ehe noch das Schießpulver erfunden war, brauchte man die Elephanten auch im Kriege, was noch in den Ländern geschieht, wo die Feuergewehre noch nicht eingeführt sind. Man bindet ihnen Säbel an den Rüssel, und läßt 5—6 Soldaten ihren Rücken besteigen. Seines Rüssels, welcher eine Verlängerung der Nase ist,

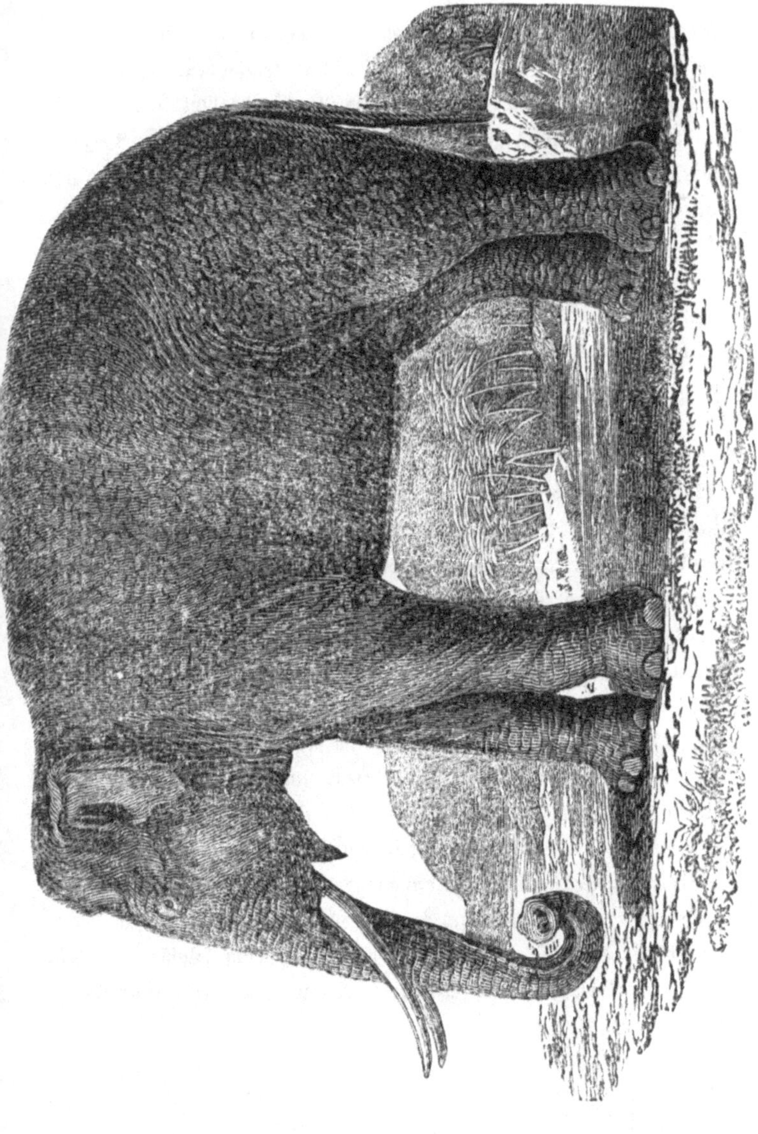

bedient sich der Elephant gleichsam wie einer Hand. Er kann damit Münzen aufheben, Flaschen entpfropfen und dergleichen. Seine Nahrung nimmt er nur aus der Pflanzenwelt. Er braucht freilich täglich an 100 Pfund, leistet aber auch mehr, als 6 Pferde. Der Elephant gehört, wie die nächstfolgenden, zu den hufigen Thieren, macht aber eine für sich bestehende Art aus. Wir werden ihn am besten aus folgenden Geschichten kennen lernen.

Der Elephant als Kinderwärter.

Als großen Beweis von der Klugheit und Anhänglichkeit des Elephanten können wir anführen, daß eine Mutter einem Elephanten ihren Säugling zur Aufsicht übergab, während sie einem Geschäfte nachging. Es gewährte einen höchst unterhaltenden Anblick, wie die große Wärterin emsig und klug ihr Amt verrichtete. Das Kind wollte nicht auf einer Stelle liegen bleiben, sondern kroch zwischen den Beinen des Elephanten oder unter den Zweigen herum, die er abfraß. Wenn es sich darin verwirrt hatte, machte es das Thier auf das Sanfteste frei, indem es das Kind heraushob oder das hinwegräumte, was im Wege lag. War das Kind bis an die äußerste Grenze des Raums gekrochen, den der Elephant erreichen konnte, der angebunden war, so streckte er den Rüssel aus und hob es so sorglich und vorsichtig als möglich wieder an die Stelle zurück, wo es im Anfange gelegen hatte, und ohne dem Kinde im Geringsten weh zu thun, das an die Gesellschaft dieser Riesenwärterin gewöhnt zu sein schien.

Bei der Belagerung von Seringapatam mußte man mehr als einen Geschützpark über ein sandiges Flußbett schaffen, in dem, wie in andern Flüssen der Halbinsel den Sommer über nur wenig Wasser war, desto mehr aber Triebsand. Ein Artillerist, der auf der Lafette einer Kanone saß, fiel durch irgend einen Zufall herunter, und zwar so, daß in höchstens 2 Sekunden das Hinterrad über ihn weggehen mußte. Der Elephant, welcher hinter der Kanone ging, bemerkte die Gefahr, hob augenblicklich und ohne von seinem Cornac oder Führer dazu veranlaßt worden zu sein, mit dem Rüssel das Rad empor, und hielt es so lange, bis die Kanone über den Gefallenen glücklich hinweg war."

Ein Elephant zermalmt einen Jäger.

„Karl Krieger war ein unermüdlicher, furchtloser Jäger, dabei ein trefflicher Schütze und wagte sich oft in die größte Gefahr. Einmal verfolgte er mit seinen Begleitern einen verwundeten Elephanten, als sich dies gereizte Thier plötzlich umdrehte, seinen Gegner mit dem Rüssel ergriff, hoch empor hob, und dann mit fürchterlicher Kraft an den Boden warf. Die Gefährten entflohen mit der größten Eile und vermochten nicht, nach dem Ort hinzublicken, wo das schreckliche Trauerspiel statt fand. Am nächsten Tage begaben sie sich aber wieder dahin, lasen die wenigen Knochen zusammen, die sie finden konnten, und begruben sie an der Quelle. Der wüthende Elephant hatte den Körper seines Gegners nicht blos im buchstäblichen Sinne in Stücke zermalmt, sondern diese einzeln noch in den Staub getreten, so daß von dem unglücklichen Jäger nichts übrig geblieben war, als einige größere Knochen."

Ein Elephant besinnt sich.

Mistreß Heber erzählt in ihrem Tagebuche, daß ein Elephant, der einen Menschen schon mit seinem Rüssel ein beträchtliches Stück weit geschleudert, schon den Fuß auf den Körper desselben gesetzt hatte, plötzlich andern Sinnes zu werden geschienen habe und fortgegangen sei, ohne ihm weiter etwas zu Leide zu thun.

Elephanten im Bade.

„Als wir uns dem Ufer näherten," erzählt der verstorbene Bischof von Calcutta, „ungefähr eine Viertelstunde von den verödeten Pallästen von Dacca, hohen, dunklen Massen von Schlössern und Thürmen, die mit Epheu überwachsen sind, hörte ich einen Ton, der aus dem Wasser selbst zu kommen schien, auf dem wir hinfuhren, den sonderbarsten und feierlichsten Ton, den ich je vernommen. Er war gedehnt, laut, tief und bebend, etwas zwischen dem Brüllen des Stiers und dem Blasen des Wallfisches. „Ach" sagte Abdallah in gebrochenem Englisch, „da baden sich Elephanten." Ich sah mich sogleich um, und erblickte ungefähr 20 dieser schönen Thiere, von denen nur die Köpfe und die Rüssel aus dem Wasser hervorsahen. Ihr Brüllen war der Ton, den ich gehört hatte."

Ein Elephant hat Mitleid mit einem verwundeten Soldaten.

Ein Elephant; der durch die Wunden wüthend gemacht worden war, welche er in einer Schlacht erhalten hatte, rannte unter schrecklichem Geschrei auf dem Schlachtfelde herum. Vor ihm lag ein armer Soldat, der sich nicht bewegen konnte, und der Tod desselben schien gewiß zu sein; denn alle seine Cameraden waren geflohen. Das große Thier hob ihn mit dem Rüssel auf, um ihn nicht zu treten, legte ihn auf die andere Seite und setzte sodann seinen Weg fort.

Ein Elephant jagt den Kameelen Furcht ein.

Einige junge Kameele folgten der englischen Armee in Ostindien, und man kam in die Nothwendigkeit, sie in einem flachen Boote über den Dschumma zu bringen; die Neuheit der Sache erregte aber ihre Furcht in einem solchen Grade, daß es fast unmöglich zu sein schien, sie in die Böte zu bringen. Ein Mohaut (Elephantenwärter) rief darauf seinen Elephanten und verlangte von ihm, er solle die Kameele in die Böte treiben. Das Thier stellte sich augenblicklich ganz wüthend, blies durch den Rüssel, schüttelte die Ohren, brüllte, schlug rechts und links auf den Boden, und warf den Staub in Wolken um sich herum, dadurch erregte es in den Kameelen eine noch weit größere Furcht, als die vor den Böten, und sie sprangen nun plötzlich in dieselben, worauf der Elephant wieder ganz ruhig und gemächlich auf seinen Platz zurückging.

Ein Elephant vergießt Thränen der Reue.

Ein wüthender Elephant riß sich in einer finstern Nacht in einem Lager bei Cawnpur los, rannte wild und unter lautem Gebrüll unter den Zelten umher, und trieb Männer und Weiber, Kinder, Kameele, Kühe und Pferde vor sich her. Bewaffnete verfolgten ihn unter lautem Geschrei; aber unbekümmert rannte er weiter, riß die Zelte ein und stürzte Alles um, was ihm im Wege stand, verwundete und verletzte viele Personen, und tödtete endlich seinen Wärter durch einen Schlag mit seinem fürchterlichen Rüssel. In dem Augenblicke als der arme Mann fiel, und der Elephant sah, daß er nicht wieder aufstand, blieb er plötzlich stehen, schien verlegen, blickte betrübt um sich und rührte sich nicht. Als er einige Augenblicke so dagestanden, lief er an den

Ort zurück, wo er sich losgerissen hatte, und ging ruhig an seinen Stand, vor dem ein kleines Mädchen von ungefähr zwei Jahren, die Tochter seines unglücklichen Wärters, lag. Dies Kind faßte er vorsichtig um den Leib, hob es vom Boden auf und liebkosete es eine Zeit lang. Allen Umstehenden war bange um das Kind und sie glaubten, es würde das Schicksal seines Vaters theilen müssen. Aber nein, nachdem es der Elephant dreimal herumgedreht hatte, legte er es ruhig nieder, und zog die Decke, welche von demselben gefallen war, wieder darüber. Dann stellte er sich vor das Kind, heftete die Augen auf dasselbe, „und wenn ich," sagt der Erzähler, „die reuige Thräne nicht aus seinem Auge habe fallen sehen, so habe ich keine in meinem Leben gesehen." Dann ließ er sich von den andern Wärtern wieder geduldig anbinden, blieb bewegungslos und traurig stehen, als wenn er gewußt, daß er etwas gethan habe, das nicht wieder gut zu machen sei. Seine Traurigkeit wurde immer sichtbarer, als er das vaterlose Kind betrachtete, welches, lange mit demselben bekannt, sorglos mit dessen Rüssel spielte. Von nun an war das Thier ruhig, und schien sich stets zu freuen, wenn es die kleine Waise sah. Viele Personen gingen hin, um zu sehen, wie das edle Thier seinen Liebling liebkosete; aber seine Gesundheit litt durch den fortwährenden Gram, es fiel ab, und sechs Monate nachher starb es.

Elephantenfreundschaft mit einem Hunde.

Ein weiblicher Elephant hatte große Zuneigung zu einem Hunde, und um ihn zu ärgern, zog man den Hund oft bei den Ohren, so daß er heulen mußte. Einst fuhr dies Thier auf einem Boote über den Fluß; einige Männer nahmen jenen Hund in ein andres neben ihm, und zogen ihn wiederum an den Ohren. Der darüber aufgebrachte Elephant füllte alsobald seinen Rüssel mit Wasser und bespritzte die Männer; als sie aber noch nicht nachließen, fing er allen Ernstes an, Wasser aufzusaugen, und es in das Boot auszuleeren. Im Anfange lachten die Leute darüber, aber bald fing das Boot an zu sinken, und wenn sie sich nicht alle Mühe gegeben hätten, das Wasser wieder herauszuschaffen, wenn der Fluß nur ein wenig breiter gewesen wäre, so hätten sie ihren Spaß vielleicht mit dem Leben gebüßt.

Der unglückliche Elephantenjäger.

Eine Gesellschaft von Jägern überraschte an einem offenen Platze in der Nähe eines dichten und dornigen Gehölzes einen männlichen und einen weiblichen Elephanten. Die Thiere flüchteten sich in das Dickicht, und das Männchen hatte sich, obschon von mehreren Kugeln getroffen, seinen Verfolgern bald aus den Augen verloren; aber das Weibchen war schwer verwundet und konnte sich nicht mit derselben Schnelligkeit entfernen, so daß die Jäger, welche ihm den Weg abgeschnitten hatten, sich schon bereit machten, es niederzuschießen, als plötzlich das Männchen mit der größten Wuth aus seinem Versteck herausbrach, und mit gellendem, entsetzlichen Geschrei auf die Jäger losstürzte. Sein Anblick war so furchtbar, daß alle auf ihre Pferde sprangen, und ihr Heil in der Flucht suchten; nur Cobus Klopper, der zuletzt auf den Elephanten geschossen hatte, und eben seine Flinte von Neuem lud, konnte nicht schnell genug sein Pferd erreichen. Ihn wählte der wüthende Elephant aus, stürzte auf ihn los, schmetterte den Unglücklichen mit einem Schlage seines Rüssels zu Boden, stieß, ohne sich um das Pferd zu kümmern, das davonjagte, seine ungeheuren Hauzähne in den Leib des Mannes, trat ihn mit seinen gewichtigen Füßen breit, faßte ihn wieder mit dem Rüssel, und schleuderte ihn hoch in die Luft. Als er so seine Rache gekühlt, ging er zu seiner Gefährtin, liebkosete sie zärtlich, stützte ihre verwundete Seite mit seiner Schulter, und brachte sie, unbekümmert um die Kugeln der Jäger, die sich wieder gesammelt hatten und sie angriffen, glücklich in das undurchdringliche Dickicht des Waldes.

Ein kleiner Elephant rächt sich an einem großen.

Bei der Belagerung von Bhurtpur im Jahre 1805 kam ein Ereigniß zwischen zwei Elephanten vor, das den Charakter und die geistigen Fähigkeiten, die Leidenschaften und die Lust dieser merkwürdigen Thiere verräth. „Die englische Armee mit ihrem zahllosen Gefolge und Tausenden von Stücken Vieh hatten lange vor der Stadt gelegen, als bei der Annäherung der heißen Jahreszeit und der trocknen Winde die Brunnen austrockneten, und man nur Wasser aus den großen Tanks des Landes erhalten konnte. Die Verwirrung und Unordnung an denselben erreichte wegen der großen Menge Menschen und Thiere oft den höchsten Grad. Einmal trafen zwei Elephantenführer mit ihren Elephanten, von denen einer außerordentlich groß und stark, der andre aber im Verhältniß klein und schwach war, an dem größten dieser Brunnen zusammen. Dem kleinern Elephanten hatte sein Herr einen Eimer gegeben, den er mit dem Rüssel trug; der größere hatte dies nöthige Gefäß nicht, und entriß dasselbe seinem Gefährten entweder auf den Wunsch seines Führers, oder aus eigenem Antriebe. Der andre Elephant kannte seine Schwäche zu gut, als daß er die Beleidigung sogleich offen gerächt hätte; dafür zankten sich aber die Führer. Endlich benutzte der schwächere Elephant die Gelegenheit, als der größere an dem Brunnen stand, trat ruhig einige Schritte zurück, und stürzte dann mit aller seiner Kraft auf den nichts ahnenden Gegner, so daß dieser in den Brunnen fiel.

Man fürchtete nun zuerst, das Wasser, von dem das Leben so Vieler abhing, würde durch das große Thier verdorben werden; dann glaubte man auch, da sich das Wasser wenigstens 20 Fuß tief unten befand, man würde den Elephanten nicht wieder herausbringen können, ohne ihn schwer zu beschädigen, besonders, da es ihm in dem kühlen Wasser unten außerordentlich gefiel, und er sich selbst nicht im mindesten bemühte, wieder herauszukommen.

Man hatte bei der Belagerung Faschinen gebraucht, die Wollsäcken glichen, und der Mohaut meinte endlich, wenn man eine Anzahl derselben hinablasse, könne man das Thier wohl lehren, sie regelmäßig auf einander zu legen, damit es allmählig wieder emporkomme. Als man die Erlaubniß erhalten, die Faschinen dazu zu benutzen, hatte der Mann nun die Sache dem Elephanten beizubringen, was ihm auch bald gelang, so daß der Elephant anfing, eine Faschine nach der andern unter sich zu legen, bis er sich schon ziemlich hoch heraufgebracht; dann wollte er aber das kühle Wasser nicht verlassen und nicht weiter arbeiten; alle Drohungen seines Führers fruchteten nichts. Dieser begann nun ihn zu loben und ihm zu schmeicheln, und was er durch wiederholte Drohungen nicht erreichte, erlangte er durch das Versprechen, ihm Arak zu geben. Der Elephant ging hierauf wieder ans Werk, und arbeitete sich wieder um ein Bedeutendes in die Höhe, so daß er, nachdem man das Gemäuer oben weggeschafft hatte, heraustreten konnte. Das Ganze dauerte aber 14 Stunden."

Vom Fang der Elephanten.

Tachard beschreibt sehr interessante und prächtige Jagden in Siam. „Eine Viertelstunde von der Hauptstadt Louro ist ein viereckiges Amphitheater von hohen Mauern mit Staffeln umgeben, worauf die Zuschauer sitzen. Darin ist ein Einfang von dicken Pallisaden 2 Schuh von einander, hinter welche sich die Jäger retten, wenn sie von Elephanten verfolgt werden. Gegen das Feld ist ein großer Eingang, gegen die Stadt aber ein enger Gang, der zu einem großen Schopf führt, worin man die Elephanten zähmt. Am bestimmten Tage reiten die Jäger auf weiblichen Elephanten in den Wald, und bedecken sich mit Zweigen, damit sie nicht bemerkt werden. Verspüren sie wilde in der Nähe, so reizen sie ihre Weibchen zum Schreien, worauf jene mit einem fürchterlichen Geheul antworten. So wie sie herbeikommen, kehren die Jäger um und nähern sich allmählig dem Amphitheater. Ist ein wilder mit hineingetreten, so schiebt man die Schranken vor. Das Weibchen geht gerade zu auf den engen Gang los, und wenn der wilde nicht hinein will, so stößt man ihn mit Stangen. Er verfolgt endlich die Jäger, und wird in diesem Eifer in den Gang geführt, wo man vor und hinter ihm ein Gitter fallen läßt, so daß er sich nicht rühren kann und fürchterlich anfängt zu schreien. Man sucht ihn zu besänftigen, indem man Wasser aus Eimern auf ihn gießt, ihn mit Blättern reibt u. s. w. Indessen bindet man Seile um seinen Leib und die hinteren Beine, öffnet das äußere Gitter, und führt ihn hinter einem zahmen Elephanten in den Schopf, wo man ihn an eine Säule bindet. Man läßt ihn bis zum andern Tag austoben, und dann kommt ein weißgekleideter Bramine, welcher auf einem Elephanten langsam herumreitet, ihn mit Weihwasser begießt, welches ihm seine natürliche Wildheit nehmen soll. Nachher läuft er mit den andern, und ist in 14 Tagen schon ganz zahm."

Das Nashorn (Rhinoceros).

An Größe kommt dies Thier fast dem Elephanten gleich, es hat aber keinen Rüssel und keine Hauer, sondern ein oder zwei aus hornigen Fasern bestehende Hörne auf der Nase, lange aufrechte Ohren, und nur 3 Hufe an jedem Fuße.

Man findet die Nashörner in Indien und im südlichen Afrika. Man theilt sie in asiatische und afrikanische Nashörner. Die asiatischen unterscheiden sich nur durch 2 große Vorderzähne, welche den afrikanischen fehlen.

Eine Nashornjagd.

„Es war ein Paar," erzählt Levaillant, „welches ganz ruhig in einem Mimosenwald im Lande der Coraken neben einander stand, mit der Nase gegen den Wind, wie gewöhnlich, um auszuwittern, ob es geheuer; von Zeit zu Zeit sahen sie hinter sich, um zu sehen, ob sie von allen Seiten sicher sind. Man suchte unter den Wind zu kommen oder sie von hinten anzugreifen, als ein Eingeborner sich ausbat, dieselben zu beschleichen oder zu bekriechen, während die Jäger sich vertheilten, und ein Hottentott die Hunde hielt. Er zog sich ganz aus, rutschte mit einer Flinte, wie eine Schlange, auf dem Boden fort, und hielt still, sobald sie sich umsahen. Sein Kriechen dauerte über eine Stunde. Endlich kam er hinter ein Gebüsch von Wolfsmilch, etwa 200 Schritt von den Thieren, wo er aufstand und sich umsah, ob seine Kameraden alle auf ihren Posten wären, dann legte er an, wartete aber, bis sich eines umsah, um den Kopf zu treffen. Er verwundete das Männchen, welches einen fürchterlichen Schrei ausstieß, und mit dem Weibchen wüthend nach der Gegend des Knalls lief. Er legte sich unbeweglich auf den Boden, sie schossen neben ihm vorbei und kamen grade auf Levaillant los. Nun ließ er die Hunde los, worauf sie einen Haken schlugen, aber noch 3 Schüsse von den Jägern erhielten. Sie schlugen fürchterlich gegen die Hunde aus, zogen mit ihrem Horn 8 Zoll tiefe Furchen in den Boden, und schleuderten die Erde nach allen Seiten. Die Jäger rückten näher, worauf sie über allen Begriff wüthend wurden. Plötzlich stellte sich das Männchen gegen die Hunde, das Weibchen aber ergriff die Flucht, worüber man sich sehr freute, weil es immer gefährlich ist, es mit zweien solcher fürchterlichen Feinde aufzunehmen. Das Männchen kehrte endlich auch um, lief aber auf ein Gebüsch zu, wo drei Jäger standen, welche es in einer Entfernung von 30 Schritt fällten. Es schlug aber noch so heftig um sich, daß die Steine nach allen Seiten flogen, und weder Menschen, noch Hunde, sich zu nähern wagten."

Das Horn dieses Thieres sitzt nur auf der Haut, und läßt sich mit dieser hin- und herschieben.

Das Nilpferd oder Flußpferd (Hippopotamus amphibius).

Es ist eins der größten Thiere. Sein Körper ist 12 Fuß lang und so dick, wie der eines Ochsen. Es findet sich nur in Afrika, ist aber im nördlichen fast gänzlich ausgerottet. Das Fleisch derselben ist schmackhaft, und ein ausgewachsenes Flußpferd wird 4 bis 5 Ochsen gleich gerechnet. Die Haut wird nur zu Peitschen verarbeitet. Eine einzige Haut gibt 350 bis 500. Folgende Erzählung von einer Flußpferdjagd wird Euch mit dem Thiere bekannter machen.

Eine Flußpferdjagd.

Der erste Beobachter war Sparrmann aus Schweden, welcher es am Vorgebirge der guten Hoffnung selbst gefangen hat, und zwar im großen

Fischflusse, in der Nähe von Hinter-Bruyntjeshöhn. An einer tiefen, eine Viertelstunde langen, meist von hohen Ufern umgebenen Stelle, wo es, nach Aussage der Wegweiser, Seekühe geben sollte, wurden die verschiedenen Wege im Schilfe, auf welchen diese Thiere aus dem Flusse zu gehen pflegen, mit Jägern besetzt, und Hottentotten mußten auf der Seite, woher der Wind kam, mit Klatschen und anderem Lärmen die Thiere aufschrecken und den Jägern zutreiben. Erst nachdem sie anderthalb Stunden lang in der äußersten Stille gestanden hatten, kamen die Thiere an und untersuchten die beiden Hauptposten, wo Sparrmann und sein Gefährte Immelmann sich befanden. Sie hatten schon auf der andern Seite des Flusses bemerkt, daß man ihnen auflaure, und gaben durch Hin- und Herschwimmen, Schnauben, durchdringendes Grunzen oder Wiehern ihren Unwillen zu erkennen. Bei den Jägern schlug das Herz auf dem Anstand, da sie nunmehr jede Minute erwarteten, mit einer ungeheuern Bestie handgemein zu werden, welche einen Menschen mitten durchbeißen kann. Allein die Seekühe verließen sie wieder und bezeigten sich, wie man später erfuhr, bei den Stationen der Bauern ebenso. Doch hörte man plötzlich einen Schuß von der Seite der Hottentotten, wodurch eine Menge Paviane aufgeweckt wurden, welche durch ihr Rufen und Antworten ein ganz lächerliches Getümmel verursachten. Dann wurde es wieder still, bis um 2 Uhr in der Nacht wieder ein Schuß fiel, worauf derselbe Lärm entstand. Den andern Morgen wußten die Hottentotten nicht, ob sie etwas getroffen hätten, auch konnte man keine Spur von einem verwundeten Thiere entdecken, und daher zog man des Mittags zu einem andern kleinen Seekuh-Dumpfel, wo die von den Thieren betretenen Wege wieder besetzt wurden. Da lernten sie das Flußpferd bald mit der größten Lebensgefahr von einer andern, vorher nicht bekannten

Seite, nämlich der Geschwindigkeit und des Muthes, kennen. Während sie von den Schnacken aufs Fürchterlichste geplagt und mit ihrem Schnupftuch bedeckt da saßen, kam eine Seekuh aus dem Wasser hervor, und fuhr unter einer Art von Geheul, wie ein Pfeil, auf sie zu. Als aber ein Bauer Feuer gab, kehrte sie schnell wieder ins Wasser zurück. Alles lief in der Dunkelheit davon und suchte, halb im Schilfe, an dem steilen Ufer hinaufzuklettern. Während sie in der Sicherheit über den Vorfall lachten, und den Tag erwarteten, mischte sich das Brüllen der Löwen darunter.

Sie lauerten nun an einer andern Stelle, wo sie Spuren bemerkt hatten bei Tage, um die Thiere auf die Nase zu treffen, wenn sie Athem holten. Die Kugel muß längs der Nasenhöhle ins Gehirn dringen, wenn sie tödtlich sein soll; allein jene hatten bald Wind davon, steckten die Nasen nur aus dem Wasser unter herunterhänngenden Zweigen, und begaben sich endlich auf die andere Seite des Flusses. In der Nacht steckte eine zu wiederholten Malen den Kopf über das Wasser und erhob ein grimmiges und durchdringendes Geschrei, das ein Mittelding von Grunzen und Wiehern zu sein schien, und sich mit heörch hörch höh=höh ausdrücken läßt; die zwei ersten Wörter langsam, heiser, aber durchdringend und erschütternd, die letzten dagegen sehr geschwind und wiehernd. Um 11 Uhr kam eine andere und fraß von den ins Wasser hängenden Zweigen, wie auch kleines Gebüsch und Gras, das hie und da am Ufer stand. Am folgenden Tage setzten sie vergeblich einem Löwen und einer Hyäne nach, fingen ein Waldschwein, und schossen ein Hirschthier. Als aber die Hottentotten nach einigen Stunden es holen wollten, hatten die Adler schon den größten Theil verzehrt. In der folgenden Nacht standen sie wieder auf ihrem Posten, ohne etwas zu bekommen. Als sie aber bei

Sonnenaufgang zu ihren Wagen gehen wollten, kam eine Seekuh mit ihrem Kalbe von einem anderen Flusse, um sich in denjenigen zu begeben, welchen sie bewachten. Während sie an einer ziemlich steilen Seite auf ihr träges, etwas hinkendes Kalb wartete, bekam sie einen Schuß in die Seite, worauf sie sich sogleich in den Fluß stürzte. Ein Hottentott wagte es, das Kalb anzupacken und am Hinterfuß zu halten, bis ihm andere zu Hilfe kamen, worauf es gebunden und mit vielem Frohlocken zu den Wägen getragen wurde. Es schrie, wie die Schweine, wenn sie geschlachtet werden, jedoch gellender und durchdringender; suchte sich auch mit nicht geringer Stärke loszumachen, war aber dabei ziemlich unbeholfen. Seine Länge betrug $3^1/_2$, die Höhe 2 Schuh, obschon es nach Aussage der Hottentotten höchstens 2—3 Wochen alt sein konnte. Als es losgebunden wurde, hielt es sich still, und nachdem die Hottentotten es mehrmals über die Nase gestrichen hatten, um es an ihre Ausdünstung zu gewöhnen, fing es sogleich an, sich zu schmiegen. Es wurde gezeichnet und hernach gegessen. Das Fleisch und Fett war ekelhaft weichlich; das von den Alten aber ist sehr gut und gesund, besonders hält man die gallertartigen Füße für ein sehr leckeres Gericht, geräucherte Zungen selbst am Cap, sie sind 2 Schuh 2 Zoll lang. Die Haare des Kalbes sind $^1/_4$—$^1/_2$ Zoll lang, straff und rothbraun, und wachsen theils in den Ohren, theils um das Maul und am Hintertheile des Halses, aber sehr dünn, indem sie $^1/_4$—$^1/_2$ Zoll von einander stehen. Auch auf dem Rücken finden sich Haare, sind aber noch weiter aus einander und kürzer, die längsten sind an den Seiten des Schwanzes, welcher zusammengedrückt ist, d. h. oben und unten einen Schwanz hat, wie beim Nashorn. Die übrige Haut ist ganz kahl. Die Hauzähne stehen schon $^1/_2$ Zoll vor. Bei ausgewachsenen wog einer der größten nur 6 Pfund 9 Unzen, und war 27 Zoll lang. Ungeachtet dieser Länge sind sie von den Lippen bedeckt. Die Haut hat Aehnlichkeit mit der des Nashorns, ist aber fast dicker. Sie fressen nichts als Kräuter und Gras; auch giebt es da, wo sie vorkommen, nur wenige und kleine Fische. Sie gehen zwar bisweilen ins Meer, aber nur, wenn sie beunruhigt werden, und sie kommen immer heraus, um zu weiden und süßes Wasser zu saufen. Sparrmann hat sie auch am krummen Flusse, Kamturflusse, in Krakekamma am Strande gesehen.

Die Jagd mit der Harpune.

In der Provinz Dongola bilden, nach Rüppell, die Flußpferdjäger eine eigene Kaste. Sie werfen ihr Wild mit einer Harpune bei Tag und bei Nacht an, doch lieber zu jener Zeit, weil sie dann den wüthenden Anfällen des gereizten Thieres entgehen können. An der Harpune ist ein Schaft, ein Strick und daran ein Klotz, der oben auf schwimmt, und das Thier immer verräth. So nähern sie sich behutsam, wenn es auf einer kleinen Insel schläft, oder erlauern es des Nachts auf seinen Wegen zu den Saatfeldern. In einer Entfernung von 7 Schritt schleudert der Jäger die Harpune auf das Thier; es flüchtet und verbirgt sich in den Fluthen. Wenn das Thier den Jäger vorher erblickt, so dringt es bisweilen auf ihn ein, und zermalmt ihn mit einem Mal in dem weiten Rachen; ein Vorfall, der während dieses Aufenthalts bei Schendi Statt hatte. Oft reizen ganz harmlose Gegenstände den Zorn des Thieres. So zerknirschte eines in der Gegend von Amara mehrere Stücke Rindvieh, die bei einem Wasserrad angebunden waren. Ist das Thier glücklich angeworfen, so springen die Jäger in die Kähne, binden ganz behutsam ein starkes Seil an den Klotz, und fahren dann zu dem herbeieilenden, größern Schiffe. Zieht man das Thier an, so wird es durch den Schmerz ganz wüthend, und faßt bisweilen das Schiff mit den Zähnen, schlägt es auch wohl um oder zertrümmert es. Unterdessen bleiben die Jäger nicht müßig, sie werfen ihm 4—6 Harpunen ein und ziehen es an das Schiff, wo sie ihm den Schädel einschlagen oder das Nackenband durchschneiden. Da man die Fleischmasse nicht ins Schiff schaffen kann, so schneidet man sie in Stücke und zieht sie aufs Land.

Das Wildschwein, Eber (Sus scrofa, aper).

Es ist dies ein in Europa bekanntes Thier, gewiß die Stammutter unsers zahmen Schweines. Es ist aber stärker, als dieses. Die

Borsten sind schwarz, und die dreieckigen Zähne sehr stark. Bei uns in Deutschland sind sie so häufig, daß man ihrer in feuchten Wäldern oft 30—40 Stück in Rudeln findet. Die Nahrung des Ebers besteht aus Eicheln, Bucheln, wildem Obste, Haselnüssen, Trüffeln u. s w. Im Sommer werden die wilden Schweine den Wiesen und Feldern sehr schädlich, indem sie Alles durchwühlen und hier Getraide, Erbsen, Linsen, Kraut und Rüben zerstören. Sie sind übrigens furchtsame Thiere. Wenn sie einen Menschen sehen, bleiben sie anfangs stehen, laufen aber sehr bald davon, wenn man sich ihnen nähert. Die Jungen, welche der Länge nach weiß gestreift sind, heißen Frischlinge. Im fünften Jahre sind sie ausgewachsen. Wird der Eber auf der Jagd verwundet, so rennt er auf seinen Feind los und haut mit seinen Zähnen in die Höhe, wobei er manchem Hunde den Leib aufreißt. Ein Eber kann 2½ Centner wiegen und 5 Fuß 8 Zoll lang werden.

Das zahme Schwein (Sus scrofa).

Dies Thier ist Euch Allen hinlänglich bekannt. Auf dem Lande hat jede Haushaltung Schweine, welche so lange gemästet werden, bis sie fett sind. Keinem Thier ist es so gleichgültig, was es frißt, als dem Schweine. Es ist ihm Alles recht, zuweilen frißt es die eigenen Jungen. In der ganzen Welt ist es verbreitet, die Mahomedaner und die Juden essen jedoch das Fleisch nicht.

Der Tapir (S. tapirus americanus).

Er hat ziemlich die Größe eines Esels, wenig Borsten, einen langen, beweglichen Rüssel, eine Art steifer Mähne, und einen 3 Zoll langen Schwanz. Die Färbung ist braun. Es findet sich im heißen Amerika. Seine Nahrung besteht aus Sumpfkräutern. Seinen Rüssel kann er leicht hin- und herbewegen. Er ist aber nur 3 Zoll lang, und leistet daher keine solche Dienste, wie der des Elephanten. In Cayenne hält man die Tapire nicht selten in den Häusern, wo sie außerordentlich zutraulich werden, sich gern schmeicheln und kratzen lassen, und überall herumgehen, ohne Schaden anzurichten.

Bei Tage liegt es schlafend in dichtem Gebüsch verborgen, bei Nacht aber durchstreift es die Gegend, um Wassermelonen, Citrullen zu fressen, und auch um Gras zu weiden. Jung gefangen wird es schon am ersten Tag zahm und geht nicht mehr fort. Jedermann kann es kratzen, aber es macht keinen Unterschied der Personen, und läßt sich nicht wegtreiben. Es beißt nicht; plagt man es, so giebt es ein sehr schwaches, unvernehmliches Pfeifen von sich. Es säuft wie die Schweine, frißt rohes und gekochtes Fleisch, alle Arten von Speisen, selbst Lumpen, auch Salpetererde, darum hat man es natürlich nicht gern in den Häusern. Es wirft im November nur ein Junges, 24 Zoll lang, ganz behaart. Die Farbe wird endlich dunkel, mit vielen weißen Streifen und Flecken in Bändern. Die Mutter führt das Junge allein, beschützt es aber gar nicht, weil sie sich nicht zu vertheidigen weiß. Auf der Flucht folgt es nicht Wegen, sondern räumt und reißt mit dem tief nach unten gerichteten Kopf alles Gesträuch weg. Man jagt es mit Hunden, und schießt es auf dem Anstand in den Melonenfeldern des Nachts.

Das Pferd (Equus caballus).

Wer kennt nicht dies gelehrige, verständige Thier mit seiner schönen Gestalt und dem stolzen, edlen Anstand! Die Zahmmachung des Pferdes ist gewiß die wichtigste Eroberung in der thierischen Schöpfung, die jemals gemacht worden. Dieses schätzbare Thier befördert den Geschäftsverkehr, fügt sich geduldig dem Zügel, müht sich auf der Straße ab, oder arbeitet auf dem Felde. Es folgt nicht blos der Hand seines Reiters, sondern scheint sich nach dessen Stimmung und Laune zu richten. Stets gehorsam dem Befehle seines Herrn, beschleunigt es seinen Lauf oder hält an, und bestimmt seine Bewegungen nach dem Wunsche und Befehle seines Gebieters. Edles Thier! Dein Herr verdankt dir so Vieles! Mit deiner Hilfe baut er seine Wohnung, durch den Gebrauch deiner Kraft erhält er die Steine dazu und das Holz, welches das Dach derselben bildet. Du unterstützest ihn, wenn er seinen Acker bestellt. Und wie undankbar wirst du oft von ihm behandelt! Dein Maul wird durch das Gebiß zerrissen, dein Rücken wund gerieben und gedrückt, dein Huf von Nägeln durchbohrt. Hast du deine Jugend im schweren Dienste verbracht, so wirst du oft im Alter verstoßen und zu den drückendsten Arbeiten, zu täglichen Mißhandlungen verurtheilt. — Und das geschieht unter uns gebildeten Europäern, während der Araber sein Pferd auf das Liebevollste behandelt. Er schlägt es nie, ja er befiehlt ihm nicht einmal, sondern spricht nur ein bittendes Wort, und das gute Thier thut auf der Stelle, was sein Herr will.

In allen Gegenden der Welt wird dieses schätzbare Thier angetroffen, die schönsten Pferde von allen sind aber die arabischen.

Ein nächtlicher Ritt in der Nähe der Capstadt.

„Cowper Rose war bei frühem Morgen in die Gebirge ausgeritten, ungefähr 16 Meilen von der Capstadt, und er und sein Pferd fingen endlich an, sich nach Hause zurück zu sehnen, als sie von einem plötzlich fallenden Nebel eingehüllt wurden. Sie befanden sich auf dem Gipfel eines rauhen und steilen Hügels, über den nur ein einziger, steiler Fußsteig führte. Dieser Pfad war ihre einzige Hoffnung, so lange er zu sehen war. Der Reiter verfolgte seinen Weg, obschon er oft von demselben abkam, über Felsen und Moräste, bis zu Sonnenuntergang, worauf in jenem Lande schnell die Dunkelheit einzutreten pflegt. Einige kurze Momente leuchtete ihnen die untergehende Sonne noch in einem schmalen Streifen gebrochener Wolken, und dahin richtete sich jetzt das Pferd. Es galoppirte lustig vorwärts, und brachte Rose an einen Ort, wo hohe Felsenstücke über die darunter liegende Ebene hervorragten. Hier stand es plötzlich still, und weder der Reiter, noch sein Roß fanden einen Ausweg; es blieb nichts übrig, als die Nacht in den Bergen zuzubringen. Ermüdet, durchnäßt und hungrig stieg Rose ab und trat unter einen Felsenvorsprung, der ihm gegen den jetzt in Strömen fallenden Regen einigen Schutz gewährte. Hier hatte er kaum einige Minuten verweilt, als er das langgehaltene, wilde Geschrei des Schakals, und das abgebrochene Geheul des Wolfs vernahm, die die Gegenwart des Pferdes gewittert hatten, und immer näher und näher kamen. Rose war unbewaffnet, sammelte aber einige Steine, mit denen er Feuer anschlug, und sang mit lauter Stimme. Drei bis vier Wölfe kamen ganz in die Nähe, aber auch der stärkste Hunger kann bei diesen Thieren die natürliche Furcht vor der menschlichen Stimme nicht besiegen. Hierein schien auch das arme Pferd sein einziges Vertrauen zu setzen; es schmiegte sich schnaubend an seinen Herrn an, wenn sich die furchtbaren Thiere nahten. „Und obgleich wir vorher," fährt der Erzähler fort, „nie besonders vertraulich mit einander gewesen waren, so schien es doch zu fühlen, daß wir Leidensgefährten wären, biß mich in die Hand und stieß mich mit seiner kalten Nase in das Gesicht, was auch in sofern von Nutzen war, indem es mich am Einschlafen verhinderte."

Die kleinen Leser werden gewiß nicht ungern der interessanten Erzählung des Reisenden, worin er das Unheimliche dieser Scene und darauf ihre Schönheit schildert, einige Augenblicke schenken. Er vernahm von fern her das dumpfe, melancholische Brausen der See, deren Wogen sich an dem Fuße der tief unter ihm liegenden riesigen Felsen brachen, während Nebelbilder an ihm vorüberzogen, und der Mond dann und wann durch ihre dunkle Schatten brach, und ein mattes Licht auf diese unbeschreiblich wilde und einsame Scene warf. Das ferne Summen der Abendglocke eines Dorfes kündigte die neunte Stunde an. So oft im Laufe der Nacht sich die Dünste ein wenig verzogen, schaute er nach dem Horizonte, wo der erste Schimmer des Tags sich zeigen mußte; aber vergebens. Nur der Mond, der durch die eilenden Wolken schwamm, und einer gebrechlichen Barke auf dem stürmischen Ocean glich, die jetzt von einem Wellenberge emporgehoben, dann wieder in die gähnende Tiefe hinabgestürzt wird, goß über die zerstreut umher liegenden Felsen ein kaltes, bleiches Licht aus, das von einer dunkeln Wolkenmasse bald wieder ausgelöscht werden sollte. In dieser Dunkelheit horchte er wiederum dem dumpfen Brausen der See, zu dem sich bald das Heulen der Wölfe und das gellende Geschrei des Schakals gesellte, woraus er schloß, daß die Nacht bald zu Ende sein werde; denn nachdem diese wilden Thiere das Land durchstreift haben, kehren sie wieder in ihre Höhlen und Lager zurück. Endlich vernahm er das Tönen einer Glocke, und nie war ihm ein Tag willkommener; das Gewölk zerstreute sich vor der aufgehenden Sonne, und die Regentropfen hingen gleich Diamanten an Stauden und Blumen, und die öden und düstern Nachtscenen verwandelten sich in wenigen Minuten in eine unbeschreibliche Schönheit und Pracht. Rose bestieg sein getreues Roß, und überzeugte sich auf der höchsten Bergspitze, die er erklommen hatte, daß er weit entfernt von dem gewünschten Ziele sei:

allein jetzt war es Tag, der Nebel hatte sich gesenkt, und lag in den tiefen Thälern verbreitet gleich einem stillen, ruhigen Landsee, auf dem der Himmel und die Berge zu schwimmen schienen.

Eine Pferdeschlacht.

Zwei Regimenter Cavallerie, welche in Funer einquartiert lagen, waren mit schönen schwarzen, langschwänzigen, andalusischen Pferden versehen; ihre Zahl belief sich auf eilfhundert. Da man keine Möglichkeit sah, sie fortzubringen, und Romana, der spanische General, sie nicht erschießen oder todtstechen lassen wollte, damit sie den Franzosen nicht in die Hände fielen, so beschloß er, auch weil er die Pferde sehr lieb hatte, und wußte, daß jeder Mann eine große Anhänglichkeit für dieses edle Geschöpf habe, dieselben laufen zu lassen. Es wurde daher Befehl gegeben, ihnen die Zügel abzunehmen und an der Küste die Freiheit zu geben. In einiger Entfernung weideten Bauernpferde ganz ruhig, und als der Haufe dahinbrauste, eines dahin, das andere dorthin, schien es, als wären sie von bösen Dämonen besessen, denn es entwickelte sich eine Scene, die mit der Biographie dieses Thieres nicht zu vereinbaren ist. Es entstand ein allgemeiner Kampf, in welchem sie in geschlossenen Reihen von zehn zu zwanzig einander angriffen, sich mit den Vorderfüßen schlugen, bissen und schmissen, und die Gefallenen niedertrampelten, bis in fast weniger, als einer Viertelstunde, die ganze Küste mit todten und verkrüppelten Pferden übersäet war. Ein Theil hatte sich nach einer unweit davon entfernten Anhöhe gewendet: aber sobald sie den tobenden Kampf gewahrten, kamen sie über Hecken und Gräben herabgejagt, und stürzten sich, die allgemeine Wuth theilend, wie rasend in das Gefecht. Um diesem schaudererregenden Auftritte ein Ziel zu setzen, gab Romana den Befehl, sie niederzu=

machen; aber sie waren so wuthentbrannt, daß man es als unmöglich erkannte, ihnen zu nahen, und als die letzten Boote von dem Ufer abstießen, setzten die wenigen noch übrig gebliebenen das gegenseitige Gemetzel noch immer mit derselben Hitze fort.

Der Esel (Asinus).

Diesem von Natur vortrefflichem Thier ist bei uns großes Unrecht geschehen. Durch die schmähliche Behandlung sind die ursprünglichen Anlagen desselben gänzlich unterdrückt worden. Sein Muth hat sich in Widerspenstigkeit verwandelt, die Hurtigkeit in Langsamkeit, die Lebhaftigkeit in Trägheit, die Klugheit in Dummheit, die Freiheitsliebe

in Geduld. Im Morgenland, wo er besser behandelt wird, und wo man sich nicht schämt, auf ihm zu reiten, ist er auch ein stattlicheres,

Thier. Wir brauchen ihn nur zum Tragen von Säcken, und arme Leute spannen ihn vor den Karren. Er ist sehr genügsam. Mit schlechtem Gras und Heu, mit stacheligen und andern Kräutern ist er zufrieden. Er verlangt aber zum Saufen helles, reines Wasser und einen trocknen Stall. Seine Milch ist nahrhaft und wird Schwindsüchtigen empfohlen. Der Bastard vom Esel und der Stute heißt Maulthier.

Der Esel ein guter Schwimmer.

„Ein dem damals in Malta befindlichen Capitain Dundas gehöriger Esel wurde auf die Fregatte Ister gebracht, welche unter dem Befehle des Capitain Forest von Gibraltar nach Malta segeln sollte. An dem Vorgebirge de Gata (in Spanien) gerieth das Schiff auf eine Sandbank, und da man so nahe dem Lande war, daß man die Küste sehen konnte, wurde der Esel in das Meer gelassen; es schien indeß unmöglich, daß das Thier das Land erreichen könnte, weil die Wellen außerordentlich hoch gingen. Doch das Thier gelangte an das Ufer, und erschien nach einigen Tagen wieder an dem Thore von Gibraltar. Als man es eingelassen, begab es sich an seinen Stall, bei einem Kaufmanne Wenks, zu nicht geringer Verwunderung dieses Herrn, der glaubte, das Thier sei durch irgend einen Zufall gar nicht auf jenes Schiff gekommen. Nach der Rückkehr der Fregatte, welche vor der Fortsetzung ihrer Reise ausgebessert werden mußte, lösete sich das Räthsel auf, und es zeigte sich, daß Valente, so hieß der Esel, nicht bloß an das Land geschwommen sei, sondern auch seinen Weg vom Cap de Gata nach Gibraltar, welche über 50 Stunden aus einander liegen, durch eine gebirgige, von Strömen durchschnittene Gegend, und in so kurzer Zeit gefunden hatte, daß er nie eine falsche Richtung eingeschlagen haben konnte. Daß er auf dem Wege nicht aufgehalten worden, erklärte man sich durch den Umstand, daß früher Verbrecher auf ihm gereitscht worden waren; dies erkannten die Bauern, welche vor solchen Eseln einen abergläubischen Abscheu haben, an den Löchern in seinen Ohren, woran die Verbrecher festgebunden zu werden pflegen."

Das Maulthier (Mulus).

Es wird in dem wärmeren Europa zum Reiten und Fahren gehalten, und man spannt es sogar vor Staatswagen, weil es höher, als das

Pferd wird, dauerhafter ist und sicherer geht. Kopf, Ohren, Kreuz, Schwanz und Stimme ähneln dem Esel.

Der Halbesel (E. hemionus)

sieht ziemlich wie ein Maulthier aus, hat ein Eselskreuz, ist aber falb. Nur die Mähne, Rückgrath und Schwanz sind braun. In der Mongolei heißt es Dschiggetei (auf deutsch Langohr). Es läuft viel schneller, als irgend ein Pferd oder Maulthier, läßt sich aber durchaus nicht zähmen. Es trägt den Kopf hoch, wie der Hirsch, und wiehert, wie das Pferd.

Das Zebra (E. zebra)

ist größer, als der Esel, am ganzen Leibe weiß und schwarz, sehr zierlich nach der Quere gestreift. Die Zebra finden sich nur in den Wäldern des heißen Afrika, und halten sich gewöhnlich in Heerden beisammen. Das Zahmmachen dieser Thiere scheint bisher noch nicht gelungen. Ein reicher Einwohner der Kapstadt soll einmal ein Paar aufgezogen und vor seine Kutsche gespannt haben, sie seien aber mit ihm durchgegangen und in den Stall gelaufen.

Das Kameel (Camelus).

Das Kameel gehört, wie die nächstfolgenden, zu den wiederkäuenden Thieren, und zeichnet sich besonders durch seinen sehr langen Hals aus. Sein Stammland ist blos Asien und Südamerika, wo es, wie der Esel, von den schlechtesten Kräutern lebt. Das gemeine Kameel (ca–

melus dromedarius) hat nur einen Höcker, während das Trampelthier (c. bactrianus) deren zwei hat. Das Kameel ist das wichtigste Hausthier der Araber. Ohne seine Genügsamkeit, sein Entbehren des Wassers, seinen schnellen Gang würden jene durch die Wüste getrennten Völker nicht zu einander kommen können, Aegypten würde von Abyssinien, die Barbarei von den Ländern jenseits der Saharawüste, Syrien von Persien, Arabien von der ganzen Welt abgeschnitten sein. Das Kameel trägt 700—1000 Pfund, und macht damit 10 Stunden, das kleinere, welches nur zum Reiten gebraucht wird, legt 30 Stunden täglich zurück, und das 8—10 Tage, wobei es 8 Tage dursten kann. Die trocknen, stacheligen Kräuter, welche sein Futter sind, findet es in der Wüste. Zuweilen nur giebt man ihm etwas Gerste, Bohnen oder Datteln, sonst magert es ab, und der Buckel verschwindet fast ganz. Dies sonst so sanfte Thier wird jedoch während der Brunstzeit gefährlich. Es beißt, schlägt hinten aus und tödtet oft Menschen. Man kann es melken und macht aus der Milch Butter und Käse. Aus den Haaren verfertigt man verschiedene Stoffe. Selbst der Mist wird zur Feuerung gebraucht.

Das Trampelthier findet sich in Persien, Arabien und Aegypten nur als ein Gegenstand der Neugierde. Man bedienet sich desselben nicht. In der Provinz Turkestan, dem alten Bactrien, ist es zu Hause, und erstreckt sich bis an die Grenzen von China.

Wettrennen des Kameels.

Morgan spricht von einem der schnellfüßigen Kameele in seiner Geschichte von Algier. Es gehörte der Prinzessin Lalla Umone, und wurde von dieser so hoch gehalten, daß sie es nur bei außerordentlichen Gelegenheiten fortließ. Dies Thier hielt den schnellsten Lauf 24 Stunden aus, ohne im Mindesten zu ermatten; hatte es zwei Bälle von Gerstenmehl und getrockneten Feigen nebst einer Schüssel Milch oder Wasser verzehrt, so schien es völlig gestärkt zu sein und war bereit, so schnell und so lange hinter einander, wie früher, die Wanderung durch die afrikanische Wüste fortzusetzen. Bei der Vermählung der einzigen Tochter der Prinzessin wurde uns dies, ihr weißes Lieblings-Dromedar, vorgeführt; ein erfahrener Reiter ritt es, der eine starke, lederne Jacke trug, weil diese Leibesübung so angreifend ist, daß sie bei leichter Bekleidung der Gesundheit sehr nachtheilig werden kann. Das edle Thier lief einmal mit den schnellfüßigsten Rennern um die Wette, die je über die Wüste gejagt, so schnell, daß sie einen Strauß überholen konnten, aber bald kamen sie auseinander, bis man endlich das Dromedar mit staunungswerther Schnelligkeit auf die Zuschauer zufliehen sah, unter denen es sich nach wenigen Minuten befand, und nicht im mindesten ermüdet zu sein schien, während die Pferde schäumten und keuchten, und kaum athmen konnten. Auch ein sehr flüchtiger Windhund war gefolgt, und hatte das ganze Rennen über Schritt gehalten; aber als er zurückkam, fiel er hin und keuchte, als wenn er sterben müßte. Die jungen Prinzen forderten ihren neuen Schwager auf, mit seiner Braut um tausend Dukaten zu wetten, daß das Kameel ihm von dem Fürsten von Hargala in nicht weniger als vier Tagen Antwort auf ein Schreiben bringen könne. Dieser Fürst wohnte nicht weniger als 100 Meilen weit. Der Bei, der aus Biscara gebürtig war, wollte indeß auf den Vorschlag nicht eingehen, und mehrere Araber, welche das Gespräch mit angehört hatten, erklärten, sie seien fest überzeugt, daß dies schnellfüßige Thier die Reise in der bestimmten Zeit ohne Schwierigkeit gemacht haben würde.

Das Kameel festlich geschmückt.

Bei besonders wichtigen Gelegenheiten werden diese Thiere prächtig geschmückt. Als d'Arvieux sich in dem Lager des großen Emir befand, erhielten die Prinzessinnen desselben einen Besuch von andern arabischen Frauen desselben Ranges. Eine derselben ritt auf einem mit einem Teppiche und Blumen geschmückten Kameele, vor dem eine Anzahl Frauen, den Zügel mit einer Hand haltend, und Gesänge zu Ehren ihrer Herrin singend, vorausgingen. Diejenigen, welche in der Reihe dem Kopfe des Kameels zunächst gingen, hatten den Ehrenplatz inne, und traten ihn wechselsweise an andre ab. Als die Gemahlin des Emirs die nahe Ankunft dieser hohen Person erfuhr, schickte sie ihre Frauen entgegen, worauf die Begleiterinnen der Prinzessin sogleich zurücktraten, und den Fremden die Leitung des Kameels überließen. So näherten sie sich, die hohe Geburt, die Schönheit und die Tugenden der Prinzessin besingend, dem Zelte.

Das Lama (C. lama).

Wie für die Lappländer das Rennthier, so ist für die Peruaner das Lama von großer Wichtigkeit. Sie werden in ungeheuern Ebenen auf den Hochebenen gehalten, und des Nachts in eine Einfriedigung gesperrt. Des Morgens läßt man sie heraus, und dann galloppiren sie ohne Hirten auf die Berge zur Weide, von wo sie des Abends wieder zurückkehren. Das Lama wird 4 Fuß hoch und 6 Fuß lang, hat einen langen Hals, gekrümmten Rücken, keinen Höcker und kurzes, braunes Haar. Es nährt sich von Moos und Gras. Seine Milch ist fett und gesund, sein Haar wird zu Zeugen verarbeitet, sein Fleisch wird gegessen.

Das Bisamthier (Moschus moschiferus)

hat fast die Größe eines Rehs, und borstige und brüchige Haare. Die Färbung ist bräunlich schwarz. Hinter dem Nabel befindet sich eine blasenförmige Hauteinsackung, worin der Bisam abgesondert wird. Das Vaterland desselben sind die höchsten Alpen zwischen dem Altai und Thibet. Am zahlreichsten ist es auf den hohen Gebirgen um den Baikalsee, so wie am Lena, wo ein einziger Jäger des Winters über Hundert in Fallen fängt.

Es läuft und springt sehr hurtig, und kann, wegen seiner harten und spitzigen Hufe, leicht auf die höchsten Felsen klettern, und über Abgründe springen mehrere Klafter weit. In den Wäldern stößt es, ungeachtet seiner großen Schnelligkeit, an keinen Baum; es schwimmt über breite Flüsse, und läuft mit ausgespreizten Hufen über den Schnee, der keinen Hund tragen würde. Es ist außerordentlich furchtsam, und sucht daher die abgelegensten Wildnisse auf. Die Gefangenen betragen sich so heftig, und enthalten sich alles Fressens, daß sie in kurzer Zeit zu Grunde gehen. Nach Aussage der Jäger fängt man sie am leichtesten des Winters mit Flechten.

Im Jahre 1772 kam ein lebendiges nach Paris, nachdem es drei Jahre auf der Reise zugebracht hatte. Es lebte daselbst drei Jahre, mithin sechs in der Gefangenschaft, und befand sich sehr wohl, so daß man diese Thiere vielleicht bei uns einheimisch machen könnte. Es starb, wie man glaubte, an einer Haarkugel, welche durch die abgeleckten Haare entstanden ist; es war sehr lebhaft und leicht in seinen

Bewegungen; im Freien lief es beinahe wie die Hasen, in Sprüngen. Es wurde mit eingeweichtem Reiß, Brosamen, Flechten und Zweigen von Eichen gefüttert. Die Länge war 2 Schuh 3 Zoll, Widerrist 19½ Zoll, Kreuz 20. Die Eckzähne 1½ Zoll lang, 1½ Linien breit, nach unten gesichtet und etwas nach hinten gekrümmt; Ohren 4 Zoll hoch, 2½ breit; auf der schwärzlichen Stirn ein weißer Stern; Färbung schwärzlich mit gelblichem untermischt, Kopf und Hals graulich. Es roch stark nach Bisam.

Das Reh (Cervus capreolus).

Es sieht des Sommers braunroth aus, des Winters röthlich grau, und ist so groß, wie eine Ziege. Das Gehörn ist kurz, aufrecht, rundlich, knotig und rostfarben. Im siebenten Monat seines Alters brechen 2 kurze Spießer hervor, welche beim jährlichen Wechsel länger werden. Im vierten Jahre bekommen sie zwei Enden, die nach und nach bis auf sechs oder acht sich vermehren können. Das Reh findet sich in ganz Europa, und geht bis ins südliche Schweden und Schottland, soll aber nicht in Norwegen angetroffen werden. Es wird wegen seines guten Fleisches häufig gejagt.

Ein junges Reh wird von einer Ziege gesäugt.

„Im Jahre 1774 fand ich im Junius auf der zum Rittergute Oelse in der Oberlausitz gehörigen Haide ein junges Kalb männlichen Geschlechts oder ein Bockkalb, das kaum 14 Tage alt sein mochte, und von der Regenkälte ganz erstarrt war. Ich sah mich in den Dickichten nach der Ricke um, konnte sie aber nicht gewahr werden, und nahm daher das Kalb mit nach Hause. Hier brachte ich es auf ein trockenes Heulager in meine Stube, und wollte das niedliche Thierchen, nachdem es wieder aufzuleben anfing, mit Kuhmilch tränken, die es aber versagte. Nun wollte ich das Kalb schon wiederum in den Wald tragen, als mir der Jäger den Rath gab, das Tränken nochmals mit Ziegenmilch zu versuchen; und dieser Versuch gelang mir. Denn das Bockkalb nahm nicht nur die Ziegenmilch gern an, sondern eine Ziege, deren Zickel ein paar Tage drauf an den Fleischer verkauft wurden, ließ das kleine Reh nach einigen angewendeten Zwangsmitteln ordentlich saugen, als wenn es ihr Kind wäre. So schüchtern auch das Bockkalb die ersten Tage in dem Ziegenstalle, wo ich es nun ließ, war, und so unfreundlich sich auch die alten und jungen Ziegen, die Pflegemutter ausgenommen, gegen diesen Fremdling betrugen, so freundschaftlich scherzten Alt und Jung nach acht Tagen mit einander, die alten und die jungen Ziegenböcke allein ausgenommen. Der alte Ziegenbock, der fest angebunden war, konnte seine Feindseligkeit bloß dann ausüben, wenn das Bockkalb sich ihm unversehens näherte, aber die jungen, frei im Stalle herumlaufenden Ziegenböcke machten sich gemeinschaftlich über meinen Liebling her, und würden ihn unstreitig ermordet haben, wenn ich sie nicht angelegt hätte. Nach ungefähr vierzehn Tagen trieb ich auch den jungen Rehbock mit seiner Pflegemutter in den Ziegengarten, wo er sowohl schnell aufwuchs, als auch seine Wildheit fast ganz verlor, weil ihn seine unterdessen verkauften Feinde, die jungen Ziegenböcke, nicht verfolgen, und der in einem besondern eingefriedigten Platze angepflöckte alte Ziegenkak nicht beschädigen konnte.

Der Edelhirsch (Cervus elaphus).

Die Hirsche bilden eine zahlreiche Gattung, und zeichnen sich dadurch aus, daß die Männchen ästige Geweihe tragen. Es sind schöne Thiere, besonders der Edelhirsch, welcher das schönste und größte Wild und ein Hauptgegenstand der Jagd großer Herrn ist. Er findet sich in ganz Europa und im mittleren Asien, nördlich bis Schonen, und in Norwegen bis Drontheim und Bergen. Er geht von Griechenland bis zum 64. Grad Nordbreite, und in Asien bis zum Lena, gewöhnlich in dichten und hohen Wäldern. Im eigentlichen Rußland findet er sich nicht, wohl aber am Terek und am ganzen Kaukasus, bis an den Fluß Cuma, ferner am Baikalsee, Altai, und in ganz Sibirien bis zum Lena. Er hält sich in Rudeln zusammen, die sich nach dem Alter absondern; das Weibchen oder die Hindin mit dem Jungen bis ins dritte Jahr, dann die drei- und vierjährigen beiderlei Geschlechts, und endlich die alten, männlichen Hirsche. Im Winter liegen sie dicht beisammen, um sich zu erwärmen, und kommen auch von den höhern Bergen herunter. Sie gehen des Abends trabend oder trollend auf die Weide, im Frühjahr gern auf die junge Saat, oft mehrere Stunden weit, und kehren des Morgens langsam zurück; sie schwimmen sehr leicht über Flüsse. Sie fressen Gras, Sprossen von Bäumen, im Winter auch Beeren, Eicheln, wildes Obst und dergleichen. Dann legen sie sich irgendwo hin, um wiederzukäuen, was mit einem lauten Ruckſen geschieht. In der Brunstzeit fressen sie sehr wenig, und nehmen selbst mit Pilzen vorlieb.

Das Geweih wird jährlich abgeworfen, bei Alten Ende Hornungs, bei den Jüngern erst vom März bis Mai. Es sproßt Anfangs als einfache Spieße hervor, die alle Jahre einige Zinken mehr bekommen. Schon nach fünf Tagen entsteht auf dem kurzen Rosenstock ein weicher, mit der Haut bedeckter Knorpel, der nach vierzehn Tagen schon eine harte Stange bildet, 6 Zoll lang, unten mit dem ersten, wagrechten und vorwärts gerichteten Zinken, dem Augensprossen; nach einem Monat ist es einen Schuh lang, bekommt mehrere Enden, und ist nach 10 bis 14 Wochen ausgewachsen, aber noch mit der Haut bedeckt, welche sehr empfindlich ist, so daß der Hirsch immer mit hängendem Kopfe geht, um nicht an den Aesten anzustoßen. Solch ein Gehörn heißt Kolben, das Thier Kolbenhirsch. Im Juli oder August sind die Enden hart, die Haut stirbt ab, vertrocknet, und dann sägt sie der Hirsch an Gesträuch und Bäumen ab, bisweilen in einem Tage. Anfangs sind die Hörner weiß, dann gelb, nach vierzehn Tagen braun. Der untere, dickere Theil des Hornes heißt Rose, die Knöpfe daran Perlen, der nächste Zinken Augensprossen, der folgende Eissprießel, die oberen

Enden Krone. Nach dem ersten Jahre kommen bloß einfache Spieße, nach dem zweiten meist eine Gabel, nach dem dritten 6—8 Enden, nach dem vierten wieder soviel, dann 10 u. s. f. bis zum achten Jahr, wo die Zahl unbestimmt wird, und bei einem Horn bis auf 32 gehen kann. Man zählt die Enden von beiden Hörnern zusammen, und spricht daher von Zwanzigendern u. s. w. Das Geweih kann 2, sogar 3 Schuh hoch werden, und 20—30 Pfund wiegen. Wird es während des Wachsthums verletzt, so wird es gern eine Mißgestalt; wird das Thier verschnitten, so bleibt das Geweih stehen, wie es war, oder bleibt weg, wenn keines da gewesen.

Es sind von Natur sanftmüthige und gesellige Thiere, mit scharfem Gesicht, Gehör und Geruch, und haben einen schönen Anstand und Gang; sie sind sehr neugierig, besehen den Menschen, wenn er keine Flinte hat, kommen auf das Pfeifen oder den Klang des Waldhorns herbei; sobald sie aber Gefahr merken, fliehen sie schnell, und in der Noth mit listigen Seitensprüngen, davon. Werden sie doch eingeholt, so wenden sie sich um, und greifen mit ihrem Geweihe an.

Kleiner, als unser Hirsch, ist der virginische, viel größer der canadische. Der Damhirsch, welcher kleiner, als der Edelhirsch ist, hat ein Geweih mit einer langen, runden Stange, welche oben breit und handförmig getheilt ist.

Das Rennthier (C. tarandus)

ist so dick, als unser gemeiner Hirsch, hat jedoch kürzere Beine, einen kürzeren Hals, und trägt ihn wagerecht. Männchen und Weibchen tragen Geweihe. Die Lappländer, Grönländer und die nordischen Völker in Rußland halten sie in großer Menge zahm. Es ist ihr einziges Hausthier, das ihnen Fleisch, Milch und Kleidung liefert, und zugleich im Schlitten zum Reisen und zur Herbeischaffung der Bedürfnisse dient. Die reichen Lappländer haben 500 bis 1000 Rennthiere.

Eine Schlittenfahrt mit Rennthieren.

„Der Morgen war kalt und stürmisch; mich hatte der Mangel an Ruhe sehr erschöpft, und ich sollte nun an den Schwanz eines wilden Rennthieres gebunden werden, um mich aufs Gerathewohl im Finstern in einer wahren Nußschale einige hundert Meilen weit über den pfadlosen Schnee Lapplands ziehen zu lassen. Unsere Schlitten oder Pulks befanden sich dicht neben einander, und als der Wappus oder Führer uns den letzten Dienst erwiesen, Jeden nämlich so fest als möglich angebunden und ihm den Zügel gegeben hatte, sprang er in seinen Schlitten, berührte das Thier sanft mit seinem Riemen, und Alle flogen nun mit Blitzesschnelligkeit dahin."

„Die Dunkelheit ließ schwer die Richtung erkennen, nach welcher hin wir fuhren, und ich überließ es also völlig meinem Thiere, den Uebrigen zu folgen, was es denn auch mit der reißendsten Schnelligkeit that. Ich überzeugte mich bald von der Unmöglichkeit, das zum Vermeiden des Umwerfens durchaus nöthige Gleichgewicht zu erhalten, da die Schnelligkeit zu groß, und der Boden an Stellen, wo der Wind den Schnee weggetrieben hatte, so uneben war, daß der Pulk häufig einen Satz von einigen hundert Ellen machte, wenn es einen steilen Abhang hinunter ging. Schon auf den ersten zweihundert Ellen lag ich mehrmals im Schnee, der Pulk aber richtete sich sogleich wieder auf, wenn ich mich plötzlich auf die andere Seite warf. Meine Aufmerksamkeit wurde zu sehr durch meine eigene Lage in Anspruch genommen, als daß ich hätte besonders auf die meiner Gefährten achten können. Das Thier schien im Anfange nach allen Seiten hinzulaufen. Als ich vor meinem Freunde vorbeijagte, sah ich denselben zu meiner Verwunderung mit dem Pulk umgestürzt, ohne daß er Schaden zu leiden, oder sein Thier im schnellen Laufe nachzulassen schien. Bald kam die Reihe auch an mich, als wir eine unbedeutende Anhöhe hinunter fuhren, und kurz vor einem Fichtenwalde warf ein plötzlicher Ruck den Schlitten so vollständig auf die breite Seite, daß ich ihn nicht wieder aufrichten konnte, und so eine ziemliche Strecke fortgezogen wurde, während ich auf der rechten Seite lag und den Schnee aufwühlte, der eine Wolke um mich bildete. Meine Lage war noch hoffnungsloser dadurch geworden, daß ich bei dem Umwerfen den Zügel verlor, und ob ich ihn gleich kaum einen Zoll von meinen Händen auf dem Schnee tanzen sah, vermochte ich doch durchaus nicht, ihn zu erreichen. Trotz dem bedeutend gesteigerten Gewichte ließ das Thier in seinem schnellsten Laufe nur wenig nach, und machte um so größere Anstrengung, je mehr es das Hinderniß fühlte. Die Tiefe des Schnee's an manchen Stellen erschöpfte indeß das Thier, und es blieb einen Augenblick athemlos stehen, während es sich nach seinem unglücklichen Herrn umdrehte. Ich fürchtete meine Ungeschicklichkeit büßen zu müssen, aber nach kurzer Ruhe brach es von Neuem auf. Unterdessen erhaschte ich den Zügel, setzte mich wieder gerade auf, und wir setzten unsern Weg schneller, als vorher, fort."

Dieser Unfall ließ unsern Reisenden zurück; er holte die Gesellschaft erst ein, als man anhielt, damit die von der Hauptmasse Getrennten sich wieder sammeln könnten, und wir finden ihn nun an den Ufern des Aiby-Elf, eines Stromes, der in der Mitte noch offen war, und über den sie setzen mußten. Dies geschah auf folgende Weise:

„Die Lappländer, denen solche Hindernisse Kleinigkeiten sind, schickten sich ohne Zögern an, jedes Thier mit seinem Schlitten und Herrn hinüber springen zu lassen. Dies schien nicht weniger schwierig, als gewagt, ja sogar ganz unthunlich zu sein, da die nicht zugefrorene Stelle 7 Fuß in der Breite betrug. Die ganze Aiby-Elf mochte 20 Fuß betragen, und an jeder Seite befand sich ein kurzes, steiles Ufer. Der Raum zwischen dem, wo wir uns befanden und der freien Stelle im Flusse betrug 6—7 Fuß, und das Eis schien da fest und dick zu sein."

„Der Wappus stieg aus seinem Pulk und stellte sich an die Oeffnung; kamen die Schlitten an, so wurde jedes Thier von seinem Herrn zu dem äußersten Grade der Schnelligkeit getrieben, und es mußte nun den Abhang im vollen Galopp hinunter. Nur ein solcher gewaltiger Antrieb konnte uns wegen der Schwere des Schlittens und des darin Sitzenden hinüber bringen. Da die natürliche Kraft, welche die eigene Last gab, durch die Schnelligkeit des Thieres und die Glätte des Eises so sehr erhöhet wurde, so machte der Schlitten bei der Ankunft an der offenen Stelle von selbst einen so großen Sprung, daß er in den meisten Fällen den festen Theil des Eises gegenüber erreichte. Durch das Thier wurde er dann am andern Ufer hinaufgezogen. Die ersten drei oder vier machten ihre Sprünge so gut, daß das ganze Geschirr wohlbehalten hinüber kam. Dem unmittelbar vor mir Fahrenden mißlang es in dieser Hinsicht, denn ob es gleich über die offene Stelle hinwegsprang, so machte doch der Schlitten wegen seiner Schwere oder irgend einer andern Ursache den Sprung nicht weit genug, so daß nur der vordere Theil auf das Eis kam, der hintere aber mit dem darin Sitzenden in das Wasser sank, bis es dem Thiere durch Aufwendung seiner ganzen Kraft gelang, Alles wieder herauszuziehen. Ich verließ mich auf mein Thier, und täuschte mich nicht, denn es brachte mich glücklich hinüber."

„In der Nacht machte die aus 23 Personen bestehende Gesellschaft in einem Birkendickicht am Fuße der lappländischen Alpen Halt. Es trat ein heftiges Schneegestöber ein; nach langer Berathung entschloß man sich aber, nicht zurückzubleiben, und die Reise über die Solivara-Berge zu versuchen. Die Auffahrt war sehr langweilig, weil es steil emporging, und der Schnee noch weich war. Der Schnee fiel übrigens so dicht, daß es der Führer für gerathen hielt, von dem Versuche abzustehen. Nach einer Stunde heiterte sich indeß das Wetter wieder etwas auf, und man konnte die Reise nach kurzem Halte fortsetzen."

„Unser Halt währte kaum eine Viertelstunde, aber als diese verging, hörte das Zwielicht auf, und am Himmel erschienen funkelnde Lichter. Wir durften keine Zeit verlieren, denn wir hatten noch eine ziemliche Strecke vor uns, ehe wir an eine Stelle gelangen konnten, die uns Holz zum nächtlichen Bivouak gab. Der glänzende Abendstern beleuchtete unsern Weg, während wir über den gefrorenen Gipfel des Solivara, des höchsten Berges der finnmärkischen Alpen hinglitten. Der Schnee war hart, wie Stein, und unsre Thiere flogen nach der Erholung schnell dahin. Wir hatten jetzt ungefähr die Hälfte der Entfernung bis zum Anfange des Abhanges an der entgegengesetzten Seite des Berges zurückgelegt, und uns bis jetzt an dem hellen Wetter erfreut, sollten nun aber auch das Gegentheil kennen lernen. Unsere Führer, die mit der gewöhnlichen Vorsicht solcher Leute auf Alles achteten, bemerkten nach Westen zu eine kleine, nebelige Stelle, welche jenen Theil schwach verdunkelte, und auf uns zu zu kommen schien. Ich würde sie wahrscheinlich nicht entdeckt haben. Die Lappländer dagegen kannten aus Erfahrung die Bedeutung jenes Nebels und die Gefahr, wenn sie mit ihm zusammentreffen sollten, zu wohl, als daß sie nicht auf der Hut sein sollten. In einem Augenblicke waren wir Alle in Verwirrung; unser Führer deutete uns den nachkommenden Feind an, und wir mußten so schnell, als es unsere Thiere vermochten, vorwärts eilen."

„Der Führer flüsterte mir geheimnißvoll zu, der Nebel werde uns bald überholen, ich möchte dann mein Thier so sehr als möglich antreiben, mich um keine andere Person kümmern, und nicht zurückbleiben. Mein Rennthier war in der That eines der besten und flüchtigsten, und ich hatte mich bereits an die Führung so gewöhnt, daß ich ziemlich sicher darauf traute, ich werde nicht zurückbleiben, wenn kein Unfall eintrete. Ich schlang also das Ende des Zügels fest um meinen Arm, damit er nicht abfallen konnte, folgte dem Beispiele des Wappus und schlug das Thier an die Seiten, um seinen Lauf zu beschleunigen. Alle Uebrigen thaten dasselbe. Zwei Sterne im Südosten hatten uns bis dahin als Leitpunkte gedient, aber bald wurde Alles um uns her verdunkelt. Der Nebel holte uns ein; nach wenigen Minuten war kein Stern am Himmel mehr sichtbar, und wir konnten unsere nächsten Nachbaren nicht erkennen. Wir fuhren indeß mit derselben Schnelligkeit weiter, wenn auch blindlings, und ohne daß sich Einer um den Andern bekümmerte. Sehr nützlich zeigten sich jetzt die Glöckchen am Halse der Thiere, denn ohne diese würde wohl die Hälfte der Gesellschaft sich verirrt haben. So jagten wir längst dem Gipfel des Solivara hin, und fürchteten, es möge auf den Nebel ein Schneegestöber folgen. Der erste Führer merkte an der Neigung des Bodens, daß es bergab gehe, und überzeugte sich, daß wir in der Dunkelheit in einen Theil des Gebirges gelangt wären, den er nicht kenne. Wir mußten deshalb Schritt für Schritt unter der größten Vorsicht weiter fahren, bis wir uns plötzlich angehalten sahen. Das vorderste Thier hatte den Rand eines Abgrundes erreicht, und war aus Instinkt stehen geblieben. Zum Glück fuhren wir Alle langsam, sonst würde die ganze Gesellschaft verloren gewesen sein. Wir wendeten uns nun nach einer andern Seite hin, um eine Stelle zu suchen, wo der Abhang minder steil sei. Dies war bei der Dunkelheit nicht leicht, und bei jedem Tritte drohete Gefahr. Nach wenigen Minuten hörte ich ein verworrenes Geräusch unter den vorderen Schlitten, und ehe ich mich ganz vorbereiten konnte, ging es steil am Berge hinunter. Die Oberfläche war glatt, wie Eis, und der Schlitten flog mit Blitzesschnelligkeit dahin. Vergebens suchte ich ihn aufzuhalten; denn die Schnelligkeit, die er durch sein Gewicht schon nach wenigen Ellen erhielt, war so groß, daß er das Thier überholte, und dasselbe in die Füße stieß, bis es stürzte, worauf er selbst umschlug, und wie ein Ball rollte. So ging es den Berg hinunter, und das Thier wurde mit fortgezogen."

„Alle andern Schlitten befanden sich in derselben Lage, und überall rief man nach dem Wappus und nach Beistand. Der Führer kam uns auch, sobald er sich selbst freimachen konnte, zu Hilfe, und brachte die Thiere wieder auf die Beine. Am Fuße des Berges sammelten wir uns nach dem Schrecken wieder; der Schaden, den wir gelitten, war indeß nur unbedeutend, und über Verletzungen konnte Niemand klagen."

Rennthier-Wettrennen.

„Man nahm vier Rennthiere, das erste legte 5370 Pariser Fuß in 6 Minuten zurück; das zweite dieselbe Entfernung in 7 Minuten 30 Sekunden; die andern blieben zurück. Dieses Wettrennen wurde bei tiefem Schnee gehalten, der demnach das Laufen sehr erschwerte. Später wiederholte man denselben Versuch auf einem günstigeren Boden. Das erste Thier legte 3089 Fuß 8 Zoll in 2 Minuten zurück, also fast 19 englische Meilen in der Stunde, und in jeder Sekunde 25 Fuß 8 Zoll."

Das Elennthier, Elch oder Elenn (Cervus alces).

Es ist größer, als ein Pferd, der Kopf ähnelt dem Pferdekopfe, die Beine sind sehr hoch. Den Hals trägt es wagerecht. Sein Pelz ist lang, rauh und dunkelgrau, das Geweih fast ohne Stange, bildet eine große, dreieckige Schaufel, mit sehr vielen Enden. Es findet sich im Norden beider Welten, jedoch südlicher, als das Rennthier, und bei weitem nicht so zahlreich.

„So sehr sich der Edelhirsch," sagt ein Forstmann, „durch ein schönes Verhältniß seines Körperbaues auszeichnet, eben so sehr sticht das Elenn durch seine plumpe Gestalt dagegen ab; sie verhalten sich zusammen, wie Pferd und Esel. Der Edelhirsch liebt Gebirge und trockne Waldungen, Gras, junges Laub, fürchtet die Nachbarschaft der Menschen nicht, das Elenn dagegen sucht einsame, niedrige und nasse Länder mit Sümpfen. Sobald diese Gegenden bewohnt werden, zieht es sich zurück. Sie sind übrigens wahre Waldverwüster, theils durch das Abbeißen der Sprossen, theils durch das Abschälen der Rinden junger Bäume im Frühjahr. — Ungeachtet der weiten Naslöcher haben sie doch einen schlechten Geruch, dagegen ein besseres Gesicht und Gehör. Sie fahren beim geringsten Geräusch in die Höhe, sehen sich aber um und traben erst fort, wenn sich Jemand nähert, werden auch nicht flüchtig durch den Knall einer Flinte, so daß man noch einmal laden kann. Die Wölfe suchen sie auf das Eis zu treiben, wo sie stürzen und überwältigt werden, weil sie nicht mehr aufstehen können. Das Thier ist nämlich höher, als lang, und unförmlich, besonders durch die 4 Zoll langen Naslöcher, und die 3 Zoll überhängende Oberlippe."

Elennthierjagd.

Der Baron von La Honton brachte den ganzen Winter von 1686 mit einem Trupp Wilden und Negern auf der Jagd dieser Thiere in Canada zu. Statt Schneeschuhen hat man daselbst Schneeraketen. Sie reisten aus der Gegend von Montreal, unter 46 Grad, 40 Stunden vom Lorenzflusse nach Norden, an einen kleinen See, wo sie den Schnee wegscharrten und sich Hütten von Baumrinden bauten. Unterwegs schossen sie sich Hasen und Birkhühner, um davon zu leben. Dann gingen die Wilden ringsum, 2—3 Stunden weit, um die Spur der Orignale aufzusuchen. Hatten sie dieselben entdeckt, so kam einer zurück, um es der Jagdparthie anzuzeigen. Sie gehen ihrer 5, 10 bis 20 zusammen, und fliehen, sobald sie Jemanden bemerken, werden aber bald von den Hunden eingeholt und aufgehalten, so daß man bei gefrornem Schnee nach einer Viertelstunde schießen kann. Können sie nicht mehr entkommen, so kehren sie nicht selten um, und schlagen mit den Vorderfüßen den Jäger todt, wenn er sich nicht hinter einen Baum verstecken kann. Hat man deren hinlänglich getödtet, so baut man sich auf derselben Stelle neue Hütten, macht Feuer an, zieht die Thiere ab, trocknet die Häute, läßt sich das Fleisch schmecken, und bleibt so lange, als man zu essen hat. Dann zieht man weiter und weiter, bis der Schnee schmilzt; worauf man wieder von Hasen und Rebhühnern lebt. Indessen näht man die Häute der Orignale zusammen, verschmiert die Nähte mit Letten und macht daraus kleine Boote, in denen man auf den Flüssen nach 3 Monaten zurückkehrt. Sie hatten 70 Stück geschossen, und hätten 2—3 mal soviel bekommen können, wenn es nicht blos eine Lustparthie gewesen wäre. Des Sommers werden sie beschlichen, und auch in Schlingen gefangen. Sie sind so groß, wie ein Maulthier, das Haar lang und braun, sie schreiten nicht, sondern traben, fast wie der gemeine Hirsch, und können dieses, nach Aussage der Wilden, 3 Tage und Nächte fortsetzen; nach denselben soll es Geweihe geben, welche 3—4 Centner wägen.

Die Giraffe (Camelopardalis girassa).

Der erste Beobachter, welcher dieses Thier beschrieben hat, ist der Major Gordon, Commandant vom Cap. Er schoß eines in dem Districte Anamaca, welches vom Scheitel bis zur Erde 15 Schuh 2 Zoll hoch war, Widerrist 10 Schuh, Kreuz 8 Schuh 2 Zoll, von der Brust bis auf den Boden 5½ Schuh, Kopf 2, Hals 6, Rumpf 5 Schuh 7 Zoll, Hörner 7 Zoll, etwas kürzer, als die Ohren, schwach nach hinten geneigt, mit einer Haarquaste. Die Oberlippe ist größer und dicker, als die untere, und beide behaart, die Augen groß und schön. Die Grundfarbe weiß, mit großen, dicht beisammenstehenden, röthlichen Flecken, welche im Alter dunkler werden; der Schwanz dünn, ziemlich kurz, mit einem Zopf von schwarzen Haaren, wie Roßhaar; die Afterhufe fehlen, so wie die Thränenbälge. Es geht im Schritt und im Galopp, und neigt dann bei jedem Schritt den Hals nach hinten; dennoch ist es so hurtig, daß es kaum von einem Pferde eingeholt wird. Es zupft gewöhnlich das Laub von den Bäumen, kann aber auch grasen, und biegt dann ein Knie, wie die Pferde. Es ist sehr gutmüthig,

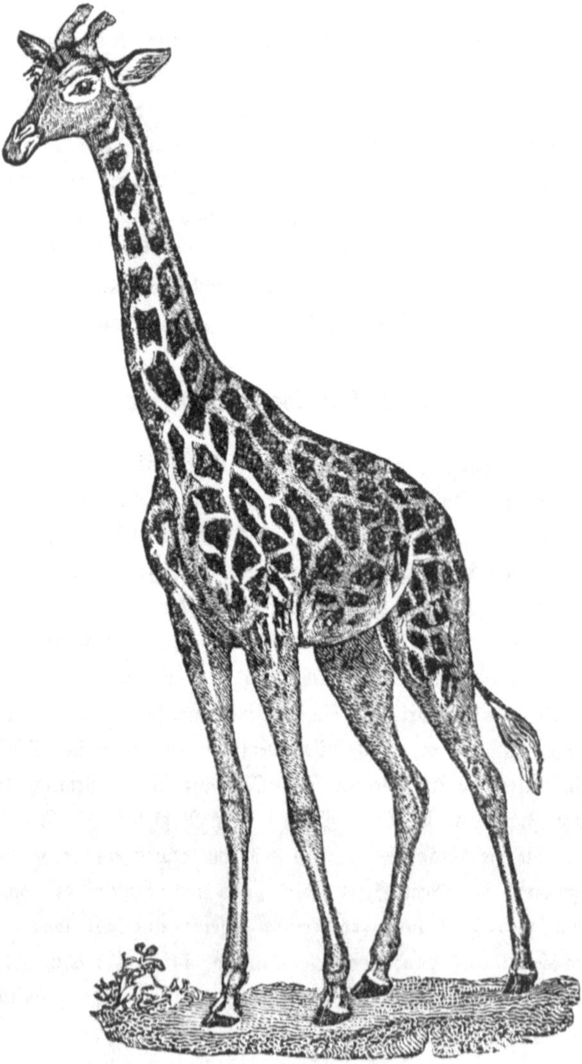

und selbst bei Verwundungen zeigt es weder Muth noch Rache; obgleich es stark strampelt. Die Hottentotten tödten es mit vergifteten Pfeilen; sie essen das Fleisch, obschon es nicht besonders schmeckt, und machen Schläuche aus der Haut zur Aufbewahrung des Wassers.

Die ersten Giraffen in Europa.

Vor mehreren Jahren kamen mehrere lebendige Exemplare nach Paris, London und Wien, wo sie aber nicht lange lebten, sondern bald, meistens an Knochenkrankheit, starben. Sie wurden von armen Leuten, zwischen Sennaar und Darfur, mit Cameelmilch ernährt, vom gegenwärtigen Vice-König Mehemed Ali gekauft, und nach Europa als Geschenke geschickt. Sie machten die Reise zu Fuß bis nach Siout, dann auf dem Nil nach Alexandrien, und das nach Paris bestimmte kam am 4. November 1826 in Marseille an, 22 Monate alt, wo es, wegen des Winters, bis zum 20. Mai 1827 blieb, und dann von Geoffroy St. Hilaire abgeholt wurde. Man machte damit sehr kleine Reisen, und kam erst am 5. Juni zu Lyon an. Es war ein Weibchen, und das erste, welches man lebendig in Frankreich gesehen.

Man konnte ihm natürlicher Weise auf dem Schiffe keine Zweige geben, und daher gewöhnte man es an gequetschtes Welschkorn, Gerste, Saubohnen und Milch, wobei man auch blieb. Es wurde sehr zahm und behielt seine Stärke und Gesundheit. Warf man ihm jedoch Acacienzweige auf den Boden, so spreizte es die Vorderbeine aus einander, bog das Knie, umfaßte sie mit seiner langen, schmalen, schwarzen Zunge, und fraß sie auf. Geoffroy hat an einem jungen Schädel vom Cap ebenfalls gesehen, daß die Hörner abgesonderte Knochen sind.

Die Gemse (Antilopa rupicapra).

Unter der großen Anzahl von Antilopen ist die Gemse die einzige europäische. Sie findet sich auf allen Alpen in Europa. Die höchsten Bergspitzen sind ihr Aufenthalt, weshalb es schwer ist, ihre Lebensweise zu beobachten. Man trifft die Gemsen meist in Gesellschaft an, und man hat schon 60 beisammen gesehen. Gewöhnlich steht eine auf einem höheren Felsen Wache, welche durch einen durchdringenden Pfiff die andern warnt, sobald sie etwas merkt.

Die Gemse ist ein nützliches und durchaus unschädliches Thier. Im Frühjahr sieht sie weißgrau aus, im Sommer roth, im Herbste dunkelbraun. Dann ist sie am fettesten. Ihre Jagd ist sehr gefährlich.

Von der Gemsenjagd.

Ihr größter Feind ist der Mensch, obschon die Jagd sehr gefährlich ist, und selten ein Gemsenjäger eines natürlichen Todes stirbt, oder mit unverstümmelten Gliedern aus der Welt geht. Er muß ein vortrefflicher, verwegener Schütze sein, mit Fußeisen über die steilsten Klippen, neben den schrecklichsten Abgründen, über schlüpferige Schneefelder und gespaltene Gletscher gehen, ohne je Schwindel zu bekommen. Ueberfällt ihn ein Nebel, so darf er sich nicht von der Stelle bewegen, ohne in Lebensgefahr zu kommen. Hat er einmal geschossen, so entfliehen alle Gemsen, und er kann den ganzen Tag keinen Schuß mehr thun. Ueberrascht er sie an einem Orte, der nur einen Ausweg hat, so stürzen sie alle auf denselben los, wobei er in den Abgrund gestoßen werden kann, wenn ihm das Ausweichen unmöglich ist; daher lauert ihnen der Jäger, wo möglich Morgens und Abends auf, wo sie zur Weide oder Salzlecke gehen. Junge fängt man bisweilen in Schlingen. Und was ist von allen diesen Gefahren der Gewinn? Höchstens 10 bis 15 Gulden. Das Fleisch beträgt etwa 50 Pfund, und für das Fell, welches gute Beinkleider giebt, bezahlt man 6 bis 9 Gulden. Die alten Böcke haben oft Gemsenkugeln, aus Wurzeln, Kräutern und Haaren zusammengesetzt, im Magen, welche ehemals mit 4 Kronen bezahlt wurden, weil sie als Bezoare gegen verschiedene Krankheiten gut sein sollten. Während so der Jäger mehrere Tage lang herumirrt, lebt seine Familie in der schrecklichsten Angst und Entbehrung des Schlafes. Man hat Beispiele, daß Großvater, Vater und Sohn umgekommen sind. Sehr oft bekommen sie auch Händel mit Gemsenjägern aus andern Dörfern und Ländern, wobei sie entweder ihre Beute verlieren, oder gar verwundet werden.

Unter den Antilopen außer Europa sind merkwürdig: die schlanke Gazelle in Asien und Nordafrika mit ihren schönen Augen und dem freundlichen Blicke; die Zwerggazelle in Indien, welche nur einen Fuß hoch wird; der Springbock im Innern von Afrika, welcher Sätze von 20 Fuß macht, die Bezoarziege in Ostindien, in deren Magen sich der Bezoarstein findet; die Kropfgazelle, die Bubalantilope, die Pferde-Antilope, das Gnu. Man zählt über 40 Arten Antilopen.

Die Ziege (Capra hircus.)

Dies Thier ist Euch Allen hinlänglich bekannt. Es ist ein muthwilliges und launiges Thier, bald freundlich, bald stößig, springt und hüpft gern, klettert auf Berge und mäckert unaufhörlich. Eine Ziegen-

Heerde zu regieren, ist nicht leicht, weil sie über Gräben und Zäune springen. Sie nähren sich von Berggras, Laub und Kräutern. Man

hält sie bei uns vorzüglich wegen ihrer gesunden Milch, aus der man guten Käse, auch wohl Butter macht. Das Fell liefert das feinste Leder, Korduan, Saffian, Pergament und dergleichen. Das Haar

wird zu Hüten, Bürsten, Pinseln benutzt, auch wohl zu Garn gesponnen.

Die wilde Ziege lebt in den asiatischen Gebirgen, wird von den Persern Paseag genannt, und ist die Stammrace der zahmen Ziege.

Der Steinbock (Capra ibex).

Er lebte ehemals auf dem ganzen Alpenzug durch Deutschland, jetzt nur noch in Savoyen, ist jedoch sehr selten geworden. Es ist ein $4^1/_2$ Fuß langes und $2^1/_2$ Fuß hohes Thier. Seine fast viereckigen, sehr knotigen Hörner sind $2^1/_2$ Fuß lang. Seine Farbe ist hell, erst grau, nach den Seiten braun. Der Bauch ist weiß. Auf den höchsten

Wäldern in Wallis und Savoyen weiden die Steinböcke des Nachts, doch nie weiter, als eine Viertelstunde vom Gipfel des Berges. Beim Sonnenaufgang steigen sie weidend höher, und suchen sich dann den höchsten und wärmsten Platz aus, um sich zu lagern.

Die Steinbockjagd ist eine der gefährlichsten, und fordert einen kühnen, geschickten und starken Mann, der Beschwerden, Gefahren, Hunger und Kälte ertragen kann. Daß jedoch der Steinbock und die Gemse in der Gefahr auf den Jäger losrennen, um ihn in den Abgrund zu stürzen, ist irrig, und geschieht nur durch Zufall.

Das Schaf (Ovis).

Von allen Thieren hat sich der Mensch gewiß das Schaf zuerst gezähmt. Es ist ein schwaches, wehrloses Thier, das sich leichter, als irgend ein anderes bändigen läßt. Es ist fast über die ganze Welt verbreitet. Die Gestalt des Schafes ist Euch Allen bekannt. Die

großen, dummen Augen, das dürre, spitzige Maul, die 4 mageren, steifen Füße, und der wollige, wenig bewegliche Schwanz bezeichnen es hinlänglich. Bei den Schafböcken oder Widdern sind noch die schraubenförmig gewundenen Hörner zu bemerken. Es ist ein außerordentlich nützliches Thier. Seine Wolle giebt uns Kleidung, sein Fleisch ist eine gesunde Speise, seine Haut giebt Leder, seine Därme Saiten, aus seinen Knochen bereitet man Leim.

Unter den verschiedenen Racen sind zu merken: die tibetanische, mit der feinsten Wolle; die spanische, mit kurzer, feiner Wolle; die englische, mit langer, glänzender Wolle; die isländische, mit 2, 4, 6, 8 Hörnern; die arabische und ägyptische, mit dem 30 Pfund schweren Fettschwanz; die kretischen, mit den spindelförmig gewundenen Hörnern, die kleinen Haidschnucken in der lüneburger Haide, deren Weibchen auch Hörner haben.

Das Schaf und die mitleidige Kuh.

„Während eines Nachmittagspazierganges mit einem Freunde auf einem Hügel in der Nähe von Coventry," sagen die geistreichen, englischen Herausgeber von Cuvier's „Thierreich," „bemerkten wir, wie einige Schafe einer dort weidenden Kuh stier in das Gesicht sahen. Dies erregte unsere Aufmerksamkeit, und als wir näher kamen, erhob die Kuh mit einem Male den Kopf, und die Schafe traten aus einander, um, wie wir glaubten, ihr Platz zu machen. Sie ging indessen nur etwa zwölf Ellen weit, als sie ein Mutterschaf erreichte, das, wie wir bisher nicht bemerkt hatten, auf den Rücken gefallen war, und sich nicht wieder aufrichten konnte. Die Kuh steckte die Spitze ihres Hornes unter das Thier, und gab ihm einen so wohl geleiteten Stoß, daß es sogleich auf die Beine kam. Unterdessen hatten sich die anderen Schafe zerstreut, und die beiden Thiere gingen ebenfalls wieder ihren Weg."

Der zahme Ochs (Os taurus).

Er ist ein plumpes, eckiges, schwerfälliges und langsames, aber geduldiges und ausharrendes Thier, das uns durch Milch, Fleisch, Talg, Hörner, Knochen, Leder und Haare vielfachen Nutzen gewährt. Es ersetzt in vielen Ländern, besonders in gebirgigen, wo es besonders an Pflug und Wagen gespannt wird, das Pferd. Man unterscheidet bei uns folgende Racen: die dänischen und jütländischen Ochsen sind dickleibig, mit kurzen Füßen und wenig ausgebogenen Hörnern; die polnischen haben hohe, braune, weit auseinanderstehende Beine; die ungarischen sind weißlich, dickleibig und kurzbeinig; die Schweizer Ochsen sind groß, lang und hoch; die Friesländer sind lang, dick, breit und meist roth; die fränkischen sind hochbeinig, langgestreckt; die böhmischen sind stark, untersetzt, und wiegen gemästet bis 16 Cntr.

Der Zebu (Bos taurus indicus).

Dieser Ochs ist das gemeine Rindvieh in ganz Indien, Persien, Arabien, Madagaskar und in Afrika. Merkwürdig ist sein oft 50 Pfund schwerer Fetthöcker. Der Zebu läuft so schnell, wie ein Pferd, und wird daher an Reisewagen gespannt. Man beschlägt ihn, schirrt ihn an, wie das Pferd, und leitet ihn mit einem Seil durch die Nase.

Der amerikanische Büffel (B. americanus).

Ein unbändiges Thier, mit mähnenartigen, krausen Haaren. Die Hörner sind kurz, auf den Schultern ist ein Buckel. Ihr Haupt-Aufenthalt ist zwischen der Hudsonsbay und dem nördlichen Meere. Reisende versichern, Heerden von 20,000 Stück gesehen zu haben.

Eine solche schwamm über den eine englische Meile breiten Missuri, und reichte von einem Ufer bis ans andere, obschon sie so dicht an einander waren, als möglich. Sie sind hier so häufig, daß der Reisende sich immer hindurchwinden muß. Am liebsten halten sie sich in offenen Ebenen, verfolgt, fliehen sie in die Wälder, aber mit solcher Stärke und Schnelligkeit, daß sie armsdicke Bäume dabei umreißen. Sie sind scheu, und nur verwundet verfolgen sie den Jäger, der sich jedoch gewöhnlich zu Pferde befindet. Das Fleisch des Büffel ist gut, die Zunge ist ein Leckerbissen, die Felle geben vortreffliche Decken. Außer dem amerikanischen giebt es noch den capischen am Cap der guten Hoffnung, und den Büffel in Ostindien.

Eine Büffelheerde flieht vor dem Glanze der Waffen.

Eine Colonne englischer Soldaten bemerkte vor einigen Jahren auf ihrem Marsche nach Patna eine Heerde dieser Thiere. Kaum erblickten diese die rothe Uniform der Soldaten, als sie durch die gewöhnlichen Zeichen ihre Wuth verriethen und davonjagten; plötzlich drehten sie sich aber um, kamen heran, als wollten sie angreifen, und die Hörner, die weit über die Köpfe hinausragten, sahen von weitem wie feindliche Reiter aus. Ein Theil der Colonne machte deshalb Halt; die von dem Glanze der Waffen erschreckten Thiere kehrten um und flohen.

Zahme Büffel vertheidigen ihren Herrn gegen die Tiger.

Zwei Bibaries, d. h. Leute, die Getraide und Kaufmannswaaren auf Büffeln fortschaffen, trieben eine Reihe solcher beladener Thiere von Palamow nach Dschittrah. Eine Stunde von letzterem Orte etwa fiel ein Tiger den hintersten Mann an; ein Guhah oder Hirt, der Büffel in der Nähe hütete, eilte jenem Mann muthig zu Hilfe, verwundete den Tiger gefährlich mit seinem Schwerte, der nun den Bibarie losließ und den Hirten packte. Die Büffel, welche dies sahen, stürzten auf den Tiger, befreiten ihren Herrn und warfen sich den Angreifer einander mit den Hörnern zu, so daß er bald ums Leben gebracht war. Beide Verwundete wurden der Pflege Johnson's übergeben. Der Bibarie genas, aber der Hirt war so übel zugerichtet worden, daß er starb.

Der Büffel und der rothe Tisch.

Ihre große Abneigung gegen die rothe Farbe ist auch in Indien bemerkt worden, wie in Europa und am Vorgebirge der guten Hoffnung. Ein noch lebender, englischer General erzählt, er habe als junger Mann einen Landstrich in Ungarn vermessen und zufällig eines kleinen, unten mit rothem Marokin belegten Tisches sich bedient. Bisweilen habe er ihn, wenn er von einem Orte zum andern gegangen, mit dem Papiere darauf an die Brust gehalten, sogleich mit fortgetragen, so daß die rothe Farbe vorn war. Plötzlich bemerkte er, daß eine in ziemlicher Entfernung weidende Ochsenheerde unruhig werde, mit emporgehaltenen Schwänzen in vollem Laufe und wüthend auf ihn zukomme. Er konnte sich die Ursache dieses Aufruhrs nicht denken, setzte aber den Tisch hin und blieb stehen, worauf die ganze Heerde ebenfalls stehen blieb und herumblickte, als sei ihren Augen etwas entschwunden. Er nahm seinen Tisch also wieder wie früher auf, daß das Rothe nach vorn kam, und ging weiter. In demselben Augenblicke kamen die Ochsen wüthend wieder auf ihn zu; er errieth nun zum Glück die Ursache, drehte den Tisch um, und konnte nun unangefochten weiter gehen.

Der Urochs (Bos urus, bison)

Er ist einer der größten Ochsen. Er hat mähnenartige, krause Haare von Kopf und Hals, eine sehr breite Stirn, und mäßige von einanderstehende, mondförmig nach innen gebogene Hörner. In Europa findet er sich gegenwärtig nur in einem Forst in Litthauen unter dem Schutze des Kaisers. Der gegenwärtige Stand beträgt 711 Stück. Viele selbst alte Urochsen werden von den Wölfen zerrissen. — Auffallend ist der Abscheu, den die Pferde vor den Urochsen haben; sie wittern ihn schon 300 Schritt weit.

Die Jagd des Urochsen.

Es darf keines dieser Thiere ohne Erlaubniß von Petersburg geschossen werden, und diese wird gewöhnlich nur gegeben, wenn irgend ein Naturforscher eines zu seinen Untersuchungen verlangt. Um diese Thiere nicht zu verscheuchen, muß die Jagd in der größten Stille, ohne Jubel und Waldhörner, vollzogen werden. Die Schützen bilden sodann, unter Anführung ihres Försters, eine Kette unter dem Wind, am Rande des Waldes, worin sich eine Heerde aufhält. Die mit Stöcken versehenen Bauern treiben mit lautem Geschrei und mit Klopfen an den Bäumen, von der entgegengesetzten Seite bis zu den Schützen, welche das bestimmte Stück erlegen. Das Thier blähet sich nach dem Tode sehr auf, und wenn man dann eine Oeffnung in den Bauch macht, und ein Licht davor hält, so entzündet sich das Gas zwei Schuh hoch.

Außer diesen Ochsen sind noch zu erwähnen: der Grunzochse, mit seidenartigen Haaren, nebst Mähne und Roßschwanz; und der Bisam-Ochse mit seinen oft 80 Pfund schweren Hörnern.

Die Wale oder Walfische.

Diese Thiere haben keine Hinterfüße und leben blos im Wasser. Statt der Vorderfüße haben sie Flossen, an deren Skelett man die Fingertheilung sieht, obgleich sie äußerlich nicht sichtbar ist. Ihr walzenförmiger Körper endigt sich in einen breiten, platten, horizontal-liegenden Fischschwanz. Von den Fischen unterscheiden sie sich, daß sie warmes Blut, keine Gräten, sondern Knochen haben, durch Lungen, und nicht durch Kiemen athmen, und daß die Weibchen ihre Jungen säugen.

Der grönländische Wal (Balaena mysticetus).

Dies ist derjenige Wallfisch, um dessentwillen jährlich ganze Flotten ausgerüstet werden. Wir werden das Thier und seinen Fang am besten aus folgender Beschreibung kennen lernen.

Vom Walfischfang.

Da in der Baffingsbay in der letzten Zeit viele Schiffe zu Grunde gegangen sind, so entschloß sich W. Scoresby, im Sommer 1822 mit einem Schiff von 321 Tonnen an die Ostküste von Grönland zu segeln. Es fuhr am 27. März ab; sie trafen schon am 14. April flößendes Eis in der Nähe der Faröer; am 25. waren sie unter 75 Grad Breite, und die Sonne ging nicht mehr unter. Sie nahmen nun ihre 7 Boote zwischen den Verdecken hervor, und rüsteten sich auf die Walfische. Am 27. waren sie unter 80 Grad, in der Nähe des Vorgebirges Hakluyt, wo sie eine Menge Walrosse auf dem Eise liegen sahen. Da sie in so hoher Breite nichts bekamen, so segelten sie wieder südlicher und westlich Grönland zu, kamen am 22. Mai unter 76 Grad, und sahen eine Menge Narwale, wovon ein junger gefangen wurde. Sie machten sich nun in das Treibeis, um Walfische zu finden, von denen sie auch zwei sahen, später wieder drei, und mehrere andere hörten sie im Nebel blasen. Endlich wurde am 1. Juni einer mit der Harpune getroffen, er kam erst nach 40 Minuten wieder herauf, und wurde dann abgethan. Man schnitt Speck und Fischbein aus, was 4 Stunden dauerte. Nicht weit davon hatte ein Schiff von Altona auch einen gefangen. Am 2. Juni sahen sie wieder viele Walfische, durften aber keine fangen, weil es Sonntag war; die Altonaer hatten jedoch alle Boote nach ihnen ausgesetzt. Den andern Tag spielten zwischen den Eisbergen, an verschiedenen offenen Stellen Truppen von Walfischen 5—6 beisammen, waren aber nicht zu bekommen. Ein harpunirter zog die Leine über $^1/_2$ englische Meile aus dem Boote, und versteckte sich bald da, bald dort zwischen dem Eis, bis endlich die Harpune nach 12 Stunden ausriß. Später traf man einen andern, er zog nur 480 Faden aus, kam dann wieder hervor, und wurde nach $1^1/_2$ Stunden getödtet. Das Fischbein war 10 Schuh lang und der Thran wurde auf 15 Tonnen geschätzt, die Tonne zu 2 Centner. Narwale zu 15—20 spielten oft um sie herum, meistens bloß männliche Thiere.

Am 5. waren sie mit dem Eis südlich getrieben, bis 74 Grad. Am 12. sahen sie in der Nähe von Grönland wieder einen Walfisch, und erlegten einen weißen Bären. Am 20. sahen sie gegen 100 Walfische beisammen; einer wurde harpunirt, aber der Harpunier, dem sich das Seil um den Arm schlang, unter Wasser gezogen; der Fisch entkam. Die Schnelligkeit, womit diese Thiere anfangs fallen, beträgt in der Secunde 13—15 Schuh, oder 8—9 englische Meilen in der Stunde. Drei andere Schiffe hatten indessen 4 Walfische gefangen. Um diese Zeit segelte schon einer von Bremen mit voller Ladung nach Hause, was für sie, die fast noch nichts gefangen hatten, ein niederschlagender Anblick war. Am 24. wurde wieder einer harpunirt; die Harpune ging aber los, als er 300 Faden nach sich gezogen hatte. Des Abends zog ein anderer 960 Faden aus, wurde aber binnen 3 Stunden getödtet. Es war ein guter Fang, den man wenigstens auf 20 Tonnen Thran und 20 Centner Fischbein schätzen konnte. Die längsten Barten maßen 11 Schuh.

Am 26. waren sie unter 71 Grad, nicht weit von Grönland, sahen wieder einige Walfische an den Eisfeldern, beschäftigten sich aber, den Speck in die Fässer zu bringen. Sie erlegten einen Narwal, der 15 Schuh lang war und 9 Schuh im Umfang hatte, der Zahn 7 Schuh 6 Zoll. Am 1. Juli zeigten sich wieder einige Walfische; am 2. eine ganze Menge in einer Bucht von Treibeis. Alle Boote verfolgten sie den ganzen Tag vergebens, weil das Wasser ruhig war, und die Thiere jede Annäherung wahrnahmen. Abends wurde einer harpunirt, er blieb eine ganze Stunde unsichtbar, kam dann ermattet dicht neben dem Schiff herauf, erhielt noch eine Harpune und mehrere Lanzenstiche, daß er in wenig Minuten starb. Die Ermattung kam ohne Zweifel daher, daß er zu lange unter Wasser verweilt hatte. Der Walfisch beträgt sich überhaupt sehr verkehrt bei seiner Verwundung, bliebe er auf der Oberfläche und ginge schleunigst in gerader Richtung fort, oder erwartete er den Angriff seiner Feinde, und triebe sie mit gehörigen Schlägen seines furchtbaren Schwanzes zurück; so würde er oft siegreich aus dem Kampfe gegen den Menschen gehen, dessen Stärke und Größe kaum $^1/_{900}$ der seinigen beträgt. Daselbst wurden auch 2 weibliche Narwale erlegt, 13 Schuh lang, der Zahn 4 Schuh. Am 8. Juli sahen sie Finnfische; am 15. wurde ein junger Walfisch gefangen, sein Fischbein war nur 2 Schuh 8 Zoll lang, dennoch gab er 6 Tonnen Thran. Der Kopf wurde auf das Verdeck gezogen, und dann auch der Rumpf, nachdem der Speck abgenommen war. Große Thiere bleiben größtentheils unter Wasser liegen, und können daher nicht gehörig untersucht werden.

Ein Säugling ist lang 19 Schuh, Umfang 14 Schuh 5 Zoll; die Haut $1^3/_4$ Zoll dick, an einem ausgewachsenen Thiere noch einmal so dick, der Speck 5 Zoll. Das längste Fischbein nur 12 Zoll, und der äußere Theil nur 6 Zoll, ohne die vielen Fasern, womit die Alten Krabben und andere kleine Thiere festhalten. Das Zwergfell 2 Zoll dick; in die Drosselschlagadern kann man einen Arm stecken; das Hirn nur 3 Pfund und 24 Loth, das des Menschen 4 Pfund; die Speiseröhre kaum $2^1/_2$ Zoll weit; die Naslöcher 4 Zoll lang, bei einem ausgewachsenen 10; die Oeffnung des Ohrs nur 2 Linien. Der Schädel 6 Schuh lang, bei einem ausgewachsenen 20, $5^1/_2$ hoch, 4 breit. Der Inhalt des ganzen Leibes mag 174 Cubikschuh betragen. Da er nun ziemlich so schwer wie das Wasser ist, so beträgt sein Gewicht 5 Tonnen, die Tonne zu 2,240 Pfund, mithin im Ganzen 11,200 Pfund. Einen der größten Walfische von 60 Schuh Länge und 12 Schuh Dicke, kann man demnach wohl auf 100 Tonnen anschlagen.

Der Walfisch nährt sich von den kleinsten Insekten und Schnecken, sein weiter Rachen setzt ihn in Stand, einige Tonnen Wasser auf einmal ins Maul zu nehmen; die beiden Reihen von zerfasertem Fischbein bilden eine Art Filtriermaschine, wodurch er alle im Wasser enthaltenen Körper, wären sie auch nur von der Größe eines Nadelkopfes, aussondern kann. Der Finnfisch nährt sich von Häringen, Makreelen und dergleichen; daher ist sein Fischbein kürzer, stärker, weniger dicht beisammen, bilden daher kein so gut Seilzeug. Die Naslöcher liegen auf der höchsten Stelle des Kopfes bei der wagrechten Lage des Thieres, welches durch den gleichfalls wagrechten Schwanz sich eben so bequem heben und senken kann, wie der Fisch sich von einer Seite zur andern schnellen kann. In den Naslöchern liegt ein dicker Muskel, welcher sich wie eine Klappe schließt, wenn das Thier sich in die Tiefe herabläßt, und mithin einen starken Wasserdruck erleidet.

Der Walfisch bildet den vornehmsten Handelszweig der Polargegenden, da er viel mehr Thran liefert, als irgend ein anderes Thier, und wegen seiner Furchtsamkeit und mindern Behendigkeit auch leichter gefangen wird.

Die Menschen haben früher aus Hang zum Wunderbaren, da ihnen alles Große noch nicht groß genug ist, von Walfischen geredet, welche 80—100 Schuh lang gewesen, und behauptet, daß sie noch früher, als man ihnen weniger nachgestellt, und sie daher Zeit gehabt hätten, gehörig auszuwachsen, 150—200 Schuh lang geworden wären. So groß sind sie heut zu Tage nicht mehr. Von 322, welche Scoresby hat fangen helfen, ist keiner über 60 Schuh lang gewesen; der größte maß 58. Vor 20 Jahren wurde einer bei Spitzbergen gefangen, dessen Fischbein 15 Schuh lang gewesen: er selbst aber noch nicht 70. Nach Carl Gieseke wurde im Jahre 1813 bei Godhab ein Walfisch gefangen, der 67 Schuh lang gewesen, eine große Seltenheit. Es läßt sich aber auch erweisen, daß sie vor 2—300 Jahren nicht größer gewesen. Die damaligen Seefahrer geben ihnen nicht mehr; Fischbein von

10—12 Schuh war schon sehr groß, und 25 Tonnen Thran sehr viel. Auch Martens spricht von keinem größeren.

Ein ausgewachsener Walfisch hat hinter den Finnen 30—40 Schuh im Umfang, Kopflänge 16—20, Breite 10—12; die Unterlippe ist so ausgeschweift, daß sie, von vorn gesehen, die Gestalt eines lateinischen U hat. Steht das Maul offen, so hätte ein bemanntes Boot darin Platz, denn es ist 15—16 Schuh lang, 8 breit und 10—12 hoch. Die Finnen stehen 2 Schuh hinter den Mundwinkeln, 7—9 Schuh lang, 4—5 breit; der Oberarm 2 Schuh dick. Sie können damit nicht auf ihren Rücken reichen, und mithin das Junge nicht darauf halten. Der Schwanz ist nur 5—6 Schuh lang, aber 18—24 breit, mondförmig. Die kleinen Augen liegen 1 Schuh hinter, und etwas über den Mundwinkeln. Die Naslöcher liegen 16 Schuh hinter der Schnauze; es wird ein feuchter Dunst, mit Schleim vermischt, aus ihnen gestoßen, wenn das Thier athmet, aber kein Wasser, wofern nicht das Ausathmen unter der Oberfläche des Meeres geschieht. Die gewöhnliche Länge des Fischbeins ist 10—11 Schuh, die Breite 12 Zoll; die größte Tafel wiegt 7 Pfund; in jeder der 2 Reihen stehen 300; das ganze Gewicht schätzt man auf eine Tonne, auch wohl $1\frac{1}{2}$ oder 33 Centner.

Auf dem vordersten Theile bei den Lippen sitzt ein dünner Bart aus wenigen kurzen, weißen Haaren. Die beiden Euter stehen 2 Schuh von einander, und sind beim todten Thier zurückgezogen. Die Milch gleicht der von anderen Säugethieren. Die Färbung ist schwarzgrau, eine Mischung von schwärzlich braun auf weißem Grunde; Rücken, der größte Theil des Oberkiefers, ein Theil des Unterkiefers, ein Theil des Schwanzes sammetschwarz; die Zunge, der vordere Theil des Unterkiefers, Lippe und ein Theil des Bauches sind weiß; Augenlieder,

Schwanzwurzel, Gelenke der Finnen grau. Aeltere Thiere sind größtentheils grau und weiß. Es giebt auch ganz schäckige; die jüngern sind bläulich schwarz, blau oder bläulich grau.

Die Oberhaut ist nicht dicker, als Pergament, und läßt sich leicht abziehen; die darunter liegende Schleimhaut, $^3/_4$ Zoll dick, besteht aus senkrechten Fasern; darunter kommt erst die ächte Lederhaut $^1/_4$ Zoll dick, weiß und zäh. Sie liegt unmittelbar auf dem Speck, der rings um den Leib geht, 8—20 Zoll dick ist, gelblich weiß, bei älteren roth, wie das Fleisch des Lachses. Die Lippen bestehen fast ganz aus Speck, und jede giebt 1—2 Tonnen Thran; die Zunge besteht aus einer weichen Art von Fett, das weniger Thran giebt; auf dem Schwanz ist der Specküberzug am dünnsten. Der Thran ist in Zellen des Specks enthalten, welche durch Sehnenfasern mit einander verbunden sind. Der Thran wird durch Hitze herausgetrieben, und er geht auch von selbst heraus, wenn die Sehnenadern faulen. 4 Tonnen Speck geben 3 Tonnen Thran, wovon eine Tonne 252 Gallonen hält oder 1933 Pfund. Walfische, welche 20 Tonnen Thran geben, sind nicht selten, man hat auch schon gefangen von 30 Tonnen. Bei einem 60 Schuh langen und 70 Tonnen schweren Thiere wiegt der Speck 30 Tonnen, die Knochen des Kopfes, das Fischbein, die Finnen und der Schwanz 8—10, der übrige Theil des Rumpfes 30—32. Das Fleisch der jungen Walfische ist roth, und schmeckt gebraten wie derbes Rindfleisch; das von alten ist fast schwarz und sehr grob. Die meisten Muskeln des Rumpfes dienen zur Bewegung des Schwanzes, welcher aus 2 netzartigen Lagen von Sehnen besteht, woraus man in Holland Leim siedet. Die Knochen sind sehr porös, und schwimmen, wenn der Thran herausgeträufelt ist. Zahl der Rippen 13.

Unter der großen Anzahl von Walen erwähnen wir nur noch:

1. den großen und kleinen Manati, mit rundem, tonnenartigen Körper. Es sind friedliche Thiere. Zuweilen gehen sie an das Land, um Gras zu fressen;

2. den Seeaffen, von dem man erzählt, daß er sehr lustig sei und närrische Streiche mache. Er soll sich zuweilen aus dem Wasser mit einer Seepflanze im Maul erheben, sie in die Höhe werfen, wieder auffangen, und damit spielen;

3. die Delphine, Thiere mit breitem Rücken und walzenförmigem Körper. Die Schnauze ist schnabelartig und mit 42—47 spitzigen Zähnen besetzt. Sie sind sehr gefräßig und schwimmen in großen Schaaren hinter den Schiffen her, um Alles zu fressen, was herausgeworfen wird;

4. das Meerschwein mit einem kegelförmigen Körper und einer kurzen, stumpfen, rüsselartigen Schnauze. In der Mitte über dem Auge liegt das mondförmige Spritzloch;

5. der Schwert- oder Säge-Delphin, der seinen Namen wegen seiner schwertartigen Rückenfinne führt.

Zweite Klasse.

Naturgeschichte der Vögel.

Die Vögel unterscheiden sich von den übrigen Thieren besonders durch den Bau ihres Körpers und ihre Lebensweise. Was ihren Körperbau anbetrifft, so sind alle mit einem Schnabel versehen, und mehr oder weniger mit Federn bedeckt. Ihre Sinneswerkzeuge sind weit mehr ausgebildet, so daß z. B. der Adler und andere aus der weitesten Entfernung die kleinsten Thiere zu erkennen vermögen. Die meisten von ihnen verändern jährlich zweimal ihr Clima, das heißt, sie ziehen aus einer Gegend in die andere, wie z. B. die Schwalben, die den Sommer bei uns verleben, und beim Beginn des Winters uns wieder verlassen und ein wärmeres Clima aufsuchen. Hierzu kömmt, daß die mehrsten Bewohner der Luft sind, durch die sie sich mit der größten Schnelligkeit bewegen können, so daß kein anderes auf der Erde lebendes Thier ihnen hierin gleichkommt. Denn während z. B. der Hirsch und das Rennthier 40 Meilen in einem Tage zurücklegen können, macht ein Vogel in dem Zeitraum einer Stunde schon 20 Meilen. So versichert ein Naturforscher von den Möven, daß sie oft truppweise auf 200 Meilen spatzieren fliegen, und doch an ein und demselben Tage wieder zurückkehren. Dies beweist, daß ein hochfliegender Vogel jeden Tag vier- oder fünfmal so weit fortkommen könne, als das schnellste vierfüßige Thier. Es sind namentlich die Flügel, welche ihnen diese Schnelligkeit in der Bewegung ertheilen; aber auch ihr übriger Körperbau trägt ganz besonders dazu bei. Denn sie haben ganz leichte Knochen, welche hohl und mit Luft angefüllt sind, und dadurch bewirken, daß sie oft eine ganze Strecke fortfliegen können, ohne einmal die Flügel zu bewegen. Was die Lebensweise der Vögel betrifft, so haben sie mit den übrigen Thieren gemein, daß sie theils Fleischfresser sind, wie alle Raubvögel, theils aber sich von Körnern nähren. Da sie aber nichts von Kauen wissen, obgleich der Schnabel die Stelle der Kinnlade der vierfüßigen Thiere zu ersetzen scheint, aber das Amt der Zähne nur höchst unvollkommen verrichten kann, und da sie deshalb gezwungen sind, ihre gesammelten Körner entweder ganz oder halb zerquetscht hinunter zu schlucken, so würden sie diese

Speise weder zu verdauen, noch sich dadurch zu nähren im Stande gewesen sein, wenn ihr Magen eben so, wie bei zähnigen Thieren beschaffen wäre. Allein die Magen der kornfressenden Vögel sind so fest und dicht, daß es ihnen leicht wird, mit Beihilfe kleiner, verschluckter Kiesel ihre Speisen zu verdauen. Denn indem sie diese mit den Körnern verschlucken, pflanzen sie gleichsam Zähne in ihren Magen, wodurch alsdann das Knäten und Zermalmen der Speisen mit weit stärkeren Kräften von Statten geht, als bei den vierfüßigen, sogar bei den fleischfressenden Thieren.

Die Vögel unterscheiden sich von den übrigen Thieren aber noch zweitens durch die Art ihrer Fortpflanzung. Während nämlich die übrigen vierfüßigen Thiere ihre Jungen lebendig zur Welt bringen, legen alle Vögel Eier, aus denen sie ihre Jungen ziehen, was immer zur Zeit des Frühlings geschieht, und wozu sie sich paarweise ein Nest bauen. Wer lehrte ihnen wohl die Kunst des Nesterbauens? —

Man unterscheidet:

Raubvögel.

Bei allen diesen Vögeln ist es zur allgemeinen und natürlichen Gewohnheit geworden, einen Geschmack an der Jagd, und eine Begierde nach Raub zu empfinden. Sie schwingen sich daher ungemein hoch in die Luft, sind mit starken Flügeln und Beinen, mit einem sehr scharfen Gesichte, mit einem dicken Kopfe, einer fleischigen Zunge versehen, halten sich am liebsten an einsamen Oertern und wüsten Gebirgen auf, und bauen ihre Nester gemeiniglich in den Felsenklüften oder auf den höchsten Bäumen. Merkwürdig genug sind die Männchen immer kleiner und schwächer, als die Weibchen. Alle Raubvögel sind von Natur viel härter und grausamer, als die übrigen. Sie haben alle, bald in einem höheren, bald geringerem Grade, die widernatürliche Art an sich, ihre Jungen viel früher, als andere Vögel, aus dem Neste zu jagen, und zwar schon zu der Zeit, wo diese noch gar sehr ihrer Sorgfalt und Unterstützung bedürfen. So bald nämlich den Alten die Jagd schwer wird, und es ihnen an Beute zu fehlen anfängt, jagen sie die Jungen aus dem Neste hinaus, schlagen sie mit ihren Flügeln, und gehen in den Anfällen ihrer Wuth oft so weit, daß sie ihre Nachkommenschaft selbst umbringen. Hieher gehört nun zuerst die Gattung der

Adler,

von denen es verschiedene giebt.

Der große Adler oder Steinadler.

Er stellt unter allen Adlern den größten vor, und man hat ihn auch den König der Vögel genannt. Das Weibchen ist 16—18 Pfund schwer, das Männchen hingegen wiegt nur 12 Pfund. Beide haben einen sehr starken Schnabel, der ziemlich einem blaulichen Horn gleicht, und außerdem schwarze, spitze Krallen, große, glänzende Augen. Man trifft diese Gattung in Griechenland, in Frankreich, in Deutschland, in den schlesischen Gebirgen und den Wäldern um Danzig herum, auf den karpatischen, pyrenäischen und irländischen Gebirgen an. Der Adler hat viel mit dem Löwen gemein, und da er gleichfalls eine außerordentliche Stärke besitzt, so muß man ihm unter den Vögeln ebenso die Oberherrschaft einräumen, wie dem Löwen unter den vierfüßigen Thieren. Auch Großmuth übt der Adler so gut, wie der Löwe aus, und ist eben so mäßig, als dieser. Kein Vogel schwingt sich so hoch in die Luft, als der Adler; daher ihn auch die Alten den Himmelsvogel, und bei ihren Wahrsagungen den Gesandten des Jupiter genannt haben. Eine Gans oder einen Kranich zu rauben, ist für ihn leicht; aber auch Hasen, junge Lämmer und Ziegen hebt er leicht mit sich in die Lüfte. Sein Nest soll er gleich so fest bauen, daß es für seine ganze Lebenszeit dauert. Wenn auch schwer, so läßt sich doch der junge Adler zur Jagd auf andere Thiere abrichten. So lernen z. B. die Jungen, die man aus dem Neste genommen, Hasen, Füchse und Rehe, angreifen. Von diesem Adler verschieden ist

Der gemeine Adler.

Diese Art ist nicht so edel, als die vorige, und man unterscheidet ferner noch in ihr den braunen und schwarzen Adler. Diese beiden sind viel kleiner, als der vorhergehende, und unterscheiden sich von jenem auch dadurch, daß sie ihre Jungen vollkommen groß ziehen, während jener sie früh aus dem Neste stößt. Uebrigens sind diese beiden unter sich nur der Farbe nach verschieden. Diese Gattung des gemeinen Adlers ist viel zahlreicher, und in ungleich mehreren Gegenden anzutreffen, als der große; auch fangen diese ohne Unterschied vierfüßige Thiere, Schlangen und Vögel. Sie verschlingen die Fische so, daß sie den Kopf zuerst in den Rachen bringen. Ihre gewöhnliche Stimme ist grob, fast wie die Stimme des Raben, den sie an Größe zweimal übertreffen.

Der kleine Adler.

Er hat ein schäckiges Gefieder, ist kleiner und nicht so stark, als die vorigen. Man hat ihn auch den klagenden oder schreienden Adler genannt, weil er fast beständig ein jämmerlich, klagendes Geschrei hören läßt. Seine größte Beute ist der Kranich, außerdem stößt er gemeinlich nur Enten, kleinere Vögel und Mäuse. Schon hieraus sieht man, daß er viel Zaghaftigkeit besitzt, und deshalb sich nicht zur Jagd auf andere Thiere eignet. Ueberhaupt richtet man nur die beiden vorigen Gattungen zur Jagd ab, wozu aber viel mehr und anhaltendere Sorgfalt erfordert wird, als zur Abrichtung anderer Stoßvögel; denn sie entfliehen sehr oft wieder, wenn man glaubt, daß sie schon zahm genug sind, um sich ihrer zur Jagd bedienen zu können. Man hat bemerkt, daß wenn ein Adler, indem er von der Hand gelassen wird, erst gegen die Erde sinkt, hernach aber in gerader Linie sich in die Lüfte schwinget, dies ein Merkmal seiner vorhabenden Flucht sei. In diesem Fall muß er durch Vorwerfung seines Futters eiligst wieder zurückgelocket werden. Wenn er sich aber während seines Fluges in einem Kreise über seinen Herrn herumschwinget, ohne sich weit von ihm zu entfernen, so ist dies ein Zeichen seiner Zuneigung und Ergebenheit, wobei man von seiner Flucht nichts zu fürchten hat. Uebrigens jagt der Adler im freien Zustande nie, oder doch selten allein; sondern Männchen und Weibchen machen die Jagd gemeinschaftlich. Man sieht sie fast beständig zusammen, oder wenigstens nicht weit von einander entfernt. Die Bewohner der Gebirge, welche die beste Gelegenheit haben, sie zu beobachten, geben vor, daß einer von beiden immer auf die Sträucher und Büsche schlägt, während der andere auf einem Baume oder Felsen das so aufgejagte Wildprett als einen Raub erwartet. Bisweilen schwingen sie sich zu einer solchen Höhe empor, daß man sie aus den Augen verliert, aber ihre Stimme hört man dennoch sehr deutlich, indem ihr Geschrei dann dem Bellen eines jungen Hundes gleicht. Obgleich der Adler überhaupt sehr gefräßig ist, so kann er doch lange Zeit ohne Nahrung leben, besonders in seiner Gefangenschaft, wo es ihm an Bewegung fehlt. So wurde ein gemeiner Adler einmal in einer Fuchsschlinge gefangen, in der er fünf ganze Wochen ohne Nahrung zubrachte, bis man ihn endlich tödtete, damit er nicht allzu langsam verhungern möchte; denn er schien wenig entkräftet.

Fischadler.

Diese Gattung besteht aus drei Arten, dem großen, dem kleinen und dem weißköpfigen Fischadler, die aber unter sich nicht sehr verschieden sind. Durch ihre kahleren Füße unterscheiden sie sich namentlich von den eigentlichen Adlern, deren Füße bis an die Krallen mit Federn bedeckt sind. Aber auch ferner durch die Farbe des Schnabels, die bei ihnen gelb ist, und endlich durch einen weißen Schwanz. Sie sind weit rauher und gefräßiger, als der oben beschriebene, gemeine Adler. Selbst die Jungen zeigen schon diese gefräßige Gemüthsart ihrer Eltern; denn sobald sie nur einigermaßen herangewachsen sind, halten sie nicht einen Augenblick Ruhe, sondern zanken und schlagen sich im Neste beständig um die vorräthige Nahrung. Das geht so weit, daß oft ihr Vater oder Mutter sich entschließen müssen, einen dieser Zänker umzubringen, um dem Streite ein Ende zu machen.

Von diesen wenig verschieden sind endlich

Der Meeradler.

Sie halten sich an den Meeresküsten auf, und leben größtentheils von Fischen, bei deren Fangen sie in der Regel doppelt räuberisch verfahren. Sie sitzen nämlich stolz und ruhig auf einem Felsen, und beobachten die Arbeit der fischfangenden Vögel in der Tiefe, indem sie die mächtigen Flügel erhoben haben. Bald sehen sie den Fischreiher in das Meer sich tauchen, und mit freudigem Geschrei wieder emporsteigen mit seinem Raube. Dann wird des Adlers Blick feurig, seine Flügel breiten sich aus, und er jagt den Reiher, bis er ihn nöthigt, seine Beute fallen zu lassen; aber dieselbe geht nicht verloren, sondern in einem weiten Kreise schwebt dann der Adler zu dem Meere nieder, und faßt sie, ehe sie das Wasser erreicht. Uebrigens aber ist der Meeradler besonders nicht so rauher Natur, als die übrigen Adler; ja, die Weibchen der Meeradler gehen nicht nur mit ihren eigenen Jungen sehr zärtlich um, sondern sie sollen sich sogar anderer von ihren Eltern verstoßenen, jungen Adler sehr mitleidig annehmen, und sie eben so reichlich nähren, als wenn sie zu ihrer Familie gehörten.

Geier.

Man hat unter den Raubvögeln den Adlern den ersten Rang nicht sowohl deswegen eingestanden, weil sie stärker und größer, als weil sie großmüthiger oder nicht auf eine so niederträchtige Art grausam sind, als die Geier. Die Adler beweisen sich in ihren Sitten stolzer, in ihren Unternehmungen verwegener, und bei ihrer Herzhaftigkeit edler, als die Geier, indem sie wenigstens eben so viel Geschmack am Kampfe, als Begierde nach Raub empfinden. Die Geier hingegen sind blos mit einem Triebe der unmäßigsten Gefräßigkeit begabt. Wenn sie den geringsten Widerstand vermuthen, so versammeln sie sich, gleich gemeinen Straßenräubern, in großen Truppen, und halten auf diese Weise immer zusammen, damit ihrer viele gegen Einen streiten können. Nur sie allein sind auf Aas so begierig, daß sie es bis auf die Knochen verzehren. Die Verderbniß und Fäulniß, statt sie zu verscheuchen, sind ihre kräftigste Lockspeise, und sie stoßen erst dann auf lebende Thiere,

als Kaninchen, Hasen, Füchse, Schafe, Kälber, Ziegen, wenn es ihnen an Aas fehlt. Die großen, grauen Greifgeier sind aber auch im Stande, ein Schaf in der Luft wegzuführen. Ja, sie sind sogar so frech, daß, wenn ihrer mehrere, oder auch nur zwei zusammen sind, sie einen Ochsen anfallen und tödten. Einer hackt ihm die Augen aus, und der andere reißt ihm den Bauch auf und zieht das ganze Eingeweide heraus. Sie haben alle einen kahlen Kopf und fast ganz kahlen Hals; die Farbe ihrer Federn ist grau oder braun, oder auch schäckig. Ihre Schnäbel und Klauen sind kürzer und nicht so krumm, wie die der Adler, außerdem sind sie fast alle kleiner, als die Adler, so wie ihre Stellung viel unedler und gebeugter ist. Ihr Geschlecht ist auf dem Erdboden am weitesten verbreitet. Besonders zahlreich finden sie sich in den heißen Ländern, wo ihr großer Nutzen, der in der Wegschaffung des Aases von den Feldern und von den Straßen der Dörfer und Städte besteht, allgemein anerkannt ist.

Mit den Adlern noch am meisten verwandt ist der

Lerchengeier.

Am meisten Aehnlichkeit hat dieser mit dem oben beschriebenen Meeradler. Er ist aber nicht wie dieser mit blauen Füßen versehen, und hat weit dünnere und verhältnißmäßig viel längere Beine. Von den übrigen Geiern unterscheidet er sich dadurch, daß sein Kopf und Hals nicht kahl sind, sondern seine Federn erscheinen an ihrem Ursprunge weiß, in ihrer ganzen übrigen Ausdehnung aber braun. Die letzte Farbe bedeckt das Weiß so sehr, daß man, um es wahrzunehmen, die Federn aufheben muß. Er sieht am Tage sehr scharf, und scheut sogar das stärkste Licht nicht, denn er dreht seine Augen auf die Seite, wo das stärkste Licht hineinfallen kann; ja er kann sogar gerade in die Sonne sehen. Alle Raubvögel saufen fast gar nicht, da sie ihren Durst durch das Blut des ergriffenen Raubes stillen. Wenn sie aber saufen, so thun sie es immer sehr verstohlen. Vielleicht geschieht dies darum, weil diese Vögel keine Feuchtigkeit anders zu sich nehmen können, als wenn sie den Kopf bis über die Oeffnung des Schnabels oder bis an die Augen eintauchen, welches keiner von ihnen wagt, so lange sie noch das Mindeste zu befürchten haben. So erzählt man von diesem Lerchengeier, daß er niemals trank, so lange noch Jemand um ihn war, auch so lange nicht, als er noch Jemand von Ferne wahrnahm. Sobald er sich aber allein und an einem bedeckten Orte befand, hat man ihn trinken, und dabei mehr Vorsicht anwenden sehen, als eine so einfache Handlung zu erfordern scheint. Man ließ nämlich ein Gefäß mit Wasser in der Nähe stehen. Er machte, wenn er es wahrnahm, den Anfang damit, daß er sich lange und genau nach allen Seiten umsah, um sich gleichsam vorher zu überzeugen, ob er auch allein wäre. Hierauf trat er näher zum Gefäß, und schaute nochmals rund um sich her, und nach langer, zweifelhafter Ueberlegung tauchte der schüchterne Vogel endlich den Schnabel zu wiederholtenmalen bis an die Augen ins Wasser. In allen anderen Stücken schien er gleichgültig und sogar ziemlich dumm zu sein, so wie er sich nie boshaft und falsch gezeigt. Denn man konnte ihn anfassen, ohne ihn empfindlich zu machen.

In Frankreich ist dieser Vogel sehr gemein, und es giebt daselbst fast keinen Landmann, der ihn nicht kennen, und wegen seiner Hühner fürchten sollte. Er hält sich immer in der Nachbarschaft bewohnter Oerter, besonders um die Dörfer und Meiereien, auf, um bequem junge Puten, Hühner und Enten stehlen zu können.

In so fern dieser Vogel, besonders das Weibchen, kurze Flügel und einen dicken Leib hat, kann sein Flug nicht anders, als schwer sein, und keinen hohen Schwung erlauben. Man sieht sie daher stets niedrig fliegen, und ihren Raub nicht sowohl in der Luft, als auf der Erde fangen. Sein Geschrei besteht in einem durchdringenden Gezische, das man aber nur selten von ihm hört. Uebrigens geht er nur Morgens und Abends auf Raub aus, und pflegt den übrigen Theil des Tages zu ruhen.

Hierauf folgen nun die eigentlichen Geier, die sich von dem vorigen durch schöne, lange, breite Schwingen unterscheiden, welche sie zu einem hohen und sanften Fluge fähig machen. Sie fliegen nämlich alle unermeßlich hoch, höher, als selbst der ihnen verwandte Adler oder Falke. Der Geier schwimmt, ruhig, wie der Schwan auf seinem Wasserspiegel, mit fast bewegungslosen Schwingen in dem unermeßlichen Luftraume. Sein ungemein scharfes Gesicht läßt ihn jedoch, selbst von einer solchen Höhe herab, die Gegenstände auf der Erde erkennen. Wie ein Pfeil durchschießt er die Luft, wenn er eine Beute entdeckt hat. Diese Vögel sind zum Beispiel, ehe man ihre Nähe im Geringsten ahnt, sobald ein Thier gefallen oder getödtet worden ist, auf der Stelle in großen Haufen da.

Der Geierkönig.

Er ist der schönste unter allen Geiern. Er hält sich im wärmeren Amerika auf, ist so groß, wie ein Puterhahn, hat einen kahlen Kopf, einen kahlen Hals, und unter diesem einen Kragen von langen, aschgrauen Federn; seine Brust ist schmutzig, und sein Rücken nebst den Flügeln röthlich weiß; sein Schnabel, Hals, Füße und Zehen sind roth. Jener Kragen um den Hals ist so weit, daß er, wenn er sich zusammenzieht, seinen ganzen Hals und einen Theil des Kopfes in demselben, wie in einer Mönchskappe verbergen kann. In kühleren

Gegenden wird er gar nicht angetroffen, weil er sich vor der Kälte zu fürchten scheint. Er vergreift sich nur an den allerschwächsten Thieren, und nährt sich bloß von Ratten, Eidexen, Schlangen, und sogar von Unflath, sowohl der Menschen, als einiger Thiere. Dazu kömmt noch ein so häßlicher Geruch, daß auch die Wilden selbst sich nicht überwinden können, von seinem Fleische zu essen.

Der Hasengeier oder Lämmergeier.

Er sieht schäckig aus, ist so groß als ein Schwan, und stößt auf Hasen, Lämmer, Gemsen und Murmelthiere, und wird sehr häufig in der Schweiz angetroffen. Auch hat man Beispiele, daß er kleine Kinder angefallen und mit sich in der Luft fortgeführt hat. In der Schweiz binden deshalb die Hirten ihre Kinder auf der Weide an Bäume an, damit sie ihnen von diesen Lämmergeiern nicht so leicht weggeschleppt werden können. Wenn er sich ausruht, und auf der Erde oder auf Höhen sitzt, sträubt er die Federn am Kopfe in die

Höhe, die alsdann gleichsam zwei Hörner bilden, von welchen man aber im Fluge nichts wahrnehmen kann. Die ausgebreiteten Flügel haben beinahe 6 Fuß in der Länge. Außerdem hat er einen starken Gang und macht Schritte, welche über einen Fuß groß sind. Er pflegt seinen Raub nicht allein im Fluge zu verfolgen, sondern auch im Laufe. Sein Flug ist von großem Geräusch begleitet. So gefräßig er aber auch ist, so kann er doch ohne Lebensgefahr eine vierzehntägige Fastenzeit aushalten. Man findet ihn nur auf hohen und wüsten Bergen, welche Oerter die Geier vorzüglich lieben, so lange die schöne Jahreszeit währet. Sobald aber Schnee und Eis die Gipfel der Berge zu decken anfangen, sieht man sie von ihren Höhen auf die Ebenen herabkommen, und ihre Wanderschaft im Winter nach der Seite der wärmeren Länder antreten. Man macht sogar in ihrem eigentlichen Heimathlande häufigen Gebrauch von ihren Häuten, weil ihr Leder fast eben so dick wie junge Ziegenfelle zu sein pflegt. Es ist mit sehr feinen, dichten und warmen Flaumfedern bedeckt, woraus man vorzüglich schönes Pelzwerk machen kann.

Der Lämmergeier und der Fuchs.

Kürzlich waren in Oberwallis einige Tagelöhner beschäftigt, Holz zu fällen, als sie gegen den Gipfel des Berges einen Lämmergeier sich erheben sahen, der in seinen Krallen eine Bürde trug, in welcher sie bei genauerer Betrachtung einen Fuchs erkannten. Bald war der Raubvogel mit der Beute in seinem Felsennest angekommen, wo sie eine große Aufregung bemerkten, ohne etwas Besonderes unterscheiden zu können. Aber plötzlich stürzte der Lämmergeier senkrecht über den Felsen hinab ins Thal. Die Arbeiter liefen herbei, und fanden das

Thier ohne Kopf. Der Fuchs hatte ohne Zweifel schlau und gewandt den Moment wahrgenommen, wo er seinen Räuber erwürgen konnte.

Der Hühnergeier.

Er hat viel Aehnlichkeit mit den Weihen, unterscheidet sich aber besonders durch seinen gabelförmigen Schwanz von diesen, so wie seine Flügel verhältnißmäßig länger sind. Er bringt sein ganzes Leben fast in den Lüften zu, und pflegt sich fast niemals zu setzen und jeden Tag unermeßliche Räume zu durchstreichen. Es wird ihm gar nicht schwer, sich in die Luft zu erheben, und er kann sich wiederum mit der größten Leichtigkeit aus den Höhen herablassen. Bald schießt er hurtig fort, bald läßt er nach und schwebt ganze Stunden lang über einer Stelle, ohne daß man auch nur die geringste Bewegung seiner Flügel wahrnehmen könnte. Sein ganzer Körper wiegt nicht über 2 Pfund, und seine Länge von der Spitze des Schnabels bis an die Fußsohlen beträgt nicht über 16 bis 17 Zoll. Er hat ein eben so durchdringendes Gesicht, als einen raschen Flug, und schwebet oft in einer Höhe, die unser Blick nicht zu erreichen vermag. Von dieser Höhe spüret er demnach seine Beute und seine Nahrung aus, und stößt auf Alles, was er ohne Widerstand fortschleppen und verschlingen kann. Er wagt sich nur an die kleinsten Thiere und schwächsten Vögel; besonders haben die jungen Küchlein Alles von ihm zu fürchten. Allein der bloße Zorn und Eifer ihrer Mutter ist schon hinlänglich, einen so feigen Räuber abzuschrecken und zu verjagen. Er ist fast der feigste unter allen Vögeln, denn die Raben bieten ihm Trotz, und jagen auf diese Räuber, die eben so feigherzig, als gefräßig und unersättlich sind.

An diese Gattung schließt sich

Der Fischweihe.

Er gleicht an Größe dem Habicht, und hat einen etwas längeren Körper, einen schwarzen Schnabel, hellblaue Füße und schwarze Klauen.

Die Oberfläche des Körpers, des Flügels und Schwanzes sind dunkelbraun, dahingegen alle diese Theile unterwärts weiß erscheinen. Er ist ein wahrer Seeräuber, der die Landthiere so wenig, als die Vögel in der Luft zu achten scheint, und nur auf lauter Fische jaget, die er auf einem nahen Zweig oder auf einer Felsenspitze zu belauern sucht, und sobald er sie auf der Fläche des Wassers erblicket, auf sie losschießet, sie mit seinen Klauen entführet, und auf einem Felsen verzehret. Obgleich er an Vögeln keine Feindseligkeiten ausübet, unterlassen sie doch niemals, ihn zu verfolgen, sich häufig zu versammeln, und so lange mit ihren Schnäbeln auf ihn loszuhacken, bis er sich bequemt, seinen Aufenthalt zu verändern. Die Kinder der Wilden pflegen sie zum Fischen zu gebrauchen, aber blos zur Lust, weil ihnen diese Vögel niemals ihren Raub überbringen. Außer diesem Fischweihe giebt es noch einige andere Arten von Weihen, die mit dem Hühnergeier viele Aehnlichkeit haben, und sich von dem Fischweihen besonders dadurch unterscheiden, daß sie mehr von anderen Thieren leben. Sie wohnen und nisten auf kleinen Bäumen und Gebüschen, und stoßen nur auf junge Hasen, Kaninchen, Rebhühner und Wachteln. Sie erhaschen aber ihre Beute nicht im Fluge, sondern sitzen und lauern so lange auf einem Baume, bis ein Hase oder sonst ein kleines Thier vorbeispringt, und dann erhaschen sie es. Sie sind auch die gefährlichsten Diebe, welche die meisten Vogelnester plündern, darin die Eier aussaugen und die Vögel fressen. Man kann sie weder beherzt, noch zaghaft nennen. Sie besitzen eine gewisse dummdreiste Frechheit, welche ihnen das Ansehen einer gelassenen Verwegenheit ertheilet, und sie auch von allen drohender Gefahren zu entfernen scheint. Man kann sich ihnen weit leichter nähern, und sie viel bequemer umbringen, als die Adler und Geier. So hat man denn auch von alten Zeiten her einen im höchsten Grade unverschämten Menschen mit einem Hühnergeier, und eine schlechte Weibsperson mit einer Weihe verglichen.

Die Falken.

Sie sind viel kleiner, als die Adler, und halten sich in allen Welttheilen, und zum Theil auch hie und da in Deutschland auf. Die übrigen aber sehen meist schwarz, roth, braun und bunt aus, sind merklich kleiner, und zum Theil nur so groß, wie ein Staar. Da sie auf den steilsten Klippen der höchsten Berge sich aufhalteu, und nur selten aufs ebene Land kommen, auch unglaublich hoch und schnell fliegen, so ist es begreiflich, daß man von ihrer natürlichen Lebensart nur wenig Zuverlässiges wissen kann. Man hat blos bemerkt, daß sie zur Erziehung ihrer Jungen allemal die gegen Mittag gelegenen Felsen auswählen, und sich in die unzugänglichsten Löcher und Ritzen begeben; daß sie gemeiniglich in den ersten Wintermonaten vier Eier legen, und nicht lange brüten; denn gegen den 15. Mai pflegen die Jungen schon völlig ausgewachsen zu sein. Auch sie stoßen, wie die Adler, ihre Jungen früh aus dem Neste, wobei sie ein durchdringendes widriges Geschrei machen. Der Falk ist aller Wahrscheinlichkeit nach unter den Vögeln, in Bezug auf das Verhältniß seiner Kräfte, das allermuthigste Geschöpf. Er stößt mit einem Schuß in gerader Linie auf seinen Raub herab; da hingegen der Taubengeier und andere Raubvögel den Anfall gemeiniglich von der Seite thun. Wenn er in seiner Nachbarschaft ein Fasanengehege wahrnimmt, so zieht er diesen Raub allen anderen Arten von Beute vor. Man sieht ihn auf einen ganzen Trupp Fasanen so schnell herabschießen, als ob er aus den

Wolken fiele; denn er kömmt aus einer solchen Höhe und mit einer so großen Schnelligkeit, daß man von seiner plötzlichen Erscheinung allemal ganz unverhofft überrascht wird. Oft pflegt er sogar den Hühnergeier anzufallen. Er thut es aber entweder zur Uebung seines Muthes, oder um diesem einen leckerhaften Raub abzujagen, mehr um ihn zu beschämen, als um ihn zu bekriegen. Er begegnet ihm wie einen Niederträchtigen, stößt auf ihn, schlägt ihn mit einer höhnenden Verachtung und schenkt ihm das Leben, weil der Hühnergeier sich nur schlecht vertheidigt. Die Falken sind nun diejenigen Vögel, die man jung fängt, und mit vieler Mühe so künstlich zur Jagd abrichtet, daß sie auf Befehl ihres Herrn allerhand Vögel aus der Luft oder von den Bäumen herunter holen, um sie ihnen lebendig zu bringen. Ja, selbst auf Kaninchen, Hasen, Rehe, Schweine und Wölfe müssen sie jagen, und ihnen die Augen aushacken, damit sie die Jäger um desto leichter erhaschen können. Das Jagen mit den Falken nennt man die Falkenbaize, und denjenigen, der sie dazu abrichtet, den Falkonirer. Wenn nun der Bau des Körpers eines belebten Geschöpfes von der weisen Vorsehung immer den Absichten gemäß eingerichtet ist, welche auf die Erhaltung und Ernährung des Thiers zielen, so ist der ganze Bau des Falkenkörpers so beschaffen, daß er sich in der Höhe aufhalten, von da seinen Raub erkennen, ihn plötzlich überfallen und mit sich davon führen könne. Eben daher kömmt auch seine Gewohnheit, sich beständig da aufzuhalten, und die Unruhe, die man bei ihm verspüret, wenn er seiner Neigung kein Genüge thun kann. Man wird leicht begreifen, wenn man ihn fangen und wieder fliegen lassen wollte, daß er sich wenig um das Wiederkehren bekümmern würde, weil er die Gesellschaft überhaupt nicht liebet, und ihm auch die guten Leckerbissen gewöhnlicher Weise nicht vorgesetzt werden, die er sich in seiner

Freiheit zu verschaffen beflissen ist. Man setzt ihn daher, um ihm die Lust des Entfliehens zu benehmen, in einen hölzernen Reif, der in einer Schnur frei aufgehangen wird und sich leicht in Bewegung bringen läßt. Sobald nun der Falk einige Neigung zum Schlafen äußert, wird sogleich der Reif angestoßen, und der Falk dadurch genöthigt, sich fest zu halten, und also beständig zu wachen. Zu diesem Ende wechseln die Jäger einander ab, und hindern den Falken 3 Tage und 3 Nächte hindurch an seinem gewöhnlichen Schlaf. Dies gewaltsame Wachen bewirkt im Falken eine Verrückung des Verstandes. Er besinnt sich alsdann weder auf seine vorige Freiheit, noch auf die Lebensart, die er sonst geführt hatte. In seinen Vorstellungen fängt nun eine große Dunkelheit an zu herrschen. Wenn der Falk, vermöge dieser wohl ausgesonnenen Erfindung, vergessen hat, wie es vorher mit ihm beschaffen war, so läßt er nach Gutbefinden mit sich umgehen. Er kömmt willig zu dem Jäger zurück, der ihm sein Futter giebt, und verlanget nicht mehr nach der vorigen Freiheit, deren er sich nun gar nicht mehr erinnert. Nur eine Gewohnheit ist ihm von seinem alten Zustande noch übrig, nämlich die Begierde, sich hoch in die Luft zu schwingen. Diese verliert sich niemals, daher man ihn auch an Schnüren, welche ihm um die Füße geschlungen, fest zu halten pfleget. Weil aber bei seinem unaufhörlichen Bestreben zum Auffliegen es beschwerlich sein würde, ihn beständig auf der Faust zu tragen, so streift man ihm eine Kappe oder Haube über den Kopf, welche ihm die Augen bedecket. Man darf nur Achtung geben, was er vornimmt, wenn ihm diese Haube abgezogen wird. Er streckt sogleich Kopf und Hals empor, sieht in die Höhe, und bemüht sich, aufzufliegen. Daher streift man ihm dann die Kappe wieder über, beklopft ihn sanft mit einer Feder, welche der Falkonirer deswegen beständig auf dem

Hute führet, und streichelt ihn damit, um seine Unruhe zu besänftigen.

Dies Bestreben des Falken, sich empor zu schwingen, äußert er sowohl unter freiem Himmel, wenn auch nichts über ihm schwebet, was er etwa fangen möchte, als in einem Zimmer, wo er sich den Kopf an der Decke zerstoßen würde, wenn man ihn losließe. Hieraus geht hervor, daß er einen festen Körper, wie hier die Decke eines Zimmers, keineswegs von der freien Luft unterscheide, wie andere Vögel gar wohl zu thun im Stande sind. Die Farbe der Decke thut nichts zur Sache, auch die Höhe des Zimmers nicht; denn er verlanget in einer niedrigen Bauernstube mit ganz dunkler und räuchriger Decke sowohl zu steigen, als in einem hohen Zimmer mit der hellesten Gypsdecke.

Ob er seine angeborne Freiheit abgeleget, urtheilet man daraus, wenn er sich die Kappe willig aufsetzen läßt, und mit dieser Bedeckung den Teig oder das Fleisch, was man ihm von Zeit zu Zeit vorhält, wirklich annimmt. Wenn er tückisch wird und auf Rache zu denken scheinet, wird er mit seinem Kopf ins Wasser getaucht, und von der Wiederholung aller dieser Uebungen hat man sich dann allmählig einen glücklichen Erfolg zu versichern. Hat man sich nun in einem Garten überzeugt, daß ein Falke hinlänglich zahm, gelehrig und folgsam sei, so trägt man ihn aufs freie Feld, knüpft ihn aber vorher an einen langen Faden, und läßt ihn von Baum zu Baum fliegen, und Sperlinge und Tauben oder sonst einen Vogel holen, dabei zeigt ihm die Stimme des Falkonirers immer an, nach welcher Seite er fliegen soll, welche Uebung man so lange fortsetzt, bis der Falk Alles weiß, was der Falkonirer von ihm haben will. Dann endlich nimmt man sie frei und unangeknüpft mit auf die Jagd, setzt sie auf die Hand, zeigt ihnen diejenigen Vögel oder Thiere, die man gerne haben will, und siehe, die Falken fliegen sogleich fort und holen sie; den Hasen aber, den Rehen und Schweinen hacken sie, wie schon bemerkt wurde, die Augen aus. Wenn sich der Falke hoch in die Lüfte geschwungen, so ist es das sogenannte Federspiel, wodurch er wieder herbeigelockt wird. Dies ist ein roth angestrichenes, einigermaßen geschnitztes, auch mit einigen Federn bedecktes Stück Holz, das einem Vogel gleicht, und das man auch wohl das Vorlooß nennt. Dies wird ihm dann unter Zurufen des Falkonirers hingeworfen, und er bestrebt sich ungesäumt auf dies gefiederte Stück Holz herabzuschießen, das er gewiß in seinem natürlichen Zustande von einem Feldhuhn oder anderm Vogel unterschieden haben würde. Daß er aber in diesem Zustande seiner Knechtschaft nichts deutlich unterscheidet, sondern auf Alles stößt, was ihm vorkommt, ist auch noch daraus klar, weil er wider seine natürliche Art, Raubvögel angreifet, die nicht allein zu seiner Nahrung gar nichts taugen, sondern ihn überdies noch in die größte Gefahr setzen. So stößt ein abgerichteter Falk sogar auf Nachteulen, und man pflegt aus dieser Baize sich ein großes Vergnügen zu machen. Die Eulen sind nicht gewohnt, sehr hoch zu fliegen. Der Falk indessen steigt hier so hoch, als er immer zu thun pflegt. Aus der äußersten Höhe stößt er auf die Eule herab, diese weicht ein wenig nach der Seite. Der Falk verfehlt sie; nun hebt er sich abermals, stößt wieder und verfehlt sie so lange, bis diese, nach vielmaligem Ausweichen, ihm entwischt, oder aus Müdigkeit endlich erhascht wird. Oft geschieht es auch, daß, während der Falk in die Höhe steigt, ein Flug Raben aufstößet. In seinem natürlichen Zustande würde sich der Falk hüten, auf sie zu stoßen, denn ein Flug Raben ist für ihn höchst gefährlich. In seiner Verwirrung aber stößt er mitten unter die Raben, faßt einen beim Leibe und sucht ihn zu würgen. Unterdessen fallen ihn die anderen mit großem Geschrei an, und zausen ihn von allen Seiten. Hierdurch wird er gezwungen, den ersten fahren zu lassen. Er steigt aber aus Dummheit wiederum, um sich einen anderen zu holen. Dies treibt er so lange, bis ihn die Raben entweder außer Stand setzen, ihnen Schaden zu thun, oder bis ihm die Jäger zu Hilfe kommen, ihm zurufen, damit er sich umsehe, zugleich aber das oben erwähnte Federspiel in die Höhe werfen. Endlich ist noch zu erwähnen, daß ein Falke immer nur ein Jahr zur Baize zu gebrauchen ist. Es kömmt nämlich eine Zeit, wo der Falke in die Mauserung tritt, oder seine Federn wechselt, wobei in seinem Innern eine große Veränderung vorgeht. Seine Unterscheidungskraft findet sich wieder; und schwerlich würde er zurückkehren und sich durch das Federspiel noch blenden lassen, wenn man ihn jetzt fliegen ließe. Dies macht auch, daß sie sehr kostbar sind; so kostet ein gut abgerichteter Falke oft 80 bis 100 Thaler.

Es giebt nun unter den Falken verschiedene Arten. Die besten und schönsten kommen aus Tunis in Afrika und von der Insel Malta im Mittelländischen Meere.

Der Geierfalke.

Er ist nach dem Adler der stärkste, lebhafteste und muthigste unter allen Raubvögeln. Daher wird er auch unter allen bei der Falknerei gebräuchlichen Vögeln am vorzüglichsten geliebt und am höchsten geschätzt. Man bringt ihn von Island und Rußland nach Frankreich, ja bis nach Persien und in die Türkei. Er stößt auf die größten Vögel, und schlägt mit leichter Mühe den Storch, den Reiher und den Kranich. Dieser Vogel ist sehr kostbar, und kann nur von Königen gehalten werden. Der König von Persien z. B. zahlt wohl für einen solchen Vogel 1500 Thaler. Stirbt einmal einer unterwegs, so bringt allemal der Abgeordnete Seiner Majestät den Kopf und die Flügel, und man rechnet ihm den Vogel dann so hoch an, als ob er noch lebte. Man sagt von diesem Vogel, daß er seinen Horst auf dem Schnee baue, den er durch die Wärme seines Kopfes, zuweilen einen Klafter tief, bis auf den Erdboden wegschmelzet.

Der Sperber oder Finkenhabicht.

Er ist der Hühnerhabicht im Kleinen, und verfolgt besonders kleinere Vögel und Mäuse. Selbst der Sperling, wenn er eben unters Dach fliegen will, wird seine Beute, und selbst Vögel aus den Käfigen holt er sich. Wie ein Pfeil, fast ohne Flügelschlag, ohne lange über seinem Raube zu schweben, ergreift er mit Blitzesschnelle eine Maus, trägt dieselbe in den Krallen auf einen Baum und verzehrt sie. Er ist übrigens sehr gelehrig, und läßt sich zur Jagd auf Rebhühner, Wachteln, Lerchen und dergleichen abrichten.

Er ist leicht zu erkennen an den queren Flecken am Bauche und den Längeflecken an der Kehle, und an den 5 schwärzlichen Querbinden an dem abgestutzten Schwanze. Die Länge des Vogels ist ein Fuß, die Farbe graubraun, unten weiß. Augen und Füße sind gelb.

Der Ringelfalke oder Halbweihe.

Sie werden in Frankreich und England angetroffen. Sie haben lange und dünne Beine, und legen in ein von dicken Reisern erbautes Nest vier oder auch nur drei röthliche Eier. Sie fliegen in der Regel sehr niedrig, um Feldmäuse und kriechende Thiere zu erhaschen. Außerdem machen sie sich auch auf den Hühnerhöfen furchtbar, und besuchen die Taubenschläge, um junge Tauben und Küchelchen zu rauben. Sie gehören somit unter die unedlen Räuber, die nur schwache Geschöpfe überfallen.

Der Baumfalke.

Der Baumfalke ist nicht allein merklich kleiner, als der eigentliche Falke, sondern auch durch seine natürliche Lebensart von ihm unterschieden. Der eigentliche Falke besitzt mehr Verwegenheit und Muth, und stößt auf weit größere Vögel, als dieser. Der Baumfalk ist ungleich furchtsamer; so daß er, wenn er nicht besonders abgerichtet ist, nur auf Lerchen, und höchstens auf Wachteln stößt. Sobald er einen Jäger oder dessen Hund gewahr wird, folgt er ihnen beständig in der Nähe; oder schwebt gerade über ihnen, und bemüht sich, die kleinen Vögel, welche sie verscheuchen, zu erhaschen. Wenn der Hund eine Wachtel aufjagt, und der Jäger fehlschießt, so ist er dagegen sicher, keinen Fehlstoß zu thun. Er scheint sich vor keinem Geräusche zu fürchten, und mit den Wirkungen des Schießgewehres ganz unbekannt zu sein; denn er wagt sich sehr nahe zu dem Jäger, der ihn oftmals erschießt, indem er eben auf seinen Raub stößet. Er hält sich am liebsten nahe bei Gehölzen in den Ebenen auf, wo die Lerchen häufig anzutreffen sind. Unter diesen richtet er große Verwüstungen an, und sie kennen auch ihren Erbfeind so genau, daß unter ihnen allemal, bei Erblickung desselben, die äußerste Bestürzung entsteht, und sie augenblicklich aus der Luft herabstürzen, um sich im Gras oder im Gebüsche zu verbergen, welches das einzige Mittel ist, wodurch sie noch seinen Klauen entwischen können. Um die schüchternen Lerchen zu berücken, die, aus Angst vor diesem Vogel, zuweilen in die Kutschen flüchten, läßt man sie durch Hunde auftreiben, wirft aber zugleich diesen Falken in die Luft, vor dessen Anblick sich die Lerchen an die Erde drücken, und geduldig das Garn über sich zusammenziehen lassen.

In einigen von den französischen Provinzen pflegt man die Benennung Hobreau (Lerchenfalke) den kleinen Landedelleuten als Schimpfwort beizulegen, welche darin ein Verdienst suchen, ihre Bauern tyrannisch zu beherrschen, besonders den Landjunkern, die auf ihrer Nachbaren Revier ungebeten den Hasen nachsetzen, und mehr aus Habsucht, als zum Vergnügen jagen.

Der Kirchenfalke.

Er ist in den französischen Provinzen der allergemeinste Raubvogel. Es ist nicht leicht ein altes Schloß oder ein abgelegener Thurm anzutreffen, wo er nicht abwechselnd seinen Aufenthalt oder gar seine Wohnung suchet. Man sieht ihn besonders des Morgens und des Abends um solche alte Mauern und Gebäude herumfliegen; doch hört man ihn fast öfter, als man ihn sieht; weil er im Fliegen beständig ein heftiges Pli=Pli oder Pri=Pri von sich hören läßt, womit er alle kleinen Vögel in Schrecken setzt, auf die er, wie ein Pfeil, herabschießet, und selbige in seinen Klauen gefangen hält. Thut er einmal einen Fehlstoß, so verfolgt er seine Beute, ohne Gefahr zu scheuen, bis in die Häuser, wo er dann nicht selten gefangen wird. Ehe der Kirchenfalk seinen Raub verzehrt, pflegt er ihn zu tödten, und aufs Zierlichste zu rupfen. Bei den Spitz= und Feldmäusen erspart er sich diese Mühe, die kleinsten verschluckt er ganz, die großen reißt er vorher in Stücke. Da er nach dem Regen besonders die Felder besuchet, und sie von den Mäusen reinigt, wird er von den Landleuten sehr geliebt. Oft raubt er auch wohl den Einwohnern in den Städten die Lerchen oder andere kleine Vögel aus dem Käfig. Zuweilen geräth er mit dem Lerchengeier in Kampf, worin er viel Tapferkeit beweiset; ja, dieser wird, obgleich er viel stärker ist, oft von ihm zum Weichen gebracht. Man hat gesehen, wie sie sich beide an einander angeklaut haben, und so, wie ein Klump oder Stein aus der Luft auf die Erde gefallen sind.

Gattung der Sperber.

Sie sehen den Falken und kleinen Adlern sehr ähnlich, haben mit ihnen Wohnung und Nahrung gemein, und werden auch zum Jagen abgerichtet, wie die Falken. Die Weibchen sind eben so gelehrig, wie die Männchen. Sie lassen sich ohne Mühe zähmen, und sowohl zur Rebhühner=, als Wachteljagd abrichten. Sie stoßen auch auf Tauben, welche sich ohngefähr von ihrem Trupp entfernt haben, und richten unter den Finken und andern kleinen Vögeln, die sich im Winter zusammenrotten, die gräulichsten Verwüstungen an. Man richtet sie in Persien auch zur Jagd auf andere Thiere ab, und zwar auf folgende Weise: Man gewöhnt sie, aus den Augenhöhlen wilder Thiere zu fressen. Hierzu wird die Hirnschale des Thiers aufgehoben, und die Haut ausgestopft, daß es scheint, als ob es lebe. Alsdann fängt man an, es nach und nach fortzubewegen, und dies nöthigt den Vogel, demselben zu folgen, um sein Futter zu finden. Endlich setzt man dieses ausgestopfte Thier auf einen Wagen, welchen ein Pferd, so geschwind, als es laufen kann, fortziehen muß. Der Vogel unterläßt nicht, es zu verfolgen. Wenn man ihn alsdann in der Folge mit auf die Jagd nimmt, setzt er sich auf den Kopf der lebenden Thiere, hackt ihnen die Augen wund, folglich erhalten die Jäger hierdurch Zeit, nachzukommen und sie zu erlegen. Uebrigens ist er sehr verbreitet, besonders in Frankreich, Schweden und auf dem Vorgebirge der guten Hoffnung. Der Schnabel dieses Vogels ist kurz, krumm, blaulich und gegen die Spitze schwarz, die Zunge dick, schwarz, flach und ein wenig gespalten. Er hat ziemlich große Augen, die unter den Augenbraunen liegen, welche, gleich einem Wetterdache über die Fenster, hervorgerückt sind. Die zusammengefalteten Flügel erreichen kaum die Mitte des Schwanzes, welcher ungefähr die Länge zweier Händebreiten hat. Das Weibchen ist viel größer, als das Männchen, und baut ihr Nest auf die höchsten Bäume der Wälder, auch auf große Ruinen und hohe Felsen, und legt gemeinlich 4—5 an beiden Enden roth gefleckte Eier.

Die Neuntödter oder Würger.

Obwohl diese Thiere nur klein und mit einem zarten Körper begabt sind, müssen sie dennoch wegen ihres Muthes, ihres breiten, starken und krummen Schnabels, und ihrer Begierde nach Fleisch unter die Raubvögel gezählt, und sogar in die Reihe der verwegensten und blutgierigsten gesetzt werden, und man geräth allemal in die äußerste Verwunderung, wenn man sieht, mit welcher Unerschrockenheit ein kleiner Würger die Elstern, die Krähen, die Kirchenfalken und alle Vögel anfällt, welche ihn an Größe, und Stärke so weit übertreffen. Sie begnügen sich nicht mit einer bloßen Vertheidigung wider größere Feinde, sondern wagen oft selbst einen Anfall, und zwar immer mit sichtbarem Vortheil, besonders wenn sich Männchen und Weibchen vereinigt haben, um die Raubvögel von ihrer jungen Brut abzuhalten. Sie erwarten in diesem Fall nie die Annäherung ihrer Feinde; sondern diese dürfen nur in der Nähe vorbeistreichen, so ziehen ihnen die Würger ungesäumt entgegen, stürzen mit großem Geschrei auf sie los, bringen ihnen die grausamsten Wunden bei, und verjagen sie mit solcher Wuth, daß diese oft schnell entfliehen, ohne jemals einen neuen Anfall zu wagen. In diesem ungleichen Kampf gegen so sehr an Größe überlegene Feinde sieht man doch nur höchst selten, daß sie der größeren Gewalt unterliegen, oder als ein besiegter Raub fortgeführt werden. Doch ereignet es sich bisweilen, daß sie mit dem Vogel, welchen sie mit ihren Fängern in wüthender Hitze gefaßt haben, zugleich aus der Luft herunter fallen, wo dann der Kampf gemeiniglich mit dem Leben beider bezahlt und beendigt wird. Durch dieses barbarische Betragen haben sich diese kleinen Würger bei den herzhaftesten Raubvögeln in großes Ansehen gesetzt. Der Hühnergeier, die Weihen und Raben scheinen sich vor ihnen zu fürchten, und sie lieber zu fliehen, als aufzusuchen. In der ganzen Natur giebt es kein deutlicheres Bild von der Gewalt und von den Vorrechten des wahren Heldenmuthes, als wenn man diesen Vogel, der nicht viel größer ist, als eine Lerche, in Gesellschaft mit Sperbern, Falken und allen andern Tyrannen der Lüfte herumziehen sieht, ohne sie zu scheuen, wenn er muthig in ihren Revieren jagt, ohne sich vor ihrer Strafe zu fürchten. Denn obgleich die Würger sich mehrentheils von Insecten nähren, so finden sie doch einen vorzüglichen Geschmack am Fleisch. Sie verfolgen im Fluge alle kleine Vögel; ja, man sieht sie sogar auf Rebhühner und junge Hasen stoßen. Die Drosseln, Amseln und andere Vögel, die sich in Schlingen oder Netzen gefangen haben, dienen zu ihrer gewöhnlichsten Beute. Sie halten sie mit ihren Fängern, hacken ihnen mit ihrem Schnabel den Kopf auf, verdrehen ihnen den Hals, und wenn sie diese gefangenen Schlachtopfer völlig erwürgt haben, pflegen sie dieselben ordentlich zu rupfen, um sie nachher zu verzehren, und nach Gutbefinden die zerrissenen Stücke in ihr Nest zu tragen.

Die Würger horsten sowohl in Wäldern, als auf dem freien Felde, auf Bäumen und in Gebüschen, und legen 5—6 Eier. Man macht sie auch zahm, und läßt sie in den Stuben Fliegen und Mücken, und anderes Ungeziefer wegfangen.

Den Namen „Neuntödter" führen sie deshalb, weil sie die Gewohnheit haben sollen, etliche Käfer und Insecten, und vielleicht zuweilen neun nach einander an Dornen zu spießen, damit sie ihnen nicht entwischen, worauf sie dieselben dann alle auf einmal auffressen.

Das ganze Geschlecht besteht aus einer ziemlichen Anzahl von verschiedenen Arten; hauptsächlich giebt es aber aschgraue, rothköpfige und weiß und schwarz gesprengte, und zwar in allen Welttheilen.

Der aschfarbige Würger.

Dieser ist in den französischen Provinzen sehr gemein, und bleibt selbst den Winter über dort. Im Sommer ist sein Aufenthalt in Wäldern und Gebirgen, im Winter kömmt er auf die Ebenen, und nähert sich bewohnten Plätzen. Er horstet im Walde oder in bergigen Gegenden auf hohen Bäumen. Von außen bestehet ein Würgernest aus weichem, mit langem Gras durchflochtenen Moos, von innen ist es doppelt mit Wolle ausgefüttert, und gemeiniglich ist es auf einem zwei- bis dreifach getheilten, oder einem dreigabligen Aste ausgebreitet. Das Weibchen, welches vom Männchen fast gar nicht verschieden ist, legt gewöhnlich 5—8 Eier, so groß, wie die Eier der Amsel. In den ersten Tagen füttern die Mütter ihre neu ausgekrochenen Jungen mit Raupen und anderen Insecten, bald hernach aber geben sie ihnen kleine Stücken Fleisch zu kosten, welche der Vater mit bewundernswürdiger Emsigkeit und Sorgfalt herbeischafft. Beide Eltern weichen hierin weit von der Gewohnheit anderer Raubvögel ab, welche ihre Jungen fortjagen, ehe sie noch recht vermögend sind, sich selbst mit Beute zu versorgen. Denn die Mutter der jungen Würger pfleget ihre Kinder in der ersten Jugend unermüdet, sorget noch für sie, wenn sie schon ihr völliges Wachsthum erreicht haben. Die Familie trennt sich überhaupt erst spät gegen den neuen Frühling hin von einander, denn man sieht sie den ganzen Herbst hindurch, öfters auch noch im Winter in Weise einer Familie, nie aber in großen Völkerschaften herumziehen. Jede Familie macht eine Rotte für sich aus, die gewöhnlich aus Vater, Mutter und 5 oder 6 Jungen besteht, welche an allem, was ihnen begegnet, gemeinschaftlichen Antheil nehmen, friedlich mit einander leben, und so lange gesellschaftlich auf Raub ausfliegen, bis sie sich endlich gegen den Frühling hin von einander trennen.

Die Würger lassen sich leicht von vorne erkennen, theils weil sie nach der Heckzeit beständig einen kleinen Trupp ausmachen, theils auch daran, weil sie niemals einen geraden oder schrägen Flug in ein und derselben Höhe zu halten, sondern beständig abwechselnd und schnell auf- und niederwärts zu schwanken gewohnt sind. Es ist um sie zu kennen auch nicht einmal nöthig, sie zu sehen. Sie verrathen sich schon von fern durch ein scharf tönendes Trui, Trui, das man beständig von ihnen hört, wenn sie auf den Wipfeln der Bäume sitzen. Den größten Verdruß verursacht er den Vogelstellern dadurch, daß er theils auf die Läufer im Heerde stößet, sich auch an die Käfige, worin die Lockvögel sind, anhänget, und sie wund beißet oder scheu macht, daß sie nicht locken oder singen, theils aber, wenn ein Haufe großer und kleiner Vögel in den Fallbäumen sitzen, unter sie stößet, und sie alle verjaget, sich selbst aber nicht leicht vertreiben läßt.

Der rothköpfige Würger.

Er ist etwas kleiner, als der vorige, und an seiner rothen Platte auf dem Kopfe, die bald dunkler, bald lebhafter spielet, leichtlich zu erkennen. Man darf auch nur merken, daß er weißgraue oder gelbliche Augen hat, welche hingegen beim aschbartigen Würger braun waren. Er ist auch mit einem schwärzeren Schnabel und schwärzeren Beinen versehen. Eine Art aber ist so verwegen und boshaft, wie die andere. Zu dem Unterschiede von dem vorigen kömmt noch hinzu, daß dieser im Herbste fortzieht, während jener das ganze Jahr hindurch im Lande bleibt. Die ganze Familie, die sich beim Verlassen des Nestes niemals trennet, sondern beständig zusammenbleibt, ziehet im Anfange des Septembers fort, ohne sich mit anderen Familien zu vereinigen, oder auf einmal weite Züge zu thun. Außerdem fliegen sie immer nur von einem Baume zum andern, und selbst wenn sie fortstreichen, fliegen sie nicht weit auf einmal.

Der kleine, bunte Würger,

auch Dorntreter genannt. Er ist noch etwas kleiner, als der vorhergehende, in Ansehung des natürlichen Verhaltens aber mit ihm sehr übereinstimmend. Er kommt, wie dieser, im Frühjahr an, horstet, wie dieser, auf den Bäumen, auch wohl auf Büschen, im freien Felde, und nicht im Walde, zieht gegen den Monat September wieder von uns hinweg, nähret sich größtentheils von Insecten, stößt aber auch, gleich dem vorigen, auf kleine, junge Vögel. Uebrigens horsten beide in unseren Himmelsstrichen, und finden sich eben so wohl in Schweden, als in Frankreich. Er ist bei uns überhaupt nicht viel größer, als ein Emmerling, über welchem an der Stirn eine hübsche, schwarze Einfassung wahrzunehmen ist. Die aschblauliche Farbe erstreckt sich bis an den Rücken, wo sie sich in dem schönen hellbraunen Schild, welcher den Rücken und einen Theil von den Flügeln deckt, verliert.

Außer den hier beschriebenen gehören zu dieser Gattung noch verschiedene Arten ausländischer Vögel, die sich wohl ihrer äußern Gestalt und ihrem Körperbau nach von den hier erwähnten unterscheiden, nicht aber durch ihre Lebensweise und ihre sonstigen natürlichen Anlagen.

Unter den Raubvögeln lernen wir jetzt eine andere Art kennen, die sich von den bisherigen wesentlich unterscheiden. Wir haben von den bisher beschriebenen gesagt, daß sie zu jeder Tageszeit auf ihren Raub ausfliegen. Nicht so verhält es sich mit den folgenden. Denn diese sind durch die Einrichtung ihrer Augen darauf angewiesen, nur in der Morgen- und Abenddämmerung, oder auch in der Nacht sich ihre Nahrung zu verschaffen, und werden deshalb zum Unterschied von den vorigen, als den Tag-Raubvögeln, nächtliche Raubvögel genannt.

Es sind dies:

Die Eulen.

Die Augen dieser Vögel sind von einer so außerordentlichen Empfindlichkeit, daß es das Ansehen hat, als ob das Tageslicht sie blende, und die Strahlen der Sonne sie gänzlich verfinstern. Sie bedürfen eines viel schwächeren Lichtes, wie etwa des schwachen Scheines der Morgen- und Abenddämmerung. In diesen Stunden der einbrechenden Dämmerung kommen sie aus ihrem Hinterhalte hervor, um zu jagen oder auf Beute auszufliegen, welche sie nie lange vergeblich suchen, weil zu solcher Zeit andere Vögel und kleine Thiere dem Schlummer entweder nahe, oder schon wirklich darin eingewieget sind. Nächte, die vom Mond erhellet werden, sind ihre schönsten Festtage, wo für sie Vergnügen und Ueberfluß herrscht. Da jagen sie viele Stunden hinter einander, und suchen einen reichlichen Vorrath zu erbeuten. Viel unergiebiger und nachtheiliger sind für sie die Nächte, wo es ihnen an aufklärendem Mondschein fehlt. Zu solcher Zeit können sie blos des Morgens und Abends, in beiden Dämmerungen, eine Stunde jagen, und müssen sich an sparsamem Raube begnügen. Zwinget man sie am Tage ihren Aufenthalt zu verlassen, so bewegen sie sich in einem sehr kurzen, langsamen Fluge, weil sie allenthalben anzustoßen fürchten. Die anderen Vögel, welchen diese Furcht, oder die zwangvolle Bestrebung solcher Nachtvögel nicht unbemerkt bleibt, beeifern sich um die Wette, sie zu necken. Die Meisen, Finken, Rothkehlchen, Amseln, Drosseln u. s. w. pflegen hiezu in ganzen Zügen herbeizueilen. Der arme Nachtvogel, erstaunt und unbeweglich auf einen Ast gepflanzt, hört ihr annäherndes Geschrei, welches immer desto ärger wird, weil er nichts dagegen zu thun vermag, als alberne Geberden zu machen, den Kopf zu drehen, in seinen Augen Unentschlossenheit, und im Ganzen ein lächerliches Ansehen zu zeigen. Wird er angegriffen, geschlagen, gut, er hält still, ohne sich zu vertheidigen. Die kleinsten und schwächsten seiner Feinde sind am hitzigsten ihn zu ängstigen, und am hartnäckigsten in ihrer Verspottung. Auf dieses höhnende Spielwerk, oder auf diese natürliche Abneigung hat man die Kunst des

Vogelfanges zum Theil gegründet. Man darf nur einen dieser Nachtvögel an den Ort, wo man die Leimruthen ausgehänget, hinstellen, oder auch nur seine Stimme nachmachen, gleich werden sich die anderen Vögel einstellen.

Will man einen guten Fang thun, so muß man diese Jagd eine Stunde vor Sonnen-Untergang vornehmen. Wird es später, so fliegen eben diese kleinen Vögel, welche den Tag über die Eulen so hartnäckig und muthig herausforderten, mit größter Eile und Schüchternheit vor dem Gegenstande ihres Hohnes, der ihnen furchtbar und gefährlich wird, sobald die Dämmerung ihm erlaubt, sich in Bewegung zu setzen, und seiner Kräfte sich zu bedienen. Unter ihren heftigsten Verfolgern am Tage gehören die Krähen, welche allemal unter den Vögeln die ersten sind, welche der taumelnden Eule nachsetzen. Aber diese werden auch dafür des Nachts von den Eulen wiederum aufs Eifrigste verfolgt, auf den Kornböden oft unbarmherzig überfallen und grausam entfiedert. Daher ist auch das Sprichwort entstanden, daß man von Jemand, der sich in einer Anzahl ihn fortwährend neckender und ihm auf alle Weise zusetzenden Menschen befindet, saget: „Es gehe ihm, wie der Eule unter den Krähen."

Aber nicht alle Arten von Eulen haben von dem Tageslicht einen gleichen Grad von Blendung zu dulden, und man theilet sie demnach in zwei Hauptklassen, in Ohr- oder Horneulen und glattköpfige oder ungehörnte Eulen. In der ersten Klasse lassen sich wieder 3 Arten unterscheiden: 1. die große, 2. die mittlere, 3. die kleine Ohreule; in der zweiten 5, nämlich 1. die gemeine Nacht oder große Baumeule, 2. die graue Eule, 3. die Kirch- oder Schleiereule, 4. die große Buscheule, 5. das Käuzchen. Der Haupt-Unterschied zwischen den beiden Gattungen gründet sich darauf, daß alle Ohreulen an jeder

Seite des Kopfes einen ohrenförmigen, geradestehendeu Haarbusch, den sie willkührlich bewegen, erheben und sinken lassen können, die anderen Eulen aber einen runden Kopf ohne Federbüsche, oder ohne die mindeste Hervorragung einzelner Federn haben. Alle Arten aber werden überall in Europa angetroffen.

Die Hauptunterscheidungszeichen von den Tagraubvögeln sind 1. das Gesicht, welches bei letztern ungleich schärfer ist, als bei diesen. 2. Das Gehör. Die nächtlichen Raubvögel scheinen unter allen Thieren das feinste Gehör zu haben. 3. Der Schnabel. Dieser ist bei den Tagraubvögeln mit einer platten und nackten Haut bedeckt, bei diesen mit vorwärts liegenden Federn, und ist außerdem noch weit kürzer. 4. Die Krallen. Sie haben eine bewegliche Vorderklaue, die sie nach Gutbefinden rückwärts drehen, und deshalb leichter und fester auf einem Baumaste mit einem Fuße sitzen können. 5. Der Flug, welcher allemal wälzend ist, wenn sie aus ihrem Hinterhalte hervor=

kommen, und ohne Geräusch, und ihnen deshalb bei ihrem nächtlichen Raube von großen Nutzen ist.

Die große Ohreule, der Uhu.

Sie ist so groß, wie eine Gans, hat schwärzliche Federn mit rothen Flecken, und schwarze Augen, und wohnt nur in Wäldern. In die Städte kommt sie niemals. Sie schreit Uhu, Uhu. Die Dichter hatten den Adler dem Jupiter, den Uhu der Juno geheiligt, welchen man in der That als den Adler in der Nacht, und als den König aller derjenigen Vögel betrachten könnte, die des Tages Licht scheuen, und nicht eher von der Stelle fliegen, bis es zu dämmern anfängt. Seine gewöhnlichste Beute sind junge Hasen, Kaninchen, Maulwürfe, Fledermäuse, Schlangen. Bisweilen findet man den Uhu im Gedränge ganzer Schwärme von Krähen, welche ihn im Fluge verfolgen und zu Tausenden umgeben. Er hält ihren Anfall muthig aus, überschreiet alle diese ohnmächtigen Schwärme, zerstreut sie endlich und beschließt nicht selten diesen lärmenden Auftritt, bei anbrechender Dämmerung, mit dem grausamen Vergnügen, eine dieser Krähen zu fangen und zu zerfleischen.

Die Falkonirer bedienen sich des Uhu, den Geier anzulocken. Man zieret ihn mit einem Fuchsschwanz, um ihm eine noch seltsamere Gestalt zu geben. Er flieget nicht hoch über der Erde, und läßt sich lieber auf dem Felde, als auf irgend einem Baume nieder. Der Geier sieht ihn von ferne, schießt von seiner Höhe zu ihm herab, nicht um ihn anzufallen oder zu schlagen, sondern um seine außerordentliche Figur gleichsam zu bewundern. Hierzu nimmt er sich Zeit genug, um vom Jäger entweder geschossen, oder von den Raubvögeln, die man auf ihn losläßt, gefangen werden zu können. So halten auch die meisten Fasanenjäger in ihrer Fasanerie einen Uhu, den sie an einem freien Orte, in einem Gitter, beständig auf einem Gestelle haben, damit sich die Raben und Krähen um ihn versammeln, die Jäger aber Gelegenheit haben, desto mehr von diesen lärmenden Vögeln, welche die jungen Fasanen sehr beunruhigen, zu schießen. Zur Schonung der jungen Fasanen pflegt man sich dazu eines Blaserohrs oder einer Windbüchse zu bedienen.

Die mittlere Ohreule oder der kleine Schubhut.

Sie ist nur so groß, wie eine Drossel oder Amsel, hat blaue Augen und graue, braunroth gefleckte Federn, und schreit Klof Klud. Sie hat ebenfalls weit offen stehende Ohren, wie die vorige, auf welchen man zu beiden Seiten einen aus 6 vorwärts gerichteten Federn bestehenden Busch bemerkt, welche Federbüsche aber kürzer, als an der vorigen sind. Nur höchst selten geben sich diese Vögel die Mühe, einen Horst zu bauen, am liebsten pflegen sie sich dieselbe gänzlich zu ersparen. Sie legen ihre Eier gewöhnlich in Elster-Nester, oder in das Nest eines Weihen.

Die kleinste Ohreule.

Diese ist leicht von den beiden vorigen zu unterscheiden, denn sie ist nicht größer, als eine Drossel, und hat an den Ohren viel kürzere Federbüsche. Dann haben diese die Eigenschaft, sich im Herbste in ganzen Truppen zu versammeln, um in andere Himmelsgegenden zu ziehen, und zwar zugleich mit den Schwalben, mit denen sie dann im Frühjahre auch wiederkehren. Obgleich sie sich am liebsten in erhabenen Gegenden aufhalten, so versammeln sie sich doch auch gern in solchen, wo sich die Feldmäuse stark vermehrt haben. Hier stiften sie dann die beträchtlichsten Vortheile durch Vertilgung dieser Thiere an, die leicht allzu übermäßig anwachsen, und in gewissen Jahren dergestalt zahlreich werden, daß man vor ihnen weder Getraide, noch die zur Nahrung der Menschen dienlichen Wurzeln behalten kann.

Die große Baumeule.

Sie hat schwarze, weiß und roth gefleckte Federn, ist so groß, wie eine Gans, hält sich des Sommers in hohlen Bäumen, des Winters aber in Scheunen in Heu oder Stroh auf, und schreit Hu, Hu! Ihr Flug ist leicht, ohne das mindeste Geräusch zu machen, allemal von der Seite schwankend, wie bei allen übrigen Eulen. Sie fängt auf ihrer Jagd eine Menge kleiner Vögel, und noch viel mehr Feldratten und Mäuse. Wenn ihre Jagd auf dem Felde allzu mager abläuft, fliegt sie nach den Scheunen, um daselbst Ratten und Mäuse zu fangen. Sie kehrt aber sehr früh, zur Zeit, wenn die Hasen in ihr Lager kommen, in das Holz zurück, und verbirgt sich im finstersten Dickicht, oder auf den blätterreichsten Bäumen. Auch sie legt ihre Eier gern in fremde Nester, besonders in das der Weihen, Elstern und Krähen.

Die graue Eule.

Sie ist fast so groß, wie eine Gans, lebt nur in Wäldern, und schreit Grei, Grei. Diese Art von Eulen soll in fernen Ländern, und vorzüglich in Syrien, oft kleine Kinder anfallen und zerfleischen. Wo sie nämlich des Abends offene Fenster antrifft, begiebt sie sich in die Häuser, und pflegt dann in denselben unbewachte Kinder anzufallen; daher sie von den Frauen sehr gehaßt und gefürchtet wird.

Die Kircheule,

wird auch Schleiereule genannt. Sie verursacht wirklich durch ihr Blasen Sche, Schei, Scheu, Schiu, durch kreischendes und klagendes Grei, Gre, und ihre unterbrochene Stimme, welche sie oft in der Stille der Nacht ertönen läßt, ein wahres Entsetzen. Sie ist so groß, wie ein Huhn, hat oben gelbbraune, grau und weiße, unten aber schwarz und weißgefleckte Flecken, und wohnt in Städten und Dörfern auf Kirchen und Thürmen. Ihr unaufhörlich fortgesetztes Blasen gleicht dem Schnauben eines Menschen, der mit offenem Munde schläft. Sie stößt auch, wie bemerkt, sowohl im Fluge, als wenn sie ruhet, unterschiedene scharfe, dermaßen widrige Töne aus, daß Kinder, Weiber und mit Vorurtheilen von Gespenstern, Zaubereien und Vorbedeutungen eingenommene Leute, wenn ihre Einbildungskraft noch die Vorstellung der nahen Gräber, der Kirchen und der nächtlichen Finsterniß hinzufüget, sich der Furcht und eines schrecklichen Schauers nicht enthalten können. Sie betrachten die Kircheule, wie einen Abgesandten des Todes, der ihnen lauter Trauerfälle zu verkündigen hat, und glauben, wenn er sich auf einem Hause niederläßt, daß er dann durch sein Geschrei aus demselben Jemand zum Opfer des Todes abrufe. Sie baut kein Nest, sondern legt ihre Eier auf bloße Steine, oder auf die Erde, oder auf Balken. Sie reinigen die Kirchen von den Mäusen. Sie pflegen auch ziemlich oft zu saufen, oder vielmehr das Oel, besonders wenn es geronnen ist, von den Lampen wegzunaschen.

Auf diese leichteren Vögel, die sich zum Theil bis über die Wolken schwingen, lassen wir nun die folgen, welche wegen der großen Last ihres Körpers die Erde nie verlassen können. Von diesen Vögeln giebt es ungefähr 7 oder 8 Gattungen.

Der Strauß.

Er gehört unter die Vögel, welche schon von ältern Zeiten her sehr bekannt, und deren schon in dem ältesten Buche, nämlich der Bibel, oft Erwähnung gethan wird. Wie hätte denn auch ein durch seine Größe so beträchtliches, durch seine Gestalt so merkwürdiges, durch seine Fruchtbarkeit so erstaunenswürdiges Thier, das außerdem seiner Natur nach blos an einen gewissen Himmelsstrich, an Afrika nämlich und an einen Theil von Asien, gewöhnt ist, in einem von so alten Zeiten her bevölkerten Lande unbekannt bleiben können, in welchem es zwar allerdings viele Wüsteneien, aber doch nicht Eine derselben giebt, wo nicht schon Menschen hingekommen wären, und sie durchwandert hätten.

Die Straußenart ist also eine der ältesten, weil man ihre Geschichte bis auf die ersten Zeiten verfolgen kann. Ihre Gattung hat sich noch eben so rein, so unvermischt, als lange zu erhalten gewußt. Man findet sie nach einer Reihe von Jahrhunderten immer noch in ihrem alten Vaterlande, immer noch unverändert. Sie stellt also unter den Vögeln, wie der Elephant unter den vierfüßigen Thieren, eine ganz einzelne Gattung dar.

Der Strauß wird mit Recht für den größten unter den Vögeln gehalten. Seine Größe beraubet ihn aber zugleich des hauptsächlichsten Vorzuges der Vögel, nämlich des Vermögens zu fliegen; denn sein Körper wiegt, wenn er vollkommen ausgewachsen, gegen 75—80 Pfd. Was würde nun aber nicht in den Flügeln und ihren bewegenden Muskeln für eine Kraft gehören, eine so schwere, plumpe Masse in die Luft empor zu heben, und in derselben schwebend zu erhalten? Alle Straußfedern sind gänzlich ungeschickt, sowohl zum Fliegen überhaupt, als zur nöthigen Richtung des Fluges. Der größte Theil seines Körpers ist mehr mit Haaren, als mit Federn bedeckt; auf seinem Kopfe, an den Seiten und den sehr dicken, fleischigen Schenkeln, in welchen seine vorzüglichste Stärke sitzet, erblickt man wenig oder gar keine Haare. Seine großen, fleischigen Beine, woran sich nur zwei Zehen bemerken lassen, haben viel Aehnlichkeit mit den Füßen eines Kameels. Seine Flügel, die mit zwei Stacheln, wie die am Stachelschweine, bewaffnet sind, scheinen eher Arme, die er zu seiner Vertheidigung erhalten, als wirkliche Flügel zu sein. Der Strauß nährt sich von Gras, Kraut, Saamenkörnern, Nüssen und vielen anderen Baumfrüchten. Er wird aber selten an diesen Dingen satt, sondern stopft sich den Magen gewöhnlich noch mit Steinen, Holz, Knochen, Stricken, Leder, Blei und anderen Dingen voll. Er vermehrt sich ziemlich stark, indem er jährlich 25 bis 30 Eier legt, die so groß sind, daß sich zwei Menschen gut daran satt essen können; denn sie wiegen wohl 4 bis 5 Pfund, und haben die Größe eines Kinderkopfes. — Obgleich nun die Strauße nur in Wüsteneien zu wohnen pflegen, so sind sie doch nicht so wild, als man wohl denken sollte. Alle Reisende bezeugen einstimmig, daß man sie ungemein leicht, besonders in der Jugend, zähmen kann. Man gehet noch weiter. Ohne sich zu begnügen, sie gezähmt zu haben, bringet man sogar einige dahin, daß man sie, wie ein Pferd, reiten kann. So erzählt ein Reisender folgende Geschichte:

Der Strauß als Reitpferd.

„Zwei Strauße, die man beinahe 2 Jahre gefüttert hatte, machten mir ein sehr angenehmes Schauspiel. Bis jetzt hatte ich diese Riesen unter den Vögeln blos im Vorbeigehen und auf den versengten sandigen Feldern der linken Ufer des Nigerflusses gesehen. Hier war es mir leicht, sie nach Bequemlichkeit zu betrachten. Diese beiden waren, obgleich noch jung, doch schon beinahe so groß, wie die Alten. Man hatte sie so zahm gemacht, daß zwei Mohrenkinder zu gleicher Zeit den größten von beiden bestiegen. Kaum wurde dieser seine Bürde gewahr, als er anfing, aus vollen Kräften zu laufen. Er jagte mit beiden Kindern vielmal im Dorfe herum, und konnte durch nichts angehalten werden, als wenn man ihm den Weg versperrte. Ich ließ darauf einen meiner größten Schwarzen auf den kleinen, zwei andere hingegen auf den großen Strauß steigen. Sie fingen sogleich an, einen kurzen Gallop zu laufen; als man sie aber ein wenig anspornte, breiteten sie augenblicklich ihre Flügelfedern aus, als ob sie den Wind zu Hilfe nehmen wollten, und rannten so unbeschreiblich schnell, daß man sie kaum die Erde noch berühren sah. Ich bin überzeugt, ein paar solcher Strauße würden auch die rascheſten, englischen Pferde in einem Wettlaufe weit hinter sich zurückgelassen haben. Sie würden zwar nicht so lange Reisen, wie diese Pferde, mit gleicher Schnelligkeit aushalten, aber zuverlässig viel eher an ein bestimmtes Ziel gelangen. Ich bin oft ein Augenzeuge von dergleichen Auftritten gewesen, die uns von der ungeheuren Stärke dieses Vogels einen Begriff machen, und uns zugleich zeigen könnten, wozu er zu gebrauchen wäre, wenn man ein Mittel wüßte, ihn eben so abzurichten, wie es mit Pferden geschieht."

Um sie zu fangen, bedienen sich die Bewohner jener Gegenden folgender List. Sie bedecken sich mit einer Straußenhaut, stecken den Arm in den Hals derselben, und machen damit alle gewöhnliche Bewegungen der Strauße, und so wird es ihnen leicht, sich denselben zu nähern, und sie zu überraschen. Eben so verkleiden sich die amerikanischen Wilden in Rehböcke, um so die Rehböcke zu fangen.

Im südlichen Amerika hält sich ein sehr großer Vogel auf, der wegen seiner Aehnlichkeit mit dem afrikanischen Strauß der amerikanische Strauß oder Straußbastard genannt wird.

Der Kasuar.

Der Kasuar ist zwar weder so dick, noch so groß, als der Strauß, er scheint aber dennoch viel untersetzter zu sein, weil, bei einem fast eben so großen Körper, Hals und Füße zwar kürzer, aber verhältnißmäßig viel dicker sind, und sein Körper selbst uns viel aufgetriebener

vorkömmt, wodurch der Kasuar ein viel plumperes Ansehen, als der Strauß, erhält. Der merkwürdigste Zug an der ganzen Figur des Kasuar ist die kegelförmige, vorn schwarze, übrigens durchaus gelbe

Haube, oder der Helm, der sich auf der Stirn von der Wurzel des Schnabels bis zur Mitte des Wirbels auf dem Kopfe erhebet, und oft noch weiter ausbreitet. Die Flügel sind am Kasuar noch viel kleiner, als am Strauß, und völlig unbrauchbar zum Fluge. Sie haben bloße, zugespitzte Kiele ohne Faden, und noch viel mehrere, als die Flügel des Strauß. Diese Kiele sind den Stacheln der Stachelthiere zu vergleichen. Er bedient sich derselben als Waffe zu seiner Vertheidigung, und auf gleiche Weise seines Schnabels und seiner Beine. Bei der Jagd schlägt er so heftig mit dem Fuße aus, daß er einen Hund weit wegschleudert, und ihn oft schwer verwundet oder gar tödtet. Daher suchen die gut dressirten Hunde von vorne an ihn zu kommen, und gelingt ihnen dies, so springen sie ihm nach dem Halse und packen ihn daselbst, wodurch der Vogel sehr bald getödtet wird. Die Alten sind schwer zu jagen, und nur die schnellsten Hunde vermögen sie einzuholen. So schwer es hält, sie zu fangen, so viel Schwierigkeiten verursacht es, sie zu zähmen; nur ganz jung gefangen, gewöhnen sie sich leicht an den Menschen. Er hält sich in Indien und Neuholland, also wie der Strauß, in einem trockenen, heißen Himmelsstrich auf, den diese beiden gleichsam unter sich getheilt zu haben scheinen, und wo jeder sein eigen Gebiet behauptet, ohne sich mit dem anderen abzugeben.

Der Dronte.

Man stelle sich einen vierschrötigen Körper vor, den zwei sehr dicke, kurze Pfeiler kaum ertragen können, mit einem so außerordentlichen Kopf, daß man ihn vielmehr für die lächerlichste Phantasie eines Malers, als für einen wirklichen Kopf halten sollte. Dieser Kopf denke man sich auf einem starken, kropfigen Hals, und sehe nun, daß er fast ganz aus einem ungeheuren Schnabel bestehet, an welchem zwei große, schwarze, mit einem Zirkel umgebene Augen stehen, dessen aufgesperrte Kinnbacken sich bis hinter die Augen und fast bis an die Ohren öffnen. Diese beiden Kinnbacken stelle man sich in ihrer Mitte ausgehöhlt, an beiden Enden gewölbt, ihre Spitzen, eine gegen die andere gekrümmet, gleich zwei zugespitzten Löffeln, vor, die man mit auswärts gerichteter Wölbung gegen einander gelegt hat.

Entstehet nicht aus allen Zügen dieser Schilderung das deutlichste Bild der Dummheit und Gefräßigkeit? Um die Unförmlichkeit noch größer zu machen, kömmt noch ein sonderbarer Federsaum hinzu, der sich um die ganze Wurzel des Schnabels herumleget, auf der Stirn in eine Schnepfe hervortritt, und sich um das ganze Gesicht wie eine Kappe herumlegt, wovon auch dieser Vogel die Benennung des Schwans mit der Kappe erhalten hat. Die Dicke des Körpers, welche sonst bei den Thieren zugleich die Stärke derselben ankündigt, verursacht hier nichts, als eine nachtheilige Schwere. Der Strauß und Kasuar können zwar eben so wenig fliegen, als der Dronte, aber doch desto hurtiger laufen. Der Dronte hingegen scheint von seinem eignen Gewicht so sehr überladen zu sein, daß er die Last seines eignen Körpers kaum fortzuschleppen vermag. Er ist unter den Vögeln, was das Faulthier unter den vierfüßigen Thieren vorstellet. Er hat Flügel, ohne sie brauchen zu können, indem sie viel zu schwach sind, eine solche Last in die Lüfte zu heben. Man sollte ihn eher für eine Schildkröte halten, die sich in eine Vogelhaut verkrochen. Uebrigens sind seine Federn sehr weich, bei denen die graue die herrschende Farbe ist. Er scheint nur auf den Inseln von Frankreich und dem daran grenzenden festen Lande vorzukommen. Man hat noch zwei verwandte Arten, den

Einsiedler und den Vogel von Nazareth, aufgeführt, jedoch wir wissen von diesen nur sehr wenig.

Die Trappe.

Dieser scheue Vogel, der nicht leicht den Jäger an sich kommen läßt, kann so unglaublich schnell laufen, daß ihn kaum der Windhund einholen kann. Er hat Mühe, sich zum Fluge von der Erde zu erheben, fliegt aber dann ziemlich hoch, und macht im Winter Reisen von mehreren Meilen. Man trifft ihn fast überall in Europa. Im Oesterreichischen und in Frankreich findet sich eine besondere Art, von der Größe eines Fasans, die ein vorzüglich wohlschmeckendes Fleisch hat. Sie wandert im Herbst in großen Schaaren aus, und kommt im April wieder, wo sie sich am liebsten in steinigen Kleeäckern aufhält. Er ist kenntlich durch kurzen, kegelförmigen, oben gewölbten Schnabel, zugespitzte und wenig gespaltene Zunge, und durch seine Lauffüße. Er hat drei Zehen nach vorne, und keinen nach hinten, weshalb er sich auf einem Baumzweige schwer festhalten kann. Der Trappe ist ein kornfressender Vogel, und lebt auch von Kräutern und allerlei Arten Gesäme von Kohlblättern, Rüben, Wicken, Mohrrüben. Dieser Vogel baut sich kein Nest, sondern pflegt sich blos ein Loch in die Erde zu graben, worin die Trapphenne ihre Eier legt, die von der Größe eines Gänse-Eis, und von dunkeler olivengrüner Farbe sind, und die von der Henne in 30 Tagen ausgebrütet werden. Wenn die unruhige Mutter gegen die Jäger ein Mißtrauen fasset, und befürchtet, man möchte sich ihrer Eier bemächtigen, so nimmt sie dieselben unter die Flügel, um sie an einem anderen Orte in Sicherheit zu bringen. Das Männchen ist viel größer, als das Weibchen, und hat lange, weiße Bartfedern an beiden Seiten der Unterkinnlade, die es im Zorn ausbreitet. Diese Thiere sind, wie schon bemerkt, sehr furchtsam. Am stärksten aber fürchten sie sich vor den Hunden, vermuthlich, weil man sich derselben mehrentheils zur Trappenjagd bedienet. Man erzählt auch von den Füchsen, daß sie die Trappen an sich locken, indem sie sich auf der Erde ausstrecken, ihren Schwanz aber in die Höhe richten, nnd ihm das Ansehen und die Bewegung eines Vogelhalses geben. Die Trappen sollen ihn dann für einen Vogel ihrer Gattung ansehen, ohne Mißtrauen sich ihm nähern, und so ein Raub dieses listigen Thieres werden.

Nicht größer, als ein Kapaun, ist der kleine afrikanische Trappe, der Hubara, der die arabischen Wüsten und Einöden bewohnt. Die großen Halsfedern bilden einen breiten, weißlichen, mit schwarzen Streifen versehenen Kragen.

Hierauf lassen wir nun die hühnerartigen Vögel oder Hausvögel folgen.

Der Haushahn und die Henne.

Wer kennt nicht den munteren Wächter, der früh den heranbrechenden Tag, so vielen Trägen oft zum Aerger, verkündet? Wer hätte noch nicht beobachtet, wie er stolz unter seinen Hennen einherschreitet, und ein strenges Regiment führt; wie er die Vergehungen, deren sich die einzelnen ihm untergebenen Hennen hart bestraft, dadurch daß er sie beißend verfolgt in Hof und Stall. Aber mit gleicher Besorgniß wacht er auch für seine Hühner; er begleitet und vertheidigt sie allenthalben, und läßt sie nie aus den Augen. Er sucht die verlaufenen wieder auf, und hält nicht eher seine Mahlzeit, als bis er erst um sich her seine Heerde fressen sieht. Wie heftig schreit er nicht, wenn ein fremder Mensch oder ein Hund in den Hof tritt, oder wenn er

den Sperber oder sonst einen Feind seiner Hühner sieht? Man hat ihn wegen seiner Munterkeit auch Nachtwächter genannt, weil er des Nachts in verschiedenen Stunden krähet und die Leute vom Schlaf aufwecket und zur Arbeit ruft.

Der Hahn ist größer, als das Huhn, hat auch einen größeren Kamm und an jedem Fuße einen Sporn. Beide sind sehr leicht zu unterscheiden. Sie fressen alle Arten von Getraide, und andere Saamenkörner, auch Brod und fast Alles, was der Mensch ißt. Und wo sie Gras und andere zarte Gewächse antreffen, picken sie gern etwas davon weg. Eine Gluckhenne giebt uns ein schönes Bild einer zärtlich besorgten Mutter. Denn wer hätte noch nicht gesehen, wie sehr sie in Aengsten ist, wenn sie mit ihren gesammten Kindern bei einem Teiche vorbeizieht, und eins von ihren Stiefkindern — denn die Hühner brüten bekanntlich auch Enten aus — ins Wasser geht, und flink darin herumschwimmt und nicht wieder heraus will, sie mag es auch noch so ängstlich locken, und am Ufer wohl zehnmal auf und niederspringen?

Wenn ein Huhn sonst gefräßig und fast nimmer satt ist, so leidet es gewöhnlich Hunger, wenn es Kinder hat. Findet es Saamenkörner

oder Brosamen, so frißt es nichts davon, sondern lockt ihre Kinder herbei, die allemal geschwind kommen und Alles hastig aufzehren. Bei der geringsten Gefahr nimmt es sie alle unter seine Flügel und erwärmt und beschützt sie. Noch wollen wir der Hahnengefechte erwähnen, die jährlich in England gehalten werden, und wobei die Engländer oft etliche hundert Thaler wetten, welcher Hahn siegen werde. Man lehrt sie nämlich 3—4 Wochen lang vorher mit einander kämpfen, und macht sie entsetzlich kühn und wild. Man schneidet ihnen ihre Sporen ab, und setzt ihnen dafür stählerne an, die ziemlich lang und sehr spitz sind, und läßt sie so an einem bestimmten Tage in Gegenwart vieler hundert Zuschauer auf einander losgehen. Sobald sich die zwei Kampfhähne sehen, fahren sie mit großer Wuth auf einander los, reißen und hacken sich, treten wieder zurück, wie die Ziegenböcke, die sich mit einander stoßen, greifen aber einander immer heftiger an, und hören nicht eher auf, als bis einer überwunden und tödtlich verwundet vom Kampfplatz entfernt wird.

Außerdem giebt es unter ihnen sehr verschiedene Arten, z. B. das Haubenhuhn, Kluthuhn oder Stuppschwanz, das Zwerghuhn u. a. m., die Allen hinlänglich bekannt sein werden.

Das Perlhuhn.

Es macht ungeachtet des Namens ein eigenes Geschlecht, und ist mehr ein Vogel der Seltenheit, als des häuslichen Nutzens. Man kennt nur sehr wenige Arten. Unser Perlhuhn, etwas größer, als der Haushahn, gehört zur Zeit noch blos dem Vergnügen an. Es ist lebhaft und munter, und zankt mit allem Geflügel auf dem Hofe, selbst mit dem Truthahn; ist in der Lebensart unseren Haushühnern fast ganz gleich, flieget auch eben so schlecht, als diese, läuft aber sehr hurtig. Die Eier werden für kostbare Leckerbissen gehalten. Die weißen, rundlichen Flecken, die auf dunkelem Grunde in Reihen stehen, haben dem Vogel seinen Namen gegeben. Seine, den Rebhühnern ähnliche, Stimme wird oft lästig durchdringend, und sein Vaterland sollen Afrika's wärmere Küsten sein, wo es am liebsten in sumpfigen, morastigen Gegenden lebt.

Die Waldhühner,

von welchen man an 70 Arten rechnet, theilen sich in zwei Familien, von welchen die erstere befiederte, die andere aber (Rebhuhn und Wachtel) unbefiederte Füße hat.

Das Urhuhn.

Man hört aus der Ferne ein Geräusch, das anfänglich dem Knallen mit der Zunge gleicht, bald aber scheint es von Mähern herzukommen, die ihre Sensen streichen; man geht näher, und sieht hoch oben auf einem Baume den Auerhahn, als den Urheber desselben, herumstolziren, sieht, wie er mit fächerförmig ausgebreiteten Schwanze, vorwärts gestrecktem Halse und aufgeblasenem Kropfe tauchend wunderliche Stellungen und Sprünge macht. Er ruft auf diese Weise die Henne, die antwortend herbeikömmt, worauf jener vom Baume herabsteigt, um freundlich mit ihr zu kosen. In diesem Liebestaumel hört und sieht er nichts, und so überaus schwer es sonst hält, ihm nahe zu kommen, beschleicht ihn doch jetzt der Jäger sehr leicht; ja dieser kann zuweilen in seiner Nähe losschießen, ohne daß er es merkt. Er hat ziemlich die Größe einer Truthenne, ist ein Bewohner nördlicher Gegenden, wo er sich am liebsten im hochgebirgigen Schwarzwalde, an hellen Bächen und Quellen aufhält, und hat eine schwarze und schwarzgrüne Farbe, das kleinere Weibchen aber ist schön roth, braun, schwarz und weiß gesprengt.

Der Birkhahn.

Er ist um die Hälfte kleiner, als das Urhuhn, hat auf dem schwarzen Gefieder an den Flügeln einen weißen Fleck, und der Schwanz des Weibchens ist rothbraun. Wo in nördlichen Gegenden der alten Welt Birken wachsen, da ist die Heimath dieses Vogels. Kirschen und Erbsen sind ihm tödtlich. Er hat, der kurzen Flügel wegen, einen schweren Flug, wie wohl immer noch leichter, als der des Urhuhns, ist schwer zu schießen, da seine Sinne sehr scharf sind, wie wohl man ihn des leckeren Fleisches wegen eben so sehr schätzt, und ihm eben so sehr nachstellt, wie dem Urhuhn.

Das Haselhuhn.

Diese scheuen, wilden und stets versteckten Vögel mit schnellem Laufe und schwerem Fluge leben überall in unserm Erdtheil, wo dicker und gebirgiger Wald ist, z. B. in Böhmen, besonders wo es viel Haselgesträuch giebt. Es ist so groß, wie eine Haushenne, und ein schwarzer Fleck unter dem Halse unterscheidet den Hahn.

Das Schneehuhn.

Es ist nur so groß, wie eine Taube, fast ganz weiß, und versteckt sich unter dem Schnee, wenn es einen Feind in der Nähe bemerkt. Diese Vögel fliegen niedrig und in Schaaren, und wahrscheinlich mit dem Menschen wenig bekannt, soll man sie schon greifen können, wenn man ihnen nur Brod vorhält.

Die nun folgende zweite Familie hat ungefiederte Füße.

Die Rebhühner.

Die meisten halten sich auf Feldern, Wiesen und sonst an freien Orten, so wie am Rande von Gehölzen auf; indem sie nach Umständen gern im Strauchwerk, oder mindestens unter Bäumen und hinter Baumstämmen Schutz und Verborgenheit suchen; die meisten aber, ohne sich auf Baumzweige zu setzen, da sie fast beständig auf der Erde bleiben. Ein Männchen und sein Weibchen bilden mit ihren Jungen zusammen Gesellschaften, welche eine eng zusammenhaltende Familie (Volk genannt) bilden, die höchstens noch einige früh verwaisete Mitglieder einer anderen Familie oder ein kinderloses Elternpaar unter sich aufzunehmen pflegt. Am frühen Morgen, oder wenigstens sobald ein Theil des Thaus abgetrocknet ist, und gegen Abend sind sie am meisten in Bewegung. Des Nachts schläft die ganze Schaar dicht zusammengedrängt auf einem Haufen bei einander. Der Vater der Familie macht gewöhnlich bei Allem den Anführer und Warner.

Alle Arten Getraide und Hülsenfrüchte, besonders Weizen, bilden ihre Nahrung, aber auch verschiedenen Insecten stellen sie nach. Die Männchen halten sich unverbrüchlich treu zu ihrer einmal und für die ganze Lebenszeit gewählten Gattin. Sie bleiben in deren Nähe, wenn sie brütet, helfen ihr die Jungen mit führen, und beweisen dann meist eine eben so große Sorgfalt, die Kleinen zu allem Nützlichen anzuleiten, wie eine ängstliche Bekümmerniß, wenn denselben Gefahr droht, bei welcher dann häufig beide, Vater und Mutter, sich dreist bloßstellen.

Man kennt verschiedene Arten, von denen das graue bei uns das gewöhnlichste ist. Das Rothuhn, mit rothem Schnabel und Füßen und röthlichem Leibe, etwas größer, als das vorige.

Die Wachtel.

Sie kommt im Mai, und zieht im September wieder fort. Wer sollte sie nicht kennen? Man sieht und hört sie ja genug im Sommer auf dem Felde und in Bauern. Das Männchen hat eine schwärzliche oder schwarzbraun gefleckte Kehle, beim Weibchen ist sie weißlich. Sie ist in manchen Gegenden auf ihren Zügen so häufig, daß der Bischof auf der Insel Capri seine Haupteinnahme vom Wachtelfang hat, und daher der Wachtelbischof genannt wird. Das Weibchen legt 10 und mehr grünlich weiße, braungesprengte Eier in ein Erdloch, aus welchem die Jungen nach drei Wochen Bebrütung auskriechen, ohne daß sich das Männchen darum kümmert.

Unsere Wachtel ist nicht eigentlich scheu, nur sehr furchtsam, doch leicht zu zähmen, und wird dann selbst mit vierfüßiger Stubengesellschaft vertraut.

Der Lophophor.

Ein prächtiger Vogel, den die Einwohner von Hindostan Gold-vogel nennen. Wie der Pfau trägt er auf seinem Kopfe eine Krone, die aus goldgrünen Federn besteht. Der hintere Theil und die Seiten seines Halses sind purpurfarbig. Der Körper ist schwarz, azurblau und goldfarbig. In den entfernten Wäldern von Hindostan lebt dieses prachtvolle Thier.

Der Pfau.

Er ist der schönste Vogel in der Welt. Wer schon einen drei- oder vierjährigen Pfauenhahn gesehen hat, wird sich davon überzeugt haben. Was hat er nicht für einen trefflich blauen Hals? Welch herrliche Farben glänzen nicht in seinem Federbusch auf dem Kopfe? Wie groß ist nicht die Pracht seiner Spiegelfedern im Schwanze? Welch entzückender Anblick ist es nicht, wenn er diese Schwanzspiegelfedern erhebt, und damit ein Rad schlägt? So schön er aber ist, so häßlich ist seine Stimme. Er schreit oft eine Stunde lang in einem weg sein ärgerliches Eche, Eche. Er ist so groß, wie ein Puter, hat einen kleinen, blauen Kopf, und um die Augen einen weißen Strich. Sein langer, dünner Hals und seine Brust sind blau, sein Rücken ist weiß, grau und schwarz gefleckt. Die Henne ist aber merklich kleiner, fast ganz grau und lange nicht so schön, als der Hahn. Sie legt alle Jahr 8—12 Eier, die sie entweder selbst ausbrütet, oder das nächste beste Haushuhn ausbrüten läßt. Uebrigens giebt es bei uns nicht sehr viel; denn sie sind sehr theuer, und dabei sehr böse Thiere. Sie zerhacken Alles, wo sie hinkommen; fliegen dem Menschen auf den Leib, und hacken ihm Löcher ins Gesicht, oder gar die Augen aus, und spielen auf den Hühnerhöfen den Herrn, und wissen sich bei allem andern Geflügel so in Ansehen zu setzen, daß sich kein anderes Huhn untersteht, etwas zu fressen, bis erst der stolze Pfau seine Mahlzeit vollendet hat.

Der Pfau kann sich fast mit keinem Vogel, als mit der Taube vertragen.

Es ist allerliebst anzusehen, wenn ein alter Pfau seine Kinder fliegen lehrt. Des Abends setzt er sich nämlich gern auf hohe Bäume

und übernachtet darauf. Weil ihm nun seine Kinder nicht nachfliegen können, so trägt er eins nach dem andern hinauf. Sobald es aber Tag geworden, fliegt der Alte fort, und die Jungen machen es nach, so gut sie es können, und so lernen sie nach und nach fliegen.

Der Truthahn, Puter, Kalkutischer Hahn.

Wer hätte sich noch nicht den Scherz gemacht, einen Puter zu necken? Jedermann weiß ja, daß er, wie der Büffel, die rothe Farbe nicht vertragen kann, daß ihn das Vorhalten eines rothen Tuches ganz wild macht. Wie diese Thiere kullern, wie sie sich aufblähen,

wie die Fleischwulsten des Kopfes anschwellen, welch Rad sie schlagen und ihr Puter, Puter oder Kurre, Kurre schreien, wenn sie etwas Rothes sehen! Uebrigens nennt man ihn fälschlich den Kalkutischen Hahn, da er nicht aus Kalcutta, wie man glaubte, sondern aus dem mittleren Amerika zu uns gekommen ist; und zwar wurde er um das Jahr 1530 in Deutschland eingeführt, nachdem sie kaum 10 Jahr vorher in Europa erst bekannt geworden waren. Es giebt allerhand Puter, weiße, schwarz und weiß gefleckte, weiß und röthliche und graue. Daß sie aber im wilden Zustande in manchen Stücken anders sein werden, als bei uns, braucht nicht erst noch besonders erinnert zu werden. Noch ist zu bemerken, daß die Henne kleiner ist, als der

Hahn, und auch kein Rad schlagen kann. Sie legt alle Jahr 15 bis 20 Eier, die etwas größer, als die Hühnereier, und weiß mit gelbröthlichen Flecken gezeichnet sind. Wenn sie einen Raubvogel in der Luft schweben sieht, so ruft sie hastig ihre Kinder zusammen, und versteckt sich mit ihnen, oder sie fallen plötzlich zur Erde und bleiben so lange wie todt liegen, bis sie von ihrer Mutter Nachricht erhalten, daß der böse Räuber fort sei.

Endlich gehört zu dieser Klasse noch

der Fasan.

Er ist nach dem Pfau der schönste Vogel. Sein Vaterland ist Mingrelien in Georgien am schwarzen Meer, beim Flusse Phasis, von welchem Flusse er wahrscheinlich den Namen Fasan oder Phasan führt, das ehemals Colchis hieß. Wer von dem Zuge der Argonauten gehört, der hat auch wahrscheinlich erfahren, daß ihn diese mit sich nach ihrem Vaterlande, nach Griechenland, gebracht, von wo aus er sich fast nach allen Gegenden der Welt verbreitet hat. Die Henne ist kleiner, als der Hahn, gelbbraun und schwarz gesprenkelt. Sie nähren sich von Gewürm, Insecten, besonders Ameisen, Kräutern und Beeren. Man kennt verschiedene Arten, worunter 1. der schöne Goldfasan aus China gebürtig. Er hat einen längeren Schwanz, als der gemeine, trägt einen langen, golbgelben Federbusch und einen bis auf den Hals gleichgefärbten Oberleib. 2. Der Silberfasan, ebenfalls aus China und sehr schön. Am Hinterkopf hängt ein indigoblauer Federbusch herab. 3. Der Argusfasan hat den Namen seiner vielen Augenflecke wegen, die er auf den Flügeln hat. 4. Der prächtige Fasan von Neuholland hat einen Schwanz von 2 Fuß, dem nichts in der übrigen befiederten Thierwelt an Pracht gleich kommen soll. Er hat die Größe unseres Huhns, schwarzes ins Röthliche spielendes Gefieder und einen lockeren Federbusch auf dem Scheitet.

Eine andere Ordnung unter den Vögeln bilden

die Singvögel.

Freilich werden wir zu dieser Ordnung manchen Vogel zählen müssen, mit dessen Gesange es in der That nicht weit her ist, und der Name sperlingsartige Vögel möchte sich besser passen. Indessen sind freilich die meisten und besten Sänger unter den Vögeln dieser Ordnung begriffen. Es gehören alle die Vögel hieher, die einen kegelförmigen, zugespitzten Schnabel, und offene, nackte und eiförmige Nasenlöcher haben. Diese Vögel leben von Gewürm, Insecten, Gesäme und Pflanzenblättern.

Kein Thier hat so viele Töne für die verschiedenen Empfindungen in seiner Gewalt, als die meisten Vögel. Der Gesang aber ist den Vögeln eben so wenig angeboren, als dem Menschen die Sprache. Von der Natur besitzen sie die Anlage dazu; sie müssen ihn erlernen. Der Versuch eines jungen Vogels, zu singen, läßt sich mit dem Streben eines Kindes vergleichen, das sprechen will. Der Vogel ahmt nach, wie der Mensch; was er oft hört, das singt er nach. Ein gemeiner Sperling, den man sehr jung aus dem Neste nahm, und ihn in die Nähe eines Hänflings und Stieglitzes that, nahm einen Gesang an, der eine Mischung von beiden Gesängen war. Einst zog man drei junge Hänflinge auf, den einen mit einer Feldlerche, den andern mit einer Holzlerche, den dritten mit einer Wiesenlerche, und statt des Gesanges, der ihrer eigenen Art eigenthümlich ist, nahm jeder den Gesang seines Lehrers an. Ein Hänfling, den man kaum drei Tage alt aus dem Neste nahm, und ihn nichts anders hören ließ, als: „Hübscher Knabe,“ sang nicht, sondern sprach blos diese Worte nach.

Die Tauben.

Sie haben viel Aehnliches mit den gänseartigen Vögeln, legen des Jahres 2, 3, ja wohl fünf- und sechsmal jedesmal 2 Eier in ein aus Stroh oder Reisern fast allzu kunstlos gemachtes Nest.

Es giebt unter ihnen die verschiedensten Arten, von denen wir nur erwähnen wollen.

1. Die Holztaube, wilde Taube. Jeder weiß, daß sie einen vortrefflichen Braten abgeben. Sie leben in Europa, Asien und Amerika, wohnen in Wäldern, ziehen im Oktober in großen Heerden fort, und werden in Italien und am Fuße der Pyrenäen, aber auch in Nordamerika auf dem Zuge zu mehreren Tausenden gefangen. Im letzteren

Lande werden sie zu Zeiten eine Landplage, kommen in großen Wolken an, welche die Luft verfinstern, fressen die Eicheln und Getraidefelder rein ab, und einmal wurden in Canada ihretwegen Bußtage angestellt. In einer Nacht wurden einmal 18,000 mit Stöcken todtgeschlagen.

2. Die Ringeltaube, große Holztaube, hat eine Art von weißen Ring um den Hals, und ist unter den heimischen Tauben die größte.

3. Die Turteltaube ist nur von der Größe einer Misteldrossel, und wird leicht zahm. Sie ist weit verbreitet. Ein schwarzer Fleck an beiden Seiten des Halses, mit einigen weißen Querstrichen, eine weißrothe Brust, und Schwanzfedern mit weißen Spitzen machen sie kenntlich.

4. Die Lachtaube ist in Ostindien zu Hause, und an Geschrei und Farbe fast ganz der Turteltaube ähnlich. Man zieht sie in den Stuben auf und liebt sie als ein stilles, gutes Thierchen.

5. Die Kropftaube oder der Kropfer hat einen so ungeheuer großen Kropf, daß sie ihn bis zur Größe ihres ganzen Körpers aufblasen kann.

6. Die Haubentaube oder Schleier- oder Perrückentaube hat im Nacken hohe Federn stehen, die sich gekrümmt vorwärts über ihren Kopf legen.

7. Der Federfuß oder die Trommeltaube ist bei uns die größte Taube, und hat befiederte Füße.

8. Die Goldflügeltaube, auf Neuholland, hat eine ungeheure Pracht und Schönheit auf den Flügeldecken. Endlich

9. die Brieftaube. Sie ist eine Art Feldtaube, und wurde sonst im Morgenlande, aber auch in Europa gebraucht, Briefe von einem Ort zum andern zu tragen, vielleicht 15 Meilen weit. Man nahm

am liebsten Tauben dazu, welche Junge hatten, fütterte sie vor dem Abfliegen, tränkte die Füße in Essig, damit sie sich unterwegs nicht baden möchten, und band ihnen die mit Wachs überzogenen Briefe unter die Flügel. In Halepp und Damask gab es ordentliche Posten von solchen Tauben.

Die Lerchen.

Sie sind allbekannt und fast überall zu Hause. Sie scheinen bestimmt, ihr Leben auf der Erde hinzubringen; denn blos sehr wenige fliegen zuweilen auf Bäume; alle setzen sich, um sich umzusehen, nur gern auf Ackerschollen, Rasenhügel. Was ihren Gesang und ihr Aufsteigen in die Lüfte betrifft, so ist dies allgemein bekannt. Denn wenn der erste warme Sonnenstrahl des Frühlings uns ins Freie ruft, so ist auch schon die muntere Lerche im heiteren Gesange beschäftigt.

In seichten, oft von ihnen selbst gescharrten, Vertiefungen auf freiem Felde, hinter Erdschollen, in Viehtritten und dergleichen, übrigens auf nackten Aeckern, im Getraide, Grase und Haidekraut tragen sie ein ziemlich unordentliches Genist von wenigen, dürren Grasblättern, nebst feinen Halmen zusammen. Sie brüten jährlich zweimal, jedesmal eine mäßige Anzahl Jungen aus. Von ihnen giebt es nun verschiedene Arten:

1. Die bekannte **Feld- oder Ackerlerche**. Gegen den Oktober zieht sie in Schaaren von Norden nach Südens wärmeren Gegenden zu; dann eben wird sie ihres Fleisches wegen in Garn und Netzen gefangen.

2. Die etwas kleinere **Wald- oder Baumlerche** zeichnet sich durch ihren vorzüglichen Gesang aus, hat einen kurzen Schwanz und einen kleinen Federbusch.

3. Die Wiesenlerche, heller und kleiner als die Feldlerche, singt nicht, schreit aber, wenn sie in der Luft weilt: „Zirhö und Dacida."

4. Die Pilzlerche, Haidelerche, pipt, wenn man sich ihrem Neste nähert, und hat einen artigen Gesang, wenn sie sich von den Büschen in die Höhe erhebt.

5. Die Hauben- oder Federbuschlerche ist durch ihren Namen bezeichnet; wandert nicht fort, sondern streicht nur von einem Orte zum andern, und im schlechtesten Winterwetter rettet sie sich in Stadt und Dorf auf Straßen und Höfe. Sie ist nebst der Alpen- oder Berglerche, auch Schneelerche, die aus höherem Norden nur im Winter nach Deutschland kommt, größer, als die Feldlerche.

Der Staar.

Wer kennt ihn nicht, diesen lustigen, plauderhaften, ewig beweglichen und unruhigen Vogel, den man auch wohl hie und da in den Stuben herumlaufen sieht. Er hat einen gelben Schnabel, und hellbraunrothe Füße; das gesammte kleine Gefieder ist schwarz, und zeigt namentlich an Kopf und Bauch ein schillerndes Farbenspiel. Er lebt von Raupen, Maulwurfsgrillen, Maden u. s. w. Im Zimmer frißt er Alles, auch Fleisch recht gern. Daß er namentlich im Herbste den Schafen auf den Rücken fliegt, und ihnen die Schafläuse absucht, weiß Jedermann.

Die Drosseln, Krametsvögel.

Die ganze Welt hat Drosseln, wie wohl dem größeren Theil nach blos als Zugvögel. Sie sehen fast alle braun, weiß und roth gefleckt aus, fressen allerhand Waldbeeren und Würmer. Viele zeichnen sich durch vorzügliche Sängergaben aus. Wer sollte aber wohl noch nicht versucht haben, welchen Geschmack ihr Fleisch hat? — Man hat verschiedene Arten:

1. Die Misteldrossel (Ziemer, Schnorre), die größte bei uns, etwa wie eine Turteltaube, und singt so ziemlich. Sie kommt im Herbst nach Deutschland, wenn die Mistelbeeren, die sie sehr gern frißt, reif sind.

2. Die kleine Wachholderdrossel (Krametsvogel), kommt im Herbst nach Deutschland, und frißt fast nichts, als Wachholderbeeren, und weil man an einigen Orten die Wachholderbeere auch Kramets-beere nennt, so hat man diesem Vogel hiervon den Namen gegeben. Aber es muß bemerkt werden, daß die Jäger und Vogelfänger gewohnt sind, fast alle Drosseln Krametsvögel zu nennen, und wenn sie ausgehen, um sie in ihre Schlingen zu locken, so nennen sie das: „Auf den Dohnenstrich gehen."

3. Die Sing- oder Zippdrossel singt fast so schön, wie eine Nachtigall. Sie ist übrigens im Aeußern der andern gleich.

4. Die Amsel oder Schwarzdrossel hat fast ganz schwarze Federn, und lernt, wenn sie zahm geworden ist, allerhand Liedchen pfeifen, die sie, so lange sie lebt, nicht wieder vergißt. Von ihr etwas verschieden ist die Schildamsel oder blaue Drossel, und die sich in Schilf- und Sumpfgegenden aufhaltende Rohrdrossel.

Merkwürdig unter ihnen ist noch der Spottvogel oder die Spottdrossel, eben so groß, aber schlanker, als unsere Schwarzdrossel, die im nördlichen Amerika zu Hause ist, und in Lieblichkeit und Anmuth des Gesanges noch unsere Nachtigall übertreffen soll. Der Rücken ist aschgrau, der Bauch weißlich; Scheitel, Flügel und Schwanz meist gefleckt. Sie ahmt aber auch Lieder und Stimmen anderer Vögel aufs Täuschendste nach, und selbst die Stimmen der vierfüßigen Thiere, das Miauen der Katzen, das Schreien der Elstern u. s. w.; woher sie auch ihren Namen.

In Gesellschaft der Drosseln und deshalb auch häufig mit ihnen in den Schlingen gefangen wird der

Seidenschwanz.

Er ist so groß, wie eine Wachtel, hat röthliche Federn und auf dem Kopfe einen beweglichen Federbusch und einen schwarz und gelben Schwanz. Er kommt im Herbst und Winter als Zugvogel in Schaaren zu uns, und hält sich da auf, wo Wachholderbeeren sind.

Der Leierschwanz.

Ein sehr schöner Vogel, dessen prächtiger Schwanz eine Lyra bildet. Er lebt in Neuholland in Wäldern. Von seiner Lebensart ist aber

nur wenig bekannt, obgleich er sich in den meisten Sammlungen findet. Er ist sehr theuer, und das Stück kann auf 50 Gulden kommen.

Die Kernbeißer (Dickschnäbel).

Sie haben einen dicken, erhabenen Oberschnabel, der zugleich eben so beweglich, wie der Unterschnabel ist. Man hat davon verschiedene Arten:

1. Der Gimpel oder Dompfaff, seiner schwarzen Sammetkappe und Wohlbeleibtheit wegen also genannt, ist, weil er zu unseren Stubenvögeln gehört, die bekannteste Art. Er heißt auch wohl Blutfink. Sein Schnabel hat mit dem Papageienschnabel etwas Aehnliches. Er ist seines lieblichen, sanften Gesanges wegen, beliebt, und wenn er zu Melodieen gut abgerichtet ist, wird er mit 5 und 10 Thalern bezahlt.

2. Der gemeine Kernbeißer oder Kirschfink, bei uns der größte seines Gleichen, richtet unter den Kirschen, deren Kernen er nachstellt, große Verheerungen an. Er knackt die Steine auf, und läßt das Fleisch. Bei diesem Diebstahl weiß er sich so gut hinter dem Laube zu verbergen, daß ihn selbst die Gartenhüter selten einmal kennen.

3. Der Kreuzschnabel (Krinitz, Grünitz) ist durch seinen papageiartigen, an den Spitzen übers Kreuz gehenden Schnabel sehr kenntlich, und ein schöner Vogel, der sich fast nur von Fichtensaamen nährt, welchen er mit dem seltsamen Schnabel aus dem Zapfen herausholt, und mit welchem er auch an diesem Zapfen herumklettert.

Die Finken.

Man hat verschiedene Arten von ihnen, und zwar einige mit dickem, runden und kegelförmigem Schnabel, andere mit dünnem, spitzen und niedergedrücktem. Sie sind fast alle so groß, wie die Ammern, haben meist graue, aber auch gelbe, rothe, grüne und schwarze Federn, nisten auf Bäumen und in Gebüschen, und fressen allerhand kleines Gesäm.

1. Der gemeine Finke, auch Buchfinke, weil er sich gern in Buchenwäldern aufhält, ist bei uns ja bekannt genug, und singt oder schlägt vielmehr so lustig und fröhlich. Im Frühling, wo er zu schlagen anfängt, färbt er sich hornblau, im Herbst nimmt er eine knochengelbe Farbe an. Das Weibchen ist etwas kleiner, und weniger schön. Gegen den Herbst begeben sie sich in Schaaren zusammen, und streichen von einem Orte zum andern.

2. Der Bergfinke (Quäker, Gägler) kommt nur im Winter aus höherem Norden nach Deutschland, wo er im Oktober sich einstellt, sich mit Ammern, Sperlingen, Grünfinken und unseren Finken zusammenhält.

3. Der Haussperling. Er gehört ebenfalls hieher, und wir wollen nur einige Bemerkungen über ihn mittheilen, da er ja allbekannt ist. Schonten wir überhaupt die Vögel mehr, wie viele verderbliche, namentlich unseren Bäumen schädliche Insekten würden weniger sein. Drum auch der Sperling oder Spatz nützt gewiß in größerem Maße, als er schadet, und wir wollen die Natur etwas mehr walten lassen, und dem armen Spatz, der leben will, seine Näschereien und Diebereien an Obst und Getraide gönnen. Denn lasset uns nur bedenken, wie viel tausend Raupen Ein Sperling für

sich und seine Familie in einem Monate bedarf, die keine Menschenhand ablesen, ja selbst kein Auge entdecken würde.

Daß er übrigens sehr schlau ist, rührt unstreitig daher, weil er sehr verfolgt wird. Er weiß deshalb auch gar wohl die Gefahren zu vermeiden, und ein alter Sperling läßt sich gewiß nicht so leicht fangen.

Man las vor einigen Jahren von Sperlingen in Paris, welche die zehn Gebote hersagen konnten, und wo der unartige Sperlingssohn vom Vater abgestraft wurde, indem dieser rief: „Du sollst Deinen Vater und Deine Mutter ehren!" und tapfer mit dem Schnabel auf den Sohn zuhackte. Der Sohn rief dagegen in seiner Herzensangst: „Du sollst nicht tödten, nicht tödten!" — Es gab wirklich leichtgläubige Seelen, die den Pariser Spaß für naturhistorischen Ernst hielten.

Der Feldsperling, der auch nicht unbekannt ist, ist kleiner, als der vorige; Oberkopf bis zum Nacken sind rothbraun, und über die Flügel gehen zwei weiße Striche.

4. Der Stieglitz, Distelfink. Einer unserer schönsten, sangvollsten und bekanntesten Vögel, den man sehr leicht zähmen kann, und von welchem man oft mit Kanarienvögel Bastarde zeugen läßt. Er ist, wie eben die Kanarienvögel, zu mancherlei kleinen Künsten abzurichten. Wer hätte z. B. noch nicht gesehen, wie geschickt diese Thierchen ihren Trank, ihr Futter in die Höhe zu ziehen wissen? wie sie sich todt stellen und mancherlei Melodieen und Vogelgesänge nachpfeifen können. Er frißt gern Distelsaamen, woher er seinen Namen, und das Weibchen legt sechs blaß meergrüne, rothgefleckte Eier.

5. Der Hänfling ist etwas größer, als der vorige, singt sehr niedlich, und lernt ebenfalls Melodieen pfeifen. Auch sie paaren sich

mit den Kanarienvögeln. Im Herbste streichen sie in anderen Gegenden. Besonders ist es der graue Hänfling, welcher seines hübschen Gesanges wegen, sehr viel in Bauern gehalten wird.

6. Der Zeisig. Es sind Strich- und Zugvögel, die an waldigen, buschreichen Orten oft in großen Schaaren verträglich und unter stetem zärtlichen Locken im Fluge unter vielen behenden und lustigen Schwenkungen herumschwärmen. Manche sind in der Gefangenschaft leicht zu zähmen, daher schnell zu allerhand Künsten abzurichten. Dieser Vogel nistet am liebsten auf Erlen oder auch auf Fichten, wo sein Nest sehr schwer aufzufinden ist, in das er sechs grauweiße, purpurbraun gefleckte Eier hineinlegt.

7. Der Kanarienvogel, auf den kanarischen Inseln heimisch, aber nicht sehr häufig anzutreffen. Er hat bei uns gar mancherlei Farben. Die ursprüngliche Farbe soll grau sein, mit gelblicher Brust. Man hat sie, namentlich in der neuern Zeit, zu bewunderungswerthen Künsten abgerichtet. So z. B. spielen sie Soldat, lernen Wörter aus einzelnen Buchstaben zusammensetzen, die Zahl der Stunden nach einer vorgehaltenen Uhr angeben und dergleichen mehr. Auch der Gesang ist nicht bei allen einerlei, und einige mischen Strophen aus dem Schlag der Nachtigallen ein. Das Weibchen heckt bis fünfmal, und legt jedesmal 3 bis 6 Eier.

Die Ammer, Ammerlinge,

sind wohl Allen, als kleine, artige Vögel, wohl bekannt. Sie sind so groß, wie die Sperlinge, sehen grau und gelb aus, haben einen kegelförmigen Schnabel, und die obere Kinnlade ist an der Wurzel breiter, als die untere. Eine harte Geschwulst am Gaumen dient zum

Ausspelzen der Gesäme, von welchen sie sich eben so wohl, als von Insekten nähren. Es giebt von ihnen verschiedene Arten:

1. Unsere allbekannte Goldammer (Embritze, Emmerling), die durch Vertilgung der Kohlraupen sehr nützlich wird, nistet im niederen Gebüsch und auf der Erde, und legt 5—6 Eier.

2. Die Rohrammer (Rohrsperling) mit schwarzem Kopf und weißer Binde darum, wohnt und nistet im Rohr, wo sie ihr Nest zwischen Schilfhalmen macht, zieht im Oktober fort, und ist im Winter wieder da. Sie ist sehr lebhaft, wie sich fast schon aus den Stimmen errathen ließe, die man des Abends in ihrem Schilfrohr hören kann. Man nennt deshalb auch wohl sprichwörtlich einen Menschen, der immer viel schreit und lärmt, einen Rohrsperling.

3. Der Ortolan oder die Gartenammer wohnt im milderen Europa, und ist der Goldammer sehr ähnlich. Im Herbste sind sie sehr fett, und werden als Leckerbissen auf die Tafeln der Reichen gebracht.

4. Die Schneeammer kommt nur im strengen Winter aus höherem Norden zu uns.

5. Die Paradiesammer, ein schöner Vogel in Angola, der im Winter ganz andere Farben hat, als im Sommer.

Die Bachstelzen.

Zu ihnen gehören ebenfalls die verschiedensten Arten, z. B. die Nachtigall, Grasmücke, Weißkehlchen u. s. w. Sie haben einen geraden, pfeilförmigen Schnabel, nähren sich von Gewürm und Insekten, auch zum Theil von Beeren, wohnen gern am Wasser und im Walde, und sind fast ohne Ausnahme Zugvögel.

Zu dieser Gattung gehören unsere bekannte

weiße Bachstelze oder das Ackermännchen,

hat eine schwarze Brust; brütet des Jahrs oft dreimal in Holzstößen, hohlen Bäumen und unter Dächern, und ist ein nützliches Vögelchen. Im Oktober versammeln sich die lebhaften Geschöpfe, machen ein lautes Geschrei, necken andere Vögel, und ziehen lustig davon, sind aber sehr zeitig im Jahre wieder da. Sie sitzen auf dem Zaune oder der Schwelle einer Thür, und singen traurig und klagend, aber wehe der Motte, die ihnen nahe kömmt, sie haschen sie, ohne ihren Gesang zu unterbrechen.

2. Die Nachtigall.

Wir finden sie überall in Europa bis Schweden hinauf; jedoch giebt es Gegenden, wo sie nicht anzutreffen ist. Sie verläßt Deutschland um den 20. August, und kehrt um den 20. April dahin zurück; während sie in Afrika und Asien überwintert, wo sie aber weder singt, noch brütet. Sie verweilt meist ihr ganzes Leben an einem Orte; indem sie immer dahin wieder zurückkehrt, wenn sie nicht besondere Störungen erleidet. Die Nachtigallen leben theils von Insekten, theils von Beeren, auch fressen sie Regenwürmer. Im Frühjahr und Herbst lassen sie sich leicht fangen; ihre Neugierde, die sprichwörtlich geworden ist, gereicht ihr oft zum Verderben. Ihr Gang ist hüpfend, und geschieht gleichsam mit abgemessenen Schritten; nach einer gewissen Anzahl derselben bleibt sie stehen, richtet den Schwanz hoch auf, bückt sich einige Male, hebt den Schwanz wieder auf, und hüpft nun erst weiter. Das Weibchen ist vom Weibchen des Rothschwanzes nur sehr schwer zu unterscheiden. Sie baut ihr Nest kunstlos und niedrig ins

Gesträuch oder in Gras. Die 4—6 Eier sind grünlich braun, und werden in 14 Tagen ausgebrütet.

Hauptsächlich aber zeichnet sie sich vor allen Vögeln durch ihre Stimme aus. Kein anderer Vogel hat so viel Töne in seiner Gewalt, und keiner kann so deutlich die verschiedenen Empfindungen ausdrücken. Sie giebt ihren Zorn und ihre Furcht, ihren Unwillen, ihre Eifersucht, ihre Zuneigung zu ihrem Gatten durch bedeutungsvolle Töne zu erkennen. Das sogenannte Schlagen der Nachtigall ist blos dem Männchen eigen, und tönt so hell und stark, daß man mit Recht über die Kraft der Kehle eines so kleinen Vogels erstaunt. Im Ganzen haben alle dieselbe Melodie, allein man bemerkt doch unzählige Abänderungen, und man wird häufig gewahr, daß die eine Nachtigall die andere im Gesange übertrifft. Viele Nachtigallen schweigen am Tage, und singen vor und nach Mitternacht. Alle stimmen nach ihrer Ankunft in den schönen Frühlingsnächten ihr Lied an, um die vorbeiziehenden, einige Tage später ankommenden Weibchen anzulocken. Der Gesang dauert höchstens 9—10 Wochen; und hört um Johannis, sobald die Jungen ausgekrochen, ganz auf.

3. Die Grasemücke.

Sie ist nächst der Nachtigall vielleicht unser lieblichster Sänger, besonders der Plattmönch, mit schwarzem Oberkopf. Sie kommt mit der Nachtigall, zieht aber etwas später fort. Das Müllerchen oder die kleine auf dem Oberleib aschgraue Grasemücke mischt die Sylben: Klapp, Klapp, Klapp in ihren lieblichen Gesang, und hat eben davon den Namen. Nicht so schön als die übrigen ist die gesperberte Grasmücke, die am Unterleibe weißlich, mit vielen aschgrauen Querwellen gelbaugig und größer ist, als die anderen, nämlich von der Größe der Goldammer. Dies ist bekanntlich der Vogel, in dessen Nest der große Kukuk seine Eier legt.

4. Das Rothkehlchen.

Es hat eine rothe Kehle, einen braunen Rücken und einen rothen Schwanz, und singt, wie seine übrigen Kameraden, die ihren Namen auch von ihren Kehlen haben, wenig und schlecht. Sie nisten in Häusern und hohlen Bäumen, und werden zum Theil auch Rothschwänze, Röthlinge genannt.

5. Das Blaukehlchen,

mit rostfarbener und schwarzer Binde über der Brust, blauer Kehle und Unterhals. Man hält es in Stuben, wo es sehr zänkisch und freßlustig ist. Es hält sich, wenn es im April zu uns aus milderen Ländern wiedergekehrt ist, an Bächen und Teichen auf, und ist dem vorigen an Größe gleich.

6. Der Weißschwanz und das Kohlvögelchen (Braunkehle).

Ersterer mit weißer Stirn und Schwanz und grünem Rücken, kommt in der Mitte Aprils, und sein im Herbste fettes Fleisch ist sehr eßbar. Letzteres hat eine röthlich gelbe Kehle und Brust, wird im Herbste ebenfalls sehr fett, und hat die Größe des Rothkehlchen.

7. Die Bastardnachtigall.

Sie kommt im Mai und geht im August, singt viele, sehr abwechselnde Strophen aus dem Gesange anderer Vögel, und besonders aus dem Gesange der Schwalbe. Ihr künstliches Nest, aus Grasstengeln, Moos und Haaren, überwölbt sie mit der äußersten weißen Birkenrinde; legt sechs rosenrothe Eier, hat einen langen Schnabel, gelben Unterleib und aschgrauen Oberleib, und will in den Stuben noch sorgsamer, als die eigentliche Nachtigall gewartet sein.

8. Der Zaunkönig und das Goldhähnchen.

Ersterer trägt seinen keilförmigen Schwanz hoch, sucht Spinnen und Insektenlarven, ist stets heiter und froh, und singt selbst im Winter, wo er uns nicht verläßt; wohnt in den tiefsten Waldungen, wo er in Erdklüften, Baumhöhlen und Gebüschen, aber auch unter Holzschuppen nistet. Die 7—8 Eier sind röthlich gefleckt. Der Oberleib ist braun; der röthlich überlaufene Unterleib ist schmutzig weiß. Er ist mit Ausnahme des Goldhähnchens (Hauben- oder Sommerzaunkönigs) unser kleinster Vogel. Dieser aber mißt nur 3½ Zoll in der Länge. Sein safrangelber Scheitel, goldgelb eingefaßt, und vorn, wie an den Seiten, mit schwarzem Bande umgeben, trägt Federn, die sich aufrichten lassen, und die beim Weibchen goldgelb sind. Der Rücken ist zeisiggrün. Sein kunstloses Nest hat die Gestalt eines Balles, ist sammetweich, und die stumpfen, blaßfleischfarbenen 3—6 Eier sind wie eine Zuckererbse groß. Man kann sie die Kolibri von Europa nennen.

Der Schneidervogel.

Dieser Vogel ist seines eigenthümlich gebauten Nestes wegen merkwürdig, wovon er wahrscheinlich seinen Namen hat. Er näht nämlich ein abgestorbenes Blatt an ein grünes am Ende eines Zweigs an den Rändern mit einem Faden, wie einen Beutel zusammen, läßt ihn an der Spitze offen, und füttert ihn darauf mit zarten Daunen aus. Auf diese Weise ist die Brut vor den Nachstellungen der Schlangen und Affen gesichert. Der Vogel selbst ist kaum 3 Zoll lang, und findet sich in Indien und Italien.

Die Meisen.

Es sind sämmtlich kleine, sehr lebhafte und freche Vögel, welche außer Saamen und Beeren, auch gern Insekten fressen, und überhaupt an die Fliegenschnäpper erinnern. Sie werden auch dadurch, daß sie Eier und Larven von Insekten und Würmern zu ihrer Nahrung haben, sehr nützlich. Die bekanntesten bei uns sind die

die Kohlmeisen.

Sie werden vom September bis zum December zu vielen Tausenden in den Meisenhütten gefangen, und auf den Markt gebracht. Wer hätte überdies noch nicht in einem Käfig eine Meise ihr Futter und Getränk an einem Faden auf- und abziehen sehen? Sie sind übrigens andern kleinen Vögeln gefährlich, hacken ihnen gern den Kopf auf und fressen das Gehirn; ja man hat Beispiele, daß sie Säuglingen die Augen ausgehackt haben. Außerdem giebt es hiervon noch verschiedene Arten, z. B. die Sumpfmeise, Bartmeise, Tannenmeise, die von einander aber nicht sehr verschieden sind.

Die Schwalben.

Nicht leicht darf es bei uns ein muthwilliger Knabe wagen, nach einem dieser munteren, zutraulichen, thätigen und nützlichen Thiere zu werfen, oder dasselbe wohl gar zu fangen. In Italien dagegen werden sie ohne Barmherzigkeit in Menge gefangen und verzehrt, und zwar gleich bei ihrer Ankunft mit Netzen, welche man des Morgens nach einem Regen auf Wiesen oder längs der Bäche stellt. Hat sich einmal eine gesetzt, so kommen alle anderen vorüberfliegenden herbei, und der Fang wird sehr ergiebig. Jeder weiß, daß sie uns im Herbst verlassen. Sie sammeln sich um diese Zeit zu Tausenden auf den Dächern, und fliegen dann plötzlich während Tag und Nacht hoch in der Luft übers mittelländische Meer, wo man sie schon oft auf den Schiffen beobachtet hat, nach Afrika.

Auch von den Schwalben giebt es sehr viele Arten.

Eine neue Klasse bilden die

Waldvögel.

Hierzu rechnen wir die

Papageien.

Die Papageien sind seit Jahrtausenden bekannte Vögel, und wurden von je her theuer bezahlt, in prächtigen Käfigen gehalten, und zum

Nachschwatzen einiger Worte abgerichtet. Sie zeichnen sich fast alle durch ein sehr reizendes Gefieder aus. Die Natur scheint hier gleichsam alle Schönheiten in Farbe verschwendet zu haben. Sie fressen Früchte, und besonders Kerne aller Art, deren Schalen sie mit der Spitze des Unterschnabels gegen den Haken des oberen drücken und aufknacken; gewöhnlich fassen sie die Nahrung mit den Klauen, und führen sie mit einem Fuße zum Schnabel. Die Wälder der heißen Länder wimmeln zum Theil von diesen Vögeln. Sie sind so possierlich, daß man sie mit Recht die Affen unter den Vögeln nennen kann; zumal da sie die Stimme der Menschen nachahmen, und Lachen, Bellen, Krähen, und Niesen lernen. Sie sollen über 100 Jahre alt werden. Man kennt von ihnen verschiedene Arten.

1. Der Kakadu.

Er hat seinen Namen von seinem Geschrei, und gehört zu den größten Papageien. Das weiße Gefieder und die schöne Federkrone machen ihn kenntlich genug. Diese Krone kann er nach Gefallen aufrichten und niederlegen. Ein Pärchen in Paris richtete die Haube auf Befehl des Wärters auf, oder senkte dieselbe; grüßte mit Kopfbewegungen die Leute; bezeichnete die Zahl der im Zimmer anwesenden Personen, die Tagesstunden u. s. w. Sie küßten sich sogar mit ihren Schnäbeln, und schmeichelten einander. Die Haube ist bei manchen von verschiedener Farbe: gelb, roth, bläulich.

2. Die eigentlichen Papageien.

Sie gehören auch nur der alten Welt an. Der aschgraue oder perlengraue wird am häufigsten nach Europa gebracht, hat einen schönen scharlachrothen Schwanz, einen schwarzen Schnabel, und die Größe einer Taube. Er lernt sehr leicht sprechen, und ahmt besonders gern die Stimme der Kinder nach. Tausend Possierlichkeiten hat man von diesem Vogel bemerkt. Ein Kardinal kaufte einen Papagei, welcher das ganze apostolische Glaubensbekenntniß herbetete, und ein anderer sprach den Matrosen auf einem Schiffe das gewöhnliche Gebet vor. Wieder ein anderer lachte, wenn man es ihm hieß, setzte aber dann hinzu: „O, über den Narren, der mich lachen macht!" Der Papagei eines alten Mannes hatte von diesem immer die Worte gehört: „Ich bin krank." Fragte man ihn: „Wie geht's Papchen?" so streckte er sich auf dem Kamine aus, und sagte: „Ich bin krank." Auch die Leidenschaften des Menschen scheinen dem Papagei nicht fremd. Er liebt, haßt, hat Anhänglichkeit und Widerwillen, sucht Beifall, wird fröhlich und traurig u. s. w

Der Pfeffervogel, Tukan.

Ein durch die merkwürdige Bildung seines Schnabels ausgezeichneter Vogel. Der Schnabel ist kahnförmig, und seiner Größe ungeachtet, sehr leicht, weil er aus einer dünnen Hornplatte besteht, die dem Pergamente gleicht. Er ist bei einigen länger, als der ganze Leib, und giebt dem ganzen Vogel ein einfältiges Ansehen. So sonderbar uns der Schnabel auch vorkommen mag, und so auffallend die Zunge auch ist, so entsprechen beide wahrscheinlich doch der Lebensart dieser Vögel; denn man kann mit Recht annehmen, daß in der Natur Alles zweckmäßig eingerichtet, und weder etwas überflüssig ist, noch etwas fehlt, was zur Erhaltung des Lebens eines Thiers erforderlich ist. Der Schnabel dient ihnen weder zur Vertheidigung, denn er ist so weich, daß er jedem Fingerdrucke weicht, noch zur Zerstückelung ihrer Nahrung, welche sie vielmehr ganz hinunter schlucken. Sie nähren sich nämlich von allerhand Früchten, besonders von Palmen. Mit der Spitze des Schnabels fassen sie die Nahrungsmittel an, werfen sie in die Höhe und fangen sie auf. In der Gefangenschaft fressen sie auch Fische und Brod, und fast Alles, was man ihnen hinwirft. Sie sind sehr empfindlich gegen Kälte, und suchen sich selbst in warmen Himmelsstrichen gegen die kühlen Nächte zu verwahren. Die Farbe ist bei den verschiedenen Arten verschieden. Ihre schönen Federn werden von den Frauen in Brasilien zum Schmuck getragen. Unter den Pfeffervögeln hat man einer Art den Namen Prediger gegeben, weil er sich über seine Gesellschaft, wenn diese schläft, auf den Gipfel eines Baumes zu setzen und ein Geschrei zu machen pflegt. Dabei soll er den Kopf von einer Seite zur andern drehen, um die Raubvögel zu beobachten.

Die Hornvögel. — Calaos.

Dieser Vogel ist unter den Vögeln das, was das Rhinozeros unter den vierfüßigen Thieren. Er hat nämlich auf seinem sehr großen, gebogenen Schnabel einen großen, knöchernen Auswuchs, wie ein Horn, unter welchem die Naslöcher stehen. Seine Zunge ist kurz und hornig, Flügel kurz, Schwanz lang, Farbe schwarz. Sie halten sich in ziemlichen Schaaren zusammen, fressen Früchte, besonders von Palmen, Feigen und Muskatnüsse, welche sie ganz verschlingen, aber auch Insekten, Eidechsen, Mäuse.

Die Momota.

Diese sind den Pfeffervögeln sehr ähnlich, was die Bildung des Schnabels betrifft, in der Gestalt aber haben sie Aehnlichkeit mit den Elstern. Sie sind einsam und still, und leben in den Wäldern von

Südamerika. Sie stellen im Freien den Vogelnestern sehr nach und verfolgen und tödten auch kleine Vögel.

Die Madenfresser.

Sie haben einen scharf geränderten, gebogenen, zusammengedrückten Schnabel. Man kennt nur drei Arten. Sie leben in Amerika und Afrika in großer Gesellschaft mit ihres Gleichen, und machen aus einer Grasart einen so großen Bau, daß das Nest einem Hause mit einem Strohdache gleicht, und über tausend Vögel darin Platz haben. Mehrere Eingänge führen zu ganz regelmäßigen Gassen, die aus einzelnen, kleinen Nestern bestehen, und auf beiden Seiten einander gegenüber liegen. Ein solches großes Gesammtnest fand einst ein Naturforscher auf einem Mimosenbaume im südlichen Afrika, unter welchem er sein Lager aufschlug, und sein Nachtfeuer anzündete. War es der Rauch, der die Bewohner hervortrieb, oder das Licht, das sie anlockte, genug, sie kamen hervor, und zwitscherten flatternd in den Zweigen. Der Naturforscher bestieg den Baum, und fuhr mit der Hand in eine Oeffnung. Er fühlte sich heftiger gebissen, als er vermuthet hatte, griff jedoch zu, und zog ein Paar kleine, niedliche Papageien heraus. Oft werden diese Vögel aus ihrem eben fertig gebauten, künstlichen Neste durch andere Vögel vertrieben.

Die Spechte.

Sie haben einen geraden, meist keilförmigen Schnabel, Kletterfüße und eine vorschießbare, harte Zunge mit Widerborsten. Sie leben in Wäldern der ganzen Welt, fressen langsame Käfer und ihre Larven, und nisten in Baumlöchern. Seine sonderbare Zunge kann der Specht sehr lang hervorstrecken und schnell aus- und einziehen. Sie ist ganz für die Lebensart dieses Vogels eingerichtet, und dient ihm vortrefflich dazu, die Insekten und Insektenlarven aus den Löchern und Spalten der Baumrinden hervorzuziehen. Zwar sind seine Beine nur zum Klettern eingerichtet, aber er bedarf dazu noch einer Stütze, um, wenn er die Beine fortsetzt, nicht herabzufallen. Dazu dient ihm der Schwanz, welcher aus sehr elastischen fischbeinartigen Federn besteht. Ihn drückt der Specht gegen die rauhe Rinde des Baumstammes, und so stützt er sich darauf. Verliert er die Schwanzfedern, so kann er gar nicht oder nur mit Mühe die Baumstämme hinankommen.

1. Der Schwarzspecht oder die Holzkrähe.

Er ist fast so groß, wie ein Rabe, und auch allenthalben schwarz, mit Ausnahme des oberen Theils des Kopfes, welcher karmosinroth ist. Sie fliegen gewöhnlich den Stamm eines Baumes 10—12 Schuh hoch an, und wandern dann suchend und klopfend in die Höhe, bis sie eine hohltönende Stelle finden, auf der sie Halt machen, und aus allen Kräften darauf loshämmern, daß man es eine halbe Stunde weit hört. Dazu ist der hornige Schnabel sehr stark, gerade und scharf, wie ein Meißel. Haben sie ein Loch in die Rinde gebracht so schnellen sie die mit Widerhäckchen besetzte Zunge 1½ Zoll hinein, und holen die Insektenlarven hervor. Das Weibchen legt 2—4 Eier in ein Baumloch.

2. Der Grünspecht.

Er ist bei uns etwas häufiger, als der vorige, welchem er an Größe wenig nachsteht. Sein Oberleib sieht schön grüngelb, der

Unterleib aber weißlich olivengrün, und der obere Theil des Kopfes karmosinroth aus. Dieser ist's, welcher das lachende Geschrei verursacht, welches man oft im Walde hört. Das Weibchen legt 2—6 grünlich schwarzgefleckte Eier in ein Baumloch.

3. Der Buntspecht.

Von diesen unterscheidet man bei uns 3 Gattungen, die nur der Größe nach verschieden sind. Der erste nämlich gleicht an Größe einer Amsel, der andere ist ein wenig kleiner; der dritte, welcher seltener ist, kommt an Größe nur der Lerche gleich.

Die Pirole, Pfingst-Kirschvögel.

Er zieht gegen Pfingsten bei uns ein, und der gemeine Mann glaubt, daß nach seiner Einwanderung keine Nachtfröste mehr zu besorgen sind. Er ist ein scheuer, aber kecker Vogel, der mit seines Gleichen stets hadert, und in der Gefangenschaft in der Regel bald stirbt. Er hat die Größe einer Amsel, und ist von sehr schöner, gelber Farbe, mit Ausnahme des schwarz gefärbten Schwanzes, und der eben so gefärbten Flügel.

Die Eisvogel.

Sie haben ihren Namen daher, weil sie sich im Winter bei uns auf dem Eise aufhalten, ja sogar unter und zwischen den Eisschollen kleine Fische und Insekten herausholen. Der Kopf und Schnabel ist unverhältnißmäßig groß, gerad und dreikantig, die Naslöcher sind hinten und spaltförmig, die Zunge kurz und dreieckig. Es giebt ziemlich viel Gattungen, wovon aber nur eine in Europa vorkommt. Sie zeichnen sich durch ein glänzendes Gefieder aus, das größtentheils blau und grün schillert.

Die Dreh- oder Wendehälse.

Dieser Vogel ist so groß, wie eine Lerche, $6\frac{1}{2}$ Zoll lang, braun, mit vielen hellbraunen und schwarzen Quer- und Längestrichen. Er wird in Zimmern gehalten, und ergötzt durch seine sonderbaren Geberden, macht häufig Verbeugungen, verdreht den Hals, sträubt die Kopffedern, breitet den Schwanz aus, ist aber in allen Bewegungen langsam und traurig.

Der Guckguck.

Es ist ein allgemein bekannter Vogel. Wer kennt nicht die Sitte des Landvolks, daß, wenn es den Guckguck rufen hört, fragt: „Guckguck, Guckguck, sag mir an, wie lange ich noch leben kann!" worauf es dann die Rufe zählt. Er hat die Größe einer Taube, ist auf dem Rücken bräunlich grau, bis an die Brust hell aschgrau, von da an weiß, mit schwarzgrauen Querstreifen, und am Schwanze schwarz und weiß. Es ist bekannt, daß dieser Vogel seine Eier nicht selbst ausbrütet. Er scheint zu faul zu sein, sich selbst ein Nest zu bauen, und das Weibchen bringt deshalb seine Eier in die Nester der Rothkehlchen, Grasemücken, ja selbst in das Nest des armen, kleinen Zaunkönigs. Die kleine Zaunkönigin fliegt sogleich, wenn die Guckgucksfrau kömmt, von ihrem Neste ab, und macht Platz, damit jene ihr Ei ganz bequem einschieben könne, während dessen sie um die Guckguckin herum-

fliegt mit fröhlichem Locken, damit ihr Männchen auch herbeikomme, um Theil zu nehmen an der Ehre und Freude, die ihnen der große Vogel anthut. Die kleinen Sänger geben sich darauf alle mögliche Mühe, den kleinen, jungen Guckguck zu füttern; dabei mag es sich wohl bisweilen ereignen, daß ihr Kopf in den weiten Rachen des Guckgucks geräth, und zerquetscht wird. Daher die Sage von der Undankbarkeit des Guckgucks gegen seine Pflege-Eltern.

Der Wiedhopf.

Wer kennt nicht das Sprichwort: „Er stinkt wie ein Wiedhopf." Dies kommt daher, weil der Vogel sein Nest aus Kuhmist baut, und mit dem Unrath der Jungen, der am Rande des Nestes liegen bleibt, Ursache seines Gestankes ist. Uebrigens ist er von der Größe einer Singdrossel, und durch den hohen, blaß orangenen, an den Spitzen schwarzen Federbusch, den er beliebig emporrichtet und sinken läßt, sehr ausgezeichnet, und gehört zu den schönsten Vögeln.

Die Paradiesvögel.

Es giebt Paradiesvögel von der Größe einer Lerche bis zu der des Hehers. Ihr Gefieder zeichnet sich nicht blos durch glänzende Farben, sondern auch durch zierliche Formen und einen sonderbaren Bau aus. Die Federn auf der Stirn sind kurz, und meist seidenartig, die Kehle meist glänzend, wie Smaragd oder Gold; die Seitenfedern in zarte, flattrige Federbüsche verwandelt, die oft in schimmernde Edelsteine endigen; vom Schwanz gehen verschiedene Drahtfedern aus. Nur die Männchen haben das prächtige Gefieder, und den Weibchen fehlen auch alle verlängerten Federn, so wie den jungen Männchen in den ersten drei Jahren. Den Namen haben sie daher, weil man früher

der Meinung war, daß die Paradiesvögel keine Füße hätten, und nur in der Luft flögen, auf den Männchen brüteten, und daher aus dem Paradiese stammten. Eine Art von ihnen hat den Namen Königsvogel, weil er den wandernden, gemeinen Paradiesvögeln immer vorauffliegen soll. Ihr Aufenthaltsort ist besonders Neu-Guinea, wo die Eingebornen glauben, daß, wenn sie namentlich den Königsvogel als Federbusch tragen, ihnen in der Schlacht kein Unglück begegnen könne.

Die Kolibri, Honigvögel.

Diese prächtigen Vögelchen, welche die kleinsten in der Natur, und oft nicht viel länger, als einen Zoll sind, finden sich blos im heißen

Amerika, und holen ihre Nahrung schwebend und summend aus röhrenförmigen Blumen, fast wie die Bienen. Man hat früher geglaubt, sie schlürften blos Honig, und daher hat man die Gefangenen mit Zuckernüssen und Syrup zu ernähren gesucht, wobei sie aber nach kurzer Zeit starben. Sie haben einen fast nadelförmigen Schnabel, und ungemein lange Flügel. Aber die Pracht des glänzenden Gefieders, und das Farbenspiel desselben ist über alle Beschreibung; es ist, wie wenn es aus den glänzendsten Edelsteinen zusammengesetzt wäre, und schillert auf hundertfältige Weise, daher denn auch diese kleinen Geschöpfe von den spanischen Damen in Amerika als Ohrengehenke getragen werden, wozu man sie aber eigends zubereitet. Gefangen sterben die Kolibri's fast sogleich auf der Stelle. Doch hatte einmal ein Pater eine ganze Familie. Er hatte sich das Nest mit den Jungen zu verschaffen gewußt, und setzte es vor sein Fenster. Die Alten kamen und fütterten die Jungen, und bald schwärmten Alt und Jung vertraulich um den Pflegherrn her, flogen ins offene Fenster ein und aus, entfernten sich und kehrten zurück. Fünf Monate besaß er diese Familie, als sie eine räuberische Ratte verschlang, und so dem freundlichen Vater sein Vergnügen zerstörte.

Der schönste unter allen heißt der Topas. Sammetschwarze Flecken bedecken, wie eine Mütze, den Kopf, und ein gleichfarbiger Streif umgiebt die Kehle. Schöne purpurfarbene Federn spielen an Hals und Rücken. Die Schultern und des Rückens Untertheil haben des Morgenroths Farbe und Glanz.

Der Immenvogel oder Bienenfresser.

Er hat die Größe der Rothdrossel, ist aber schlanker und gegen einen Schuh lang, oben hellbraun, unten grünlich blau, der Schwanz bläulich grün, die schwarz eingefaßte Kehle und ein Schulterstreif goldgelb. Der eigentliche Aufenthalt dieses schönen Vogels ist die Nähe des Mittelmeers und des schwarzen, von wo er bisweilen nach Deutschland kommt und familienweise herumstreift. Er fliegt fast beständig, wie Schwalben, bald hoch, bald niedrig, und fängt die Insekten im Fluge, besonders Mücken, Bienen und Wespen, ohne daß ihm der Stachel schadet; daher er sich gern an die Bienenstöcke macht, und deshalb auch Immenwolf genannt wird.

Die Raben.

Es sind sehr bekannte Vögel, und fast überall zu Hause. Sie gewöhnen sich leicht an menschliche Gesellschaft, und wegen seiner breiten Zunge soll der Rabe leicht sprechen lernen. Ein solcher Sprechrabe sprach mehrere Wörter. Wenn man ihn streichelte, sagte er: „Wacker Rabe," und blähte sich stolz dabei auf; kamen aber Fremde oder Leute, die er nicht leiden konnte, oder die ihn neckten, so brachte er seine angelernten Schimpfwörter: „Schelm, Spitzbube" u. s. w. an. Einen Hühnerhund, der im Grase revierte, redete er ebenfalls mit: „Schelm, Spitzbube, an, und erschreckte denselben dadurch bis zum Davonlaufen. Im Winter versteckte er sich Abgänge aus der Küche, z. B. Knochen, Gedärme u. s. w. unter Holzhaufen. Kamen nun Krähen, durch den Geruch angelockt, herbei, so fuhr er plötzlich mitten unter sie und rief: „Was willst Du? Schelm, Spitzbube!" daß sie vor Schrecken davonflogen.

Eben so bekannt ist die Familie der

Krähen.

Sie sind bekanntlich etwas kleiner, als die vorigen, von denen sie sich in ihrer Lebensweise nicht sonderlich unterscheiden. Man unterscheidet hauptsächlich die gemeine Krähe; die Saatkrähe und Nebelkrähe. Mit ihnen zusammen leben die Dohlen, welche alte Thürme bewohnen, und an dem widrigen „Jack, Jack," das sie schreien, kennbar sind.

Die Aelster oder Atzel.

Sie ist schlank und mißt mit dem langen Schwanz $1^1/_2$ Schuh, ist schwarz mit grünem Schiller, Bauch und Schultern weiß. Obschon sie sich immer in der Nähe der Menschen aufhalten, so sind sie doch scheu, und fliegen sogleich mit einem durchdringenden Geschrei „Gäck" fort; fliegen sie einem in einem Walde über den Weg, so hält man das sonderbarer Weise für eine böse Vorbedeutung. Sie werden sehr zahm, lernen sprechen, und folgen ihrem Gönner auf Stegen und Wegen, stehlen aber gern glänzende Dinge, schleppen sie in ihre Nester, und haben schon oft zum Verdachte eines Diebstahls Veranlassung gegeben.

Der Heher, Holzschreier.

Es ist ein bekannter, gelehriger, lustiger Vogel, von der Größe einer Dohle, verändert vielfach seine Stimme, kann lachen, husten, niesen, bellen u. s. w. Die Tannenheher hingegen sollen einfältig und dumm sein.

Eine neue Abtheilung bilden die

Sumpfvögel.

Man hat sie ihrer langen Beine wegen auch Stelzenläufer genannt. Mit diesen Beinen und mit den langen Hälsen sind sie sehr geeignet, Sümpfe, Moräste und seichte Wässer zu durchwaten und Nahrung zu suchen, nämlich Schlangen, Frösche, Eidechsen, Würmer.

Der Flamingo, Flamant.

Er hat völlig die Gestalt eines Reihers, mit sehr langen Beinen und Hals, aber eine Schwimmhaut und einen dicken, breiten Schnabel, die Zunge groß und fleischig. Er ist mannshoch, obschon der Leib kaum so groß, wie der einer Gans ist. Man kennt zwei Arten. Der

rothe Flamant lebt an den Küsten Afrika's. Im Jahre 1811 zeigten sich auch in Deutschland einige Züge dieser prachtvollen Vögel. Sie sind sehr zahlreich und halten sich gewöhnlich truppweise von einem Dutzend zusammen, des Tages an den Ufern der Seen und Flüsse, des Nachts in hohem Grase auf den Hügeln. In einiger Entfernung

sehen sie aus, wie ein Regiment Soldaten; einer steht in der Ferne als Schildwacht, und giebt bei Gefahr einen Laut von sich, wie eine Trompete „Gogo!" worauf die ganze Schaar davon fliegt. Die Zunge wurde bei den Römern für einen Leckerbissen gehalten, und reiche Schwelger haben ganze Schüsseln voll davon auftragen lassen.

Die Straußhühner.

Hiervon giebt es zwei Arten. 1. Das gehörnte, welches größer, als ein Truthahn, und auf der Wurzel des Schnabels ein bewegliches Horn hat; 2. das braune, welches etwas kleiner ist. Sie leben im nördlichen Südamerika, werden leicht zahm, und man hält gern eines auf dem Hofe, weil es mit der Heerde aufs Feld geht, dieselbe, wie ein Hirt, gegen die Raubvögel mit seinen Stacheln vertheidigt, und sie wieder nach Hause führt.

Der Ibis.

Dies ist der berühmte Vogel, welcher von den Aegyptiern für heilig gehalten wurde; denn man findet ihn häufig in den Tempeln ausgeschnitzt und gemalt, und in den Gräbern einbalsamirt. Die Aegyptier ernährten ihn in ihren Tempeln, ließen ihn frei herumlaufen in den Städten, und bestraften selbst denjenigen, der ihn unversehens tödtete. Er soll an Größe dem Leibe einer Henne gleichkommen, und seine Verehrung schreibt sich wohl daher, weil er bei den vielen

Schlangen und Eidechsen, die das so kanalreiche Land erzeugte, nützlich und wohlthätig ward.

Der Löffelreiher.

Hat die Größe des Reihers, aber kürzeren Hals und Füße, einen 5 Zoll langen Federbusch, weißes Gefieder und schwarze Füße. Die eigentliche Heimath dieses schönen und sonderbaren Vogels ist das schwarze und kaspische Meer. Sie machen ein schwimmendes Nest in Schilf, und legen zwei weiße Eier. In Sibirien macht man aus den Schnäbeln Futterale für die Messer; die Federn taugen nicht zum Schreiben, weil sie voll Mark sind.

Der Hohlschnabel.

Er ist so groß, wie ein Huhn, 20 Zoll lang, bläulich aschgrau, auf dem Rücken ein braunes Querband, Scheitel und Nacken schwarz, mit einem langen Federbusch beim Männchen. Er sieht traurig aus, wie der Reiher, geht mit gebogenem Hals und gewölbtem Rücken. Erzürnt sträubt er den Federbusch, klappert mit dem Schnabel, und schießt auf den Feind zu.

Die Reiher.

Es sind sehr große Vögel, und leben in den milden und heißen Ländern, ziehen ihre Nahrung meist aus dem Wasser; junge Karpfenbrut sind ihr Leckerbissen. Es ist merkwürdig, daß, wenn der Reiher ins Wasser hineinwatet, die Fische sich um seine Beine her versammeln, und er sie so bequem fangen kann. Auf hohen Bäumen baut er aus Reisern und Schilf sein Nest, und legt 3 oder 4 grünlich blaue Eier hinein, deren ausgebrütete Jungen mit kleinen Fischen gefüttert werden, welche die Alten ihnen in dem Schlunde unter dem Kinne herbeitragen. Den Fischteichen werden sie somit sehr nachtheilig. Ihre Brust- und Kopffedern werden zu hohen Preisen verkauft.

Die Rohrdrommel

gehört auch zu den Reihern, lebt bei uns an Seen, Teichen und Flüssen, und hat die Größe einer Henne. Der Vogel läßt sich auch zähmen, und ist Gärten wohl nützlich, aber immer gefährlich, da er bei der mindesten Unlust Kindern nach dem Gesichte fährt mit seinem scharfen Schnabel.

Der Storch.

Wer kennt nicht den friedlichen Storch, der bei uns fast zum Hausthier geworden ist. Sie kommen bei uns Ende März an, das

Männchen zuerst, besieht sein altes Nest, kehrt sodann um, und bringt sein Weibchen mit. Es darf sich kein anderer auf das Haus setzen, und sich überhaupt nicht in der Gegend niederlassen. Ihre Ankunft ist überall eine freundliche Erscheinung; denn sie bringen uns ja den Frühling mit, und es wird ihnen daher nirgends ein Leid zugefügt.

Der Kranich.

Er ist größer, als der Storch, und macht unter allen Zugvögeln die weitesten Reisen. Sie fliegen bekanntlich sehr hoch, obgleich sie sich sehr schwer erheben können. Sie schlafen des Nachts, wo sie sich niederlassen, mit unter die Flügel gestecktem Kopfe, während Einer wacht, und laut schreiend, herannahende Gefahr verkündet, daher der Kranich schon in alter Zeit als Bild der Wachsamkeit galt. Sie werden sehr bald zahm, und sind dann ungemein kluge Thierchen, was folgende Geschichte lehrt.

Der Kranich und der Bullenochs.

Ein Kranich, der auf einem Hofe aufgewachsen war, wählte sich im Frühling einen Bullochsen zum Freunde, wahrscheinlich durch seine Baßstimme angezogen, besuchte ihn im Stall, antwortete, wenn er brüllte, wehrte ihm die Fliegen ab, und begleitete ihn mit der Viehheerde auf die Weide, und tanzte oft zum Lachen um ihn herum; bei der Rückkehr lief er 20 Schritte voraus, kehrte sich um, machte vor ihm Verbeugungen, und wiederholte diesen Spaß durchs ganze Dorf zum Ergötzen der Einwohner. Ueber alles andere Vieh machte er den Hirtenhund, litt unter dem Geflügel keinen Streit; junges Vieh, das nicht nach Hause gekommen war, holte er des Abends ganz allein vom Felde, und trieb es in den Stall. Vor schwarzen Farben ergriff er die Flucht, so vor einem Schornsteinfeger, und wollte deshalb auch nichts mit den Truthühnern und schwarzen Hunden zu schaffen haben. Als einst zwei fremde Affen in den Garten kamen, lief er eilig herbei, schrie und hieb auf sie los, und trieb sie endlich hinaus, obschon sie sich ihm sehr widersetzten. So verweigerte er auch oft Bettlern den Eingang.

Die Schnepfen.

Wer hätte noch nicht den herrlichen Braten gekostet, den uns die Schnepfen liefern? Es giebt von ihnen sehr viele Arten, von denen die Waldschnepfe bei uns die gemeinste ist. Sie ist von der Größe des Rebhuhns, und ist sehr schlau, fliegt nur des Nachts, und meistens nicht hoch. Sie kommt im März zu uns, und baut ihr Nest mit vier schmutzig gelben, braunroth gefleckten Eiern im Moose oder Grase einfach und kunstlos.

Der Kibitz.

Ein allgemein bekannter, schöner, possierlicher Vogel, dessen Treiben Jedermann gern zusieht, besonders da immer mehrere zusammen sind, welche auf den Weiden hurtig unter aller Augen herumlaufen und fliegen, und dabei beständig ihren Namen rufen. Er hat die Größe der Feldtaube. Ihm sind sehr ähnlich die Gambette und der Steindreher. Letzterer hat den Namen davon, daß er die Steine umdreht, um Schnecken und Gewürm darunter zu suchen.

Der Kampfhahn, Streithahn.

Er hat die Größe einer Turteltaube; übrigens aber ist bei ihm die Farbe eben so verschieden, wie bei unseren Hühnern. Den Namen haben sie daher, weil die Männchen mit Heftigkeit und unter sonderbaren, lächerlichen Geberden mit einander kämpfen. Es kommen deshalb 3—6 auf etwas erhöhten Stellen in den Sümpfen zusammen, fahren je zwei auf einander los, und geben sich Schnabelstöße, wo sie können; nach einiger Zeit ziehen sie sich zurück und fangen aufs Neue an, bis sie müde sind. Dieser Kampf scheint eine Art Ver-

gnügen zu sein; denn es sind nur Männchen zusammen. Sie haben eine schwache, gackernde Stimme, und brüten hin und wieder in Deutschland, vorzüglich aber an der Nord- und Ostsee.

Die Regenpfeifer.

Von ihnen giebt es viele Arten. Sie haben einen länglicht runden, stumpfen Schnabel, halten sich gern am Wasser in feuchten Gegenden auf, und haben ungefähr die Größe einer Taube. Bei stürmischem

Wetter entfernen sie sich gewöhnlich mit vielem Lärm vom Strande, und daher haben sie den Namen bekommen.

Die Wasserhühner.

Diese theilen sich in Teich- und Sumpfhühner, jene mit kurzen Flügeln und oft Lappen an den Füßen; diese mit langen Flügeln und kurzen, ganz freien Zehen. Eine Art hiervon ist:

Das grünfüßige Meerhuhn. — Wasserhühnchen.

Es befindet sich an den meisten Teichen Deutschlands. Sein aus Schilf und Wassergewächsen erbautes Nest ist irgend an einem festen Punkt des Ufers so angeschlungen, daß es bei aufschwellendem Wasser schwimmt, und nicht fortgerissen wird. Sie werden leicht zahm.

Die Spornflügel, Spornhühner.

Sie sehen ziemlich aus, wie unsere Wasserhühner, haben einen fast runden und stumpfen Schnabel und spitze, gekrümmte, Dornen oder Vorsprünge am ersten Gelenke des Flügels. Die meisten sind im wärmeren Amerika zu Hause. Das Spornhuhn in Brasilien greift selbst Raubvögel an, und vertheidigt sich mit seinen Sporen sogar gegen Menschen, wird aber ein zahmes Hausthier, welches das übrige Hausgeflügel gegen Raubvögel in Schutz nimmt.

Der Trompetenvogel.

Er hat die Größe des Haushuhns, ist aber viel höher. Er läßt bei geschlossenem Schnabel einen glucksenden Ton hören, der aus seinem

Hinterleib zu kommen scheint. Gezähmt hält er sich sehr zu seinem Herrn, und leidet fast kein anderes Thier um sich. Wird er gekratzt oder gestreichelt, oder kommt sein Herr wieder, so läßt er die seltsamen Töne hören, weshalb er eigentlich der Trompeter heißt.

Die Rallen.

Sie scheinen eine Art Mittelding zwischen Land- und Wasservögeln, fliegen schwer und langsam, brüten auf der Erde, und nähren sich von Insekten und Würmern. Eine Art von ihnen heißt:

Der Wachtelkönig.

Er hat einerlei Heimath mit der Wachtel, kommt und zieht mit ihr, woher er den Namen hat. Der Laut des Vogels hat mit dem Knarren der Säge Aehnlichkeit.

Die Schwimm- oder Wasservögel.

Das Hauptkennzeichen dieser fürs Wasser bestimmten Vögel ist, außer dem fürs Schwimmen eigenthümlich eingerichteten Bau, die ganze oder halbe Schwimmhaut der Füße, die oft nur einige, oft alle Zehen verbindet.

Die Enten.

Dies Geschlecht, wozu man auch Schwäne und Gänse rechnet, ist eins der zahlreichsten. Sie gehen selten ins Meer, finden sich aber in allen Welttheilen in der größten Mannigfaltigkeit. Sie machen nie

kunstloses Nest, und legen sehr viele Eier, und mehr, wenn sie ihnen genommen werden. Ihre Jungen sollen sie bei Gefahr im Schnabel forttragen. Es giebt wilde und zahme Enten.

Der Schwan.

Er lebt bei uns häufig im zahmen Zustande, um Teiche und Seen zu zieren, und ist mit seinem Gefieder, seiner Größe und seiner schönen Haltung bekannt. Man nennt diesen Schwan mit Recht den stummen; denn außer einem Zischen und Schnurren, und außer dem Pipen der Kleinen, hört man keinen Laut von ihm, aber der

Singschwan

giebt mittelst einer, wie eine Trompete gebaute, Luftröhre angenehme Töne von sich. Dieser wird wegen seiner Stimme mehr zahm gehalten, als die vorige Gattung, und es ist nicht ungegründet, was die alten Dichter sagen, daß sie verwundet noch vor dem Tode ihre, wie eine Silberglocke klingende Stimme hören lassen. Fliegen sie in kleinen Schaaren hoch in der Luft, so lassen sie ihre wohlklingende, melancholische Stimme, wie fern her tönende Posaunen, hören, und verdienen daher wohl ihren Namen.

Die Gans.

Die dunkleren Farben unterscheiden die etwas kleinere, wilde Gans, die mit dem Schwane gleiches Vaterland hat, und in mehreren nördlichen Gegenden in unglaublicher Menge vorhanden ist, von unserer Hausgans. Auf ihren Zügen thun sie der Saat sehr großen Schaden, sind sehr scheu, und stellen immer Wächter aus. Wichtig ist unter ihnen die Eidergans, welche wegen ihres guten Flaumes, welcher Dunen heißt, berühmt ist. Sie leben in den nördlichsten Gegenden, und nur sehr selten verliert sich eine nach Deutschland.

Die Taucher.

Sie kommen auf dem Lande fast gar nicht fort, weil die Füße sich weit am Hintertheil des Körpers befinden. Sie sind scheu und nicht gesellig, schlafen schwimmend, und tauchen ohne Sprung. Sie schwimmen sehr schnell, und rudern dabei blos mit den Füßen. Die Nahrung besteht aus Fischen, Wasserthierchen und Wassergewächsen.

Die Möven.

Sie fliegen beständig, wie die Falken, herum, und jagen den andern Meervögeln ihren Raub ab. Sie können wenig tauchen, um so besser können sie fliegen und den abgejagten Raub selbst im Fallen erschnappen. Es giebt keinen Vogel, der seine Jungen kühner vertheidigt, als dieser; nähert man sich, so stürzen sie sich in Menge auf den Kopf, und machen Hunde so verzagt, daß sie davon laufen.

Die Tropikvögel.

Sie sind so groß, wie eine Taube, haben eine weiße Färbung mit schwarzen Strichen auf dem Rücken, und gelbliche Füße. Diese Vögel sind allen Seefahrern bekannt; sie begegnen ihnen auf dem hohen Meere, wenn sie sich den Wendekreisen nähern, wo sie bald in ungeheurer Höhe fliegen, bald auf Fische stoßen, besonders fliegende, wenn diese von ihren Feinden aus dem Wasser getrieben werden.

Der Schlangenvogel.

Er zeichnet sich durch ungewöhnlich langen Hals, kleinen Kopf und spitzigen Schnabel aus. Es ist ein eben so scheuer, als kluger Vogel, und kommt daher selten zum Schuß. Fische sind seine einzige Nahrung, die er mit dem Vorschnellen des Halses, den er verkürzen und verlängern kann, fast unfehlbar ergreift. Die kleineren verschlingt er gleich, die größeren nimmt er mit auf Baum oder Fels, hält sie mit dem Fuß, und zerlegt sie mit dem Schnabel.

Die Fettgans.

Sie haben den Namen von dem vielen Fett erhalten und von dem Thrangeschmack ihres Fleisches. Diese großen Vögel leben nur auf der südlichen Erdhälfte, in der gemäßigten und kalten Zone, immer im Wasser, und können nur sehr ungeschickt auf dem Lande gehen, weshalb sie auch leicht auf dem Lande gefangen werden können.

Die Sturmvögel.

Sie haben einen krummen Nagel vorn am Schnabel, fliegen vortrefflich und sehr lange, und können nicht tauchen. Vor einem Sturm fliehen sie auf Klippen und Schiffe, was den Seefahrern ein Zeichen ist, daß sie sich in Acht zu nehmen haben. Auf dem Lande halten sie sich immer in Felsenspalten versteckt, verrathen sich aber des Nachts durch Knurren und Piepen, und lassen sich leicht fangen.

Die Meerschwalben.

Sie haben die Größe einer Taube, und führen ihren Namen sehr paßlich von der Aehnlichkeit des Schwanzes und des Fluges, in welchem sie über die Oberfläche hin- und herfahren, um kleine Fische zu fangen. Sie fliegen an der Küste der Nord- und Ostsee zu Tausenden herum, auch finden sie sich sehr häufig auf allen Seen und größeren Flüssen von ganz Europa.

Die Pelikane.

Sie sind größer und vorzüglich dicker, als ein Schwan, und sein häutiger, blutrother Beutel, der ihm am Unterkiefer und unter der Kehle hängt, soll sich oft so ausdehnen, daß er 30 Pfund Wasser hält. Dieser Vogel ist seit den ältesten Zeiten berühmt als das Symbol der mütterlichen Liebe. Er soll sich die Brust aufreißen, um den Durst seiner Jungen mit dem eignen Blute zu stillen. Ein Grund zu dieser Sage ist allerdings vorhanden; er trägt nämlich Fische und Wasser in seinem Kropfe herbei, und drückt dieselben gegen die Brust aus. Ueberdies giebt sein blutrother Schnabel Veranlassung zu dieser wohlgemeinten Sage. Man sieht ihn nicht selten bei den Thierführern, wo die Wärter seine Kehlhaut, wie eine Kappe, sich über den Kopf zu ziehen pflegen, um den Zuschauern die Ausdehnbarkeit derselben zu zeigen.

Die Fregattvögel.

Es sind sehr räuberische Vögel, wie die Adler, welche nur zwischen den Wendekreisen vorkommen, und auf Felsen und Bäumen nisten. Sie haben die Größe einer Truthenne, und sind schwarz von Farbe. Alle Seefahrer kennen diesen Vogel. Sie sind so frech, daß sie oft schaarenweise selbst auf Menschen losfliegen, wenn sie einen Fisch in

den Händen halten, oder wenn sie im Freien kochen, und das Fleisch in der Nähe liegt.

Die Cormorane.

Sie finden sich in allen Meeren, und tauchen vortrefflich nach Nahrung, und auch bei Gefahr mit dicht angeschlossenen Flügeln. Sie haben die Größe einer Gans, und ebenfalls einen Sack, wie der Pelikan. Im Sitzen gleichen sie von Ferne, wegen ihrer langen Hälse, einem Haufen Knaben; sie schlafen so fest, daß man ein Netz über sie werfen kann. Man hat sie auch wohl zum Fischfang abgerichtet. Eine etwas kleinere Art von ihnen nennt man auch den Wasserraben, welche über 100 Fuß tiefer tauchen, und 3—4 Minuten unter dem Wasser aushalten können.

Dritte Klasse.

Amphibien.

Diese Klasse umfaßt die Thiere, welche rothes und kaltes Blut, dabei aber zugleich eine Lunge haben, durch die sie athmen. Durch die erste Eigenschaft unterscheiden sie sich von den Thieren der beiden ersten Klassen, welche warmes und rothes Blut haben, und durch die letztere von den Fischen, welchen die Lunge, und deshalb auch die Stimme fehlt, obgleich sie auch rothes, kaltes Blut haben. Ihr Gehirn ist im Verhältniß zum Körper klein, und scheint wenig Einfluß auf die Lebensfähigkeit auszuüben; denn Schildkröten lebten noch wochenlang fort, nachdem man ihnen das Hirn ausgekratzt, ja den ganzen Kopf abgeschnitten. Ihr Leben ist sehr zähe, sie können Monate und Jahre lang hungern, selbst ohne zu athmen, leben sie fort; das aus dem Leibe gerissene Herz schlägt noch fort, und Frösche, denen man alle Eingeweide aus dem Leibe geschnitten hatte, schwammen im Wasser herum. Nicht selten werden verlorene Glieder durch neu wachsende ersetzt. Ihre Nahrung, die fast blos aus dem Thierreich herkömmt, nehmen sie in langen Zwischenräumen, aber dann wo möglich in großer Menge zu sich. Der Geschmackssinn ist bei dieser Thierklasse mehr entwickelt, als der Geruch, ihr Gesicht scheint schlecht, aber ihr Gehör sehr fein zu sein; denn Viele, z. B. die Eidechsen, fliehen bei dem leisesten Geräusch. Ihre Körperbedeckung ist sehr verschieden; von der weichen, nackten Haut der Eidechsen bis zu dem festen Panzer der Schildkröte, von der prächtig gefärbten Schlange bis zu der häßlichen Kröte; Haare oder Federn hat kein dieser Klasse angehörendes Thier. Die meisten können im Wasser und auf dem Lande zugleich leben. Die meisten Amphibien leben in düsteren, dumpfen und feuchten Schlupfwinkeln. Dies, das schauerliche Ansehen, der zum Theil widrige Geruch, die nackte, schlüpfrige Haut, ein ätzender Saft oder gar ein gefährliches Gift machen sie zu gefürchteten Thieren, die von den meisten, zumal vorurtheilvollen Menschen verabscheut werden.

Man theilt diese Klasse in vier Unterabtheilungen, die sich deutlich von einander unterscheiden:

1. Die Schildkröten, deren Körper mit einem Schilde bedeckt ist, der durch das Brustbein und die Rippen gebildet wird; sie haben alle vier Füße.

2. Die Eidechsen haben größtentheils vier Beine, einige nur zwei, einen oft langen Schwanz, den Körper mit Schildern oder Schuppen bedeckt.

3. Die Schlangen, ohne Füße, mit langem, walzenförmigen Körper, der mit Schildern oder Schuppen bedeckt ist; sie kriechen auf dem Bauche.

4. Die fischartigen oder nackten Amphibien, mit nacktem Körper und zwei oder vier Füßen.

Die Schildkröten.

Sie haben einen eignen Bau, einen kurzen Schwanz und kleinen Kopf mit zahnlosem Munde und kurzer, dicker Zunge. Zwei hornartige Blätter oder Schilder, die wieder aus kleinern Stücken zusammengesetzt sind, decken den Leib. Das obere, mehr gewölbte Rückenschild ist etwas größer, als das platte Bauchschild, und beide sind an den

Seiten fast mit einander verwachsen, und bei den größeren Arten so stark, daß ein beladener Wagen darüber fahren kann. Das obere

Schild, das größere, ist mit den Knochen des Rückgrats und der Rippen verbunden, und besteht aus mehreren Schildern, wovon die 13 größeren von 24 kleinern umrändert sind. Diese geben das bekannte Schildpad (Padde heißt Kröte), und sind zum Theil sehr schön. Das Weibchen legt eine große Anzahl Eier, vielleicht gegen 1000, oder darüber, und um diese Zeit, wo sie nämlich ihre Eier legen, ziehen ihnen in Amerika ganze Völkerschaften nach, um sich von denselben zu nähren. Diese Eier werden übrigens nicht von den Thieren, sondern von den Strahlen der Sonne ausgebrütet. Ihr Fleisch ist überaus nahrhaft, und für die Seefahrer besonders sehr heilsam.

Man kennt sehr viele Arten von der Größe der Flachhand bis zu einer unglaublichen Schwere, und theilt sie in Land-, Fluß- und Meerschildkröten.

Die gemeine Flußschildkröte

oder die europäische, die sich in dem Schlammgrunde der Flüsse des gemäßigten und südlichen Europa's findet. Sie haben eine flachere, glatte Schale, mehr getrennte Zehen und Schwimmhäute. Sie schwimmen

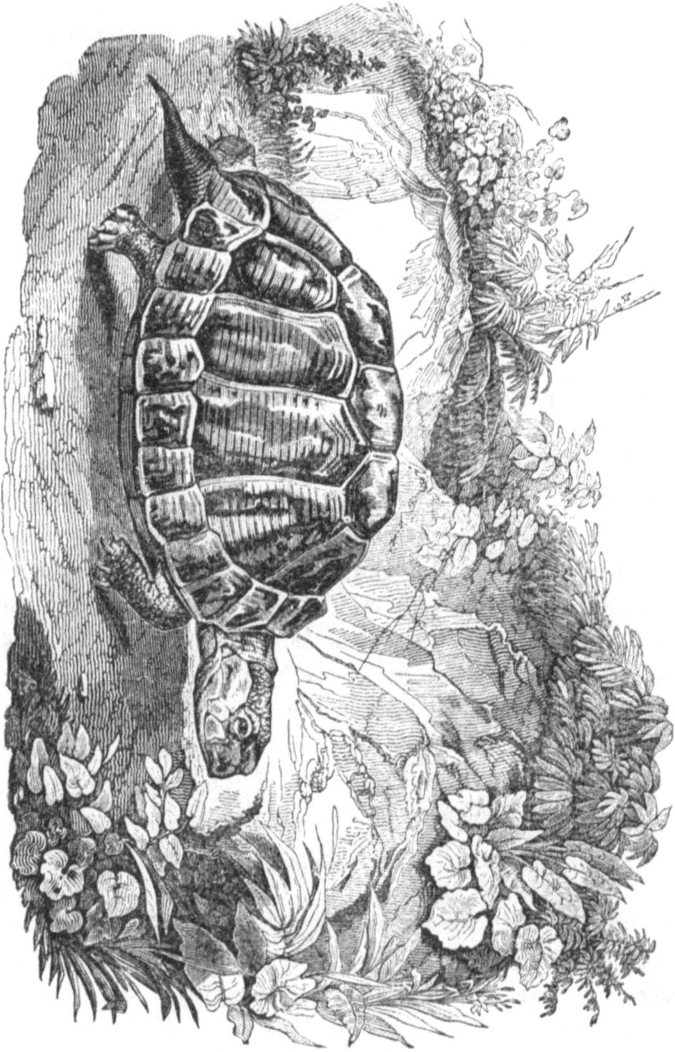

geschickt, und leben mehr im Wasser, als auf dem Lande. Ihr Schild ist schwärzlich, mit gelben in Strahlen stehenden Punkten.

Bei weitem die größten sind die Meerschildkröten; ihre Schale ist platt, und nicht groß genug, um die verlängerten Füße aufzunehmen. Die ungleichen Zehen sind durch eine Schimmhaut verbunden, und sie leben an den flachen Küsten der wärmeren Meere. Die wichtigste unter ihnen ist die

Riesenschildkröte.

Sie ist die größte unter allen Schildkröten, die bei 8 bis 9 Fuß Länge und 4 Fuß Breite an 800 Pfund und darüber wiegt, wovon etwa auf die Schale an 300 Pfund gerechnet werden müssen. Auf ihren Rücken können 7 oder 8 Männer treten, und sie geht mit ihnen fort. Das Weibchen soll über 1000 Eier legen, und zwar am liebsten in leichten Flugsand, und um einen solchen zu finden, unternehmen sie Reisen von mehreren hundert Meilen. Die Brühen von ihrem Fleische sind Lungensüchtigen sehr heilsam, und aus dem lederartigen Schilde machen die Indier Kähne, Köcher und Gefäße aller Art. Man fängt und erlegt das große Thier durch Netze und Harpunen, oder man überrascht es auf dem Lande, und wirft es mit tüchtigen Stangen auf den Rücken, wo es sich dann weiter nicht helfen kann.

Die zweite zahlreiche Ordnung bilden die

Eidechsen.

Sie haben einen langgestreckten, geschwänzten Körper, dessen nackte Haut nicht mit Schildern oder Warzen, sondern meistentheils mit Schuppen besetzt, und der mit vier ziemlich gleichen Füßen versehen

ist. Ihr Mund ist mit mehr oder weniger zahlreichen, spitzen Zähnen versehen, die jedoch nur zum Beißen und Festhalten, nicht zum Kauen bestimmt sind. Sie nähren sich nur von lebenden Thieren, und legen häutige und hartschalige Eier, aus denen die Jungen völlig ausgebildet hervorkommen, die Eidechsen sind lebhafte, schnelle Thiere, die meist nur am Tage und im Sonnenschein hervorkommen, in der Nacht unter Moos und Steinen sich verbergen. Die meisten leben auf dem Lande, einige auf Bäumen, und wenige im Wasser. Giftig ist keine Eidechse.

Die Krokodile.

Dies sind die größten und furchtbarsten Thiere dieser Klasse. Sie haben vier Füße, und die Haut des bronzefarbenen Rückens, welche in lauter kleine, viereckige Felder getheilt, ist so hart, daß sie einer gewöhnlichen Flintenkugel fast undurchdringlich ist, welche von ihr abprallt, ohne daß das Thier einen großen Schmerz zu verrathen scheint. Der Rachen des breiten Kopfes, von der Form eines Schweinerüssels, ist bis an die Ohren gespalten. Unbeweglich, und wie ein todter Stamm gleichsam, liegt das fürchterliche Ungeheuer am Ufer der Flüsse, oftmals im Schilf, und lauert auf seinen Fraß, welcher in größeren und kleineren Thieren, besonders auch Fischen besteht. Auch ist bekannt, daß es den Menschen nicht verschont, und sich selbst vor mehreren nicht fürchtet. So holte es sich einmal einen Mann, der mit mehreren anderen um ein Feuer saß, mitten aus dem Kreise heraus. Man hat eine recht alte Sage, die allerdings mährchenhaft ist. Nämlich das Krokodil ahme die Stimme eines weinenden Kindes

nach, um Menschen anzulocken, damit es dieselben verschlingen könne. Darum spricht man auch sprichwörtlich von Krokodilsthränen.

Noch ist zu bemerken, daß das Nilkrokodil von den alten Aegyptiern göttlich verehrt wurde.

Eine Art unter den Krokodilen heißt:

Gaviale.

Sie haben eine sehr dünne, lange, fast walzenförmige Schnauze. Man findet sie nur in den heißen Ländern der alten Welt. Sie nähren sich nur von Fischen und gehen nie Menschen an. Sie sind kleiner, als die vorigen, und von schmutzig grüner Farbe. Noch kleiner ist die Art, welche den Namen

Alligator

führt. Man findet sie in den Flüssen oft in so großer Menge, daß sie wie eingeschichtet liegen, und Vögel auf ihrem Rücken sitzen. Der Kopf ist fast 3 Fuß lang, und das Ansehen desselben durch zwei über die Lefzen hervorstehende Hauer überaus gräßlich.

Der Basilisk.

Er lebt im südlichen Amerika, und ist trotz seines durch alte Sage furchtbar gewordenen Namens sehr unschädlich. Er ist etwa 1½ Fuß lang, und hat einen langen, dünnen Schwanz. Die Haut ist mit aschgrauen und weißgefleckten Schuppen besetzt. Am kenntlichsten ist er durch den hohlen Kamm am Hinterkopfe, den er nach Willkühr aufblasen und zusammenfallen lassen kann, und durch den floßfederartigen Kamm, der vom Rücken an, bis über den dickeren Theil des Schwanzes hinläuft.

Man hat sich unter dem Basilisk ein fürchterliches Thier ausgedacht, das bald wie eine Schlange, bald wie ein Drache aussehen sollte. Man gab ihm eine Krone auf den Kopf, Flügel, funkelnde Augen, deren Blick schon tödtlich sei.

Da man solch ein Thier in der Natur nicht finden konnte, so stutzten Marktschreier junge Rochen nach der eingebildeten Gestalt zu, setzten ihnen Glasaugen in die Naslöcher, und ließen sie vor dem Volke für Geld sehen.

Die Legnane.

Sie sind häufig in Südamerika, wo sie sich auf Bäumen am Wasser aufhalten. Die Größe ist 4—6 Fuß, Farbe blau, ins Grüne und Violette schillernd, mit schwarzen Punkten. Im aufgebrachten Zustande ist das Thier mit seinen alsdann großen und funkelnden Augen mit rother Einfassung gräßlich, und sein Gebiß heftig und schmerzlich, aber keineswegs giftig.

Das Chamäleon.

Ein artiges Thier, von dessen Farbenveränderung man sonst Wunderdinge erzählte. Ihr zusammengedrängter Körper hat eine rauhe, körnig schuppige Haut, einen scharfen Rücken und einen runden Wickelschwanz. Ihr Kopf ist eckig, groß, nach hinten pyramidenförmig erhoben; die Zunge ist lang und sehr ausstreckbar. Ihr plötzlicher Farbenwechsel hat von je her am meisten die Augen auf sich gezogen. Je nach ihrem Gemüthszustande werden sie nämlich bald grau, bald gelb, bald roth, bald blau. Man nennt daher einen Menschen, der seine Meinung beliebig nach seinem Vortheil ändert, ein Chamäleon. Sie sind übrigens gar nicht scheu, lassen sich in den Zimmern halten, wo sie bald zahm werden, und sich sogar den Finger in den Mund stecken lassen, ohne zu beißen.

Die Schlangen.

Fast aus lauter Haut und Muskeln bestehend, fehlen diesen wurmförmigen Thieren alle Gliedmaßen, obwohl sie überaus gelenkig und behende durch ihre wellenförmigen Bewegungen sind. Alle haben hakenförmige nach hinten gerichtete Zähne im Ober- und Unterkiefer, und auch zwei solche Reihen auf den Gaumenbeinen. Das äußere Ohr fehlt ihnen, die Augen sind schön und feurig, ihre Zunge dünn, schmal, vorn gespalten und sehr beweglich, weshalb man sonst glaubte, sie stächen damit. Ihr Körper ist mit Schuppen bedeckt, die hornartig, länglich rund sind; sie sitzen auf der Haut, und haben scharfe Ränder, die beim Kriechen einschneiden, und das Thier in den Stand setzen, Bäume zu erklettern. Ihre Stimme ist ein bloßes Zischen. Die meisten verbreiten einen eigenthümlichen Geruch, oft unerträglichen Gestank um sich. Sie können lange hungern und ohne zu athmen ausdauern. Den Menschen scheuen sie nicht. Zum Theil sind sie zähmbar. Man hat sie in verschiedene Familien eingetheilt.

1. Die Blindschleichen oder Bruchschlangen.

Sie haben einen knochigen Kopf, wie die Eidechsen, und ihr ganzer Körper ist mit ziegelartigen Schuppen bedeckt. Sie sind nicht giftig und ganz unschuldig. Die gemeine Blindschleiche findet sich in ganz Europa auf Wiesen und in Hecken, ihre Zähne sind zusammengedrückt und gekrümmt, am Gaumen hat sie keine. Sie wird höchstens 1½ Fuß lang, hat kleine, blutfarbige, unten schwärzliche, glänzende Schuppen, nährt sich von Insekten, und gebärt lebendige Jungen. Beim Angreifen erstarrt sie und bricht entzwei.

2. Die Nattern.

Sie werden 3 bis 4 Schuh lang, und sind bläulich grau. Der Bauch ist dunkelgrau, mit weißen und schwarzen Flecken an den Seiten. Diesen sanften, unschuldigen Thieren begegnet man auf allen Wegen und Stegen, besonders in der Nähe des Wassers. Sie lieben die Milch, und schleichen sich deshalb in Keller und Küchen. Auch gehen sie gern der Wärme nach, und finden sich bisweilen auf den Dörfern in Betten. Sie werfen jährlich ihre Haut ab, und diese wird überhaupt auch als Ueberzüge über Stöcke u. s. w. gebraucht. Die Aegyptier verehrten sie als das Symbol einer wohlthätigen Gottheit; man sieht sie auch deshalb um den Stab des Aesculap gewickelt.

3. Die Riesenschlange, Königsschlange.

Diese ist unter den Schlangen, was der Löwe und der Elephant unter den Säugethieren, der Strauß unter den Vögeln, das Crocodil unter den Eidechsen ist. Sie kommen gewöhnlich gegen 20 Schuh lang lebendig zu uns aus Indien, wo sie aber 30 und noch mehr Schuh lang werden sollen. Ohne Zweifel war es auch eine Riesenschlange, welche bei Carthago die römischen Soldaten fraß, und gegen die Regulus mit Geschoß ausrücken mußte. Wenn man bedenkt, daß sie Hirsche und Antilopen zu verschlingen im Stande sind, so kann man es wohl glaublich finden, daß sie Nachen umstürzen, wenn sie an den Bord derselben steigen. Sie halten sich gewöhnlich in wasserreichen Gegenden auf, und liegen zusammengerollt in einem Kreise, aus dem sie den Kopf in die Höhe strecken, pfeilschnell auf ihren Raub schießen, wenn er nahe genug ist, denselben umwickeln, todtdrücken, und dann den Kopf voran langsam verschlingen. Welche ungeheure Kraft dies Thier besitzt, und wie es seinen Raub zu fangen sucht, mag folgende Geschichte lehren.

Der Tiger und die Riesenschlange.

Ein Engländer bewohnte in Ceylon ein kleines Landhaus, nicht weit von einem Hügel, auf welchem einige Palmen standen. Auf einem dieser Bäume bemerkte er plötzlich eine Riesenschlange. In kurzer Zeit ging ein Tiger vorbei, nicht viel kleiner, als eine junge Kuh. Sogleich hörte er ein schreckliches Geräusch in den Blättern des Baumes, und bald sieht er die Schlange auf den Tiger herabschießen. Dieser will unter fürchterlichem Gebrüll mit seinem überlegenen Feinde davon laufen, wird aber von demselben drei- oder viermal so fest umwickelt, daß er in Todesängsten niedersinkt. Nachdem nun die Schlange so ihren Raub gefällt hat, öffnet sie ihren ungeheuren Rachen so weit sie nur kann, und packt das Gesicht des Tigers, welches sie entsetzlich zerfleischt. Jetzt hat sich der Tiger wieder einigermaßen erholt, er erhebt sich wieder, wendet sich hin und her, um sich loszumachen, und brüllt dabei schrecklich kläglich im Rachen des Ungeheuers. Nach Verlauf einiger Stunden schien der Tiger fast todt zu sein, und die Schlange versuchte nun ihm dadurch die Rippen zu zerbrechen, daß sie sich fest um ihn herum wand. Da ihr dies aber nicht gelang, so umwand sie mit ihrem Schwanze den Hals des Tigers, und schleppte ihn so an den nahestehenden Baum; darauf stellte sie

ihn aufrecht an den Stamm desselben, umschlang hierauf Baum und Tiger, und zog sich so fest zusammen, daß die Rippen und Knochen unter lautem Krachen, einer nach dem andern, zerbrachen. Sie verschlang darauf erst den Hirnschädel, dann nach und nach den übrigen Theil des Körpers. Bald aber mußte sie ihre That mit dem Tode büßen; denn sie war nach dieser Mahlzeit so dick und unbehilflich, daß sie sich weder zur Wehr setzen, noch entfliehen konnte, und von den Eingebornen mit leichter Mühe erschlagen wurde. Ihre Länge betrug über 33 Fuß.

4. Die Klapperschlange.

Eine wegen ihres Giftes sehr gefürchtete Schlange, die sich jedoch durch ihr Klappern, welches dem Geräusche des Scheerenschleifers gleicht, verräth. Nur bei Regenwetter soll man dies Klappern nicht hören, weshalb man bei seinen Wanderungen um diese Zeit vorsichtig sein muß. Ein Märchen ist es aber, daß die Klapperschlange die Thiere so bezaubere, daß sie von selbst ihr in den Rachen kämen. Diese Zauberkraft ist aber weiter nichts, als die Angst, welche die Thiere lähmt, daß sie nicht mehr entfliehen können, und so ihre Beute werden.

Wie es solchen armen, kleinen Thierchen ergeht, wenn sie einer Klapperschlange gegenüber sich befinden, so ergeht es dieser selbst, wenn sie einem Schwein begegnet; es entfällt ihr auf einmal aller Muth, und wenn es möglich, ergreift sie sogleich die Flucht. Das Schwein aber wittert sie von weitem, sucht sie auf, und sträubt, wenn es sie gefunden hat, die Borsten, nähert sich ihr immer mehr, fährt endlich auf sie zu, haut mit den Zähnen auf sie los, und frißt sie ohne Schaden auf; den Kopf läßt es liegen. Wenn daher Jemand eine wüste Gegend ausrotten will, so versieht er sich sogleich mit Schweinen, treibt sie hinein, und ist dann sicher, in kurzer Zeit von diesem Ungeziefer befreit zu sein.

Die vom Flötenspiel bezauberte Klapperschlange.

Daß die Musik eine besondere Wirkung auf die Schlangen überhaupt ausübt, ist eine durch viele Thatsachen bestätigte Erfahrung.

Der französische Schriftsteller Chateaubriand, welcher Amerika bereiste, erzählt darüber Folgendes: Im Juli des Jahres 1791 durchreisten wir Oberkanada in Gesellschaft einiger indischen Familien aus dem Stamm der Onondagos. Als wir nun eines Tages in einer Ebene an den Ufern eines Flusses Halt machten, kam plötzlich eine Klapperschlange in unser Lager. Wir hatten einen Kanadier bei uns, der die Flöte spielte; dieser sagte, er wolle uns ein unterhaltendes Schauspiel zeigen, und ging mit seiner sonderbaren Waffe auf die Schlange zu. Bei Annäherung des Feindes wand das prächtige Reptil sich in eine Spirale, der Hals schwoll auf, der Rachen öffnete sich, und ließ die giftigen Zähne sehen; die gespaltene Zunge fuhr zischend heraus, die Augen funkelten, wie glühende Kohlen; der Leib vom Zorne geschwellt, hob, gleich einem Blasebalg, sich auf und nieder; die Schuppen starrten auf der ausgespannten Haut empor, und der Schwanz bewegte unter unglückweissagendem Gerassel sich so schnell hin und her, daß er einem leichten Dunste glich. Nun begann der Kanadier auf seiner Flöte zu spielen. Die Schlange macht eine Bewegung des Erstaunens, zieht den Kopf zurück, und schließt nach und nach den glühenden Rachen.

Mit des Tones wachsender Zauberkraft verlieren ihre Augen das wilde Feuer, die Schwingungen des Schwanzes werden langsamer, das Gerassel der Klapper wird schwächer und erstirbt nach und nach. Die Spirale der entzückten Schlange erweitert sich, und legt sich allmählig in konzentrischen Kreisen zur Erde nieder; die Schuppen schmiegen sich wieder dem Leibe an, und gewinnen ihren vorigen Glanz; der sanftgedrehte Kopf bleibt unbeweglich in seiner freudig horchenden Stellung. Jetzt geht der Kanadier einige Schritte vorwärts, indem er langsame und einförmige Töne aus der Flöte zieht; die Schlange senkt den

Hals zur Erde, schiebt mit dem Kopf das Gras bei Seite, und folgt kriechend den Fußstapfen des Musikers, hält an, wenn er stille steht, und folgt ihm gleich wieder, wenn er weiter geht. So führte er sie aus dem Lager hinaus durch einen Haufen von Zuschauern, Wilden und Europäern, die ihren Augen kaum trauten.

5. Die Brillenschlange.

Eine schöne und merkwürdige, aber auch sehr gefährliche Schlange Ostindiens. Sie ist 4—6 Fuß lang, grau oder bräunlich gelb, unten weiß, mit einer röthlich braunen Brille auf dem Halse. Die indischen Gaukler richten sie zum Tanz ab, und zeigen sie für Geld dem Volke.

Um sie zu fangen, gehen immer zwei auf die Jagd. Die eine Person hält nämlich beständig einen eisernen Nagel im Glühen, um denselben, wenn sein Gefährte beim Fangen gebissen würde, sogleich in die Wunde zu stoßen. Menschen, welche ohne Stiefel im Grase herumgehen, werden oft von der Brillenschlange getödtet.

6. Die gemeine Viper.

Sie ist unserer Otter fast ganz gleich, wird aber etwas größer, etwa 3 Fuß lang. Ihre Farbe ist braun. Auf dem Kopfe sind keine Täfelchen, sondern Schuppen. Sie findet sich im südlichen Europa, von der südlichen Schweiz an durch Frankreich und Italien. Auf unserm Bilde sehen wir, wie die jungen Vipern der Mutter bei der drohenden Gefahr in den Rachen kriechen. Dies ist wirklich der Fall, und hat zur Sage Veranlassung gegeben, als verschlänge die Viper ihre Jungen nach der Geburt. Bemerkenswerth ist hierbei noch, daß die giftigen Schlangen lebendige Jungen zur Welt bringen, während die unschädlichen nur Eier legen.

Eine neue Ordnung unter den Amphibien begreift die

Frösche.

Sie haben einen nackten Körper, keine Nägel an den Zehen, und keine wahren Zähne. Das Weibchen legt die Eier ins Wasser. Sehr bald kommen die Jungen heraus, aber in einer andern Gestalt, als die sie später erhalten. Die Jungen athmen durch Kiemen, wie die Fische, haben keine Füße, oft einen Schnabel und Schwanz, und leben im Wasser. Haben sie sich aber ausgebildet, so besitzen sie eine doppelte Lunge, vier Füße, haben meist keinen Schwanz, und leben

auf dem Lande. Die hierher gehörigen Thiere sind nicht giftig, und alle nähren sich von Insekten und Würmern. Es giebt mehrere Arten von Fröschen: der grüne Wasserfrosch, durch sein lautes Geschrei bekannt; der braune Grasfrosch, mit seiner murksenden Stimme; der Ochsenfrosch in Amerika, der wie ein Kalb blökt; die Laubfrösche, welche geschickte Fliegenfänger sind, und mit ihren klebrigen Ballen an den Zehen gut klettern können.

Sehr häßliche, schwerfällige Thiere sind die **Kröten**, die man leicht durch ihr schwerfälliges Kriechen und den dicken, aufgeblasenen Bauch von den Fröschen unterscheidet. Sie geben einen dumpfen Ton von sich, gehen des Nachts ihrer Nahrung nach, sind aber nicht giftig. In Europa leben nur wenig Arten, darunter: die gemeine Kröte, graubraun, grün, gelb und schwarz gefärbt; die Kreuzkröte, sie hat einen olivenbraunen, mit röthlichen Warzen besetzten Rücken, über welchen ein Strich läuft, der zuweilen wie ein Kreuz aussieht; die Wasser=

kröte, oben hellbraun mit dunklen Flecken, unten glatt und weißgelblich die Feuerkröte, unten hellbraun und feuerroth gefleckt.

Eine merkwürdige Art Kröten sind in Südamerika die Pipas. Wenn das Weibchen die Eier gelegt hat, trägt sie das Männchen demselben auf dem Rücken, und befestigt sie in dazu bestimmte Grübchen, worin die Eier ausgebrütet werden. Die Jungen verlassen die Grübchen nicht eher, als bis sie völlig ausgebildet sind.

Eine andere zu den froschartigen Thieren gehörige Familie bilden die

Salamander.

Sie haben einen verlängerten Körper mit einem langen Schwanz, einen platten Kopf, ganz unter der Haut verborgene Ohren, in beiden Kinnladen und am Gaumen zahlreiche, kleine Zähne und eine Zunge, wie die Frösche. An den Vorderfüßen haben sie vier, an den Hinterfüßen fünf Zehen. Man theilt sie in Erd- und Wassersalamander. Der Erdsalamander sieht oben glänzend schwarz aus, mit orangegelben Flecken, unten schwarz. Er lebt an feuchten Orten in Kellern unter Steinen, und frißt Insekten und Würmer. In der Angst spritzt er einen klebrigen Saft aus, welcher glühende Kohlen verlischt. Daher die Sage von der Unverbrennlichkeit des Salamanders. Die Wasser-Salamander haben einen zusammengedrückten Schwanz, und sind besonders merkwürdig, daß ihnen die abgeschnittenen Beine und Schwänze vollständig wieder nachwachsen.

Vierte Klasse.

Fische

sind Thiere mit rothem, kalten Blute, welche nicht durch Lungen athmen, wie die Säugethiere, Vögel und Amphibien, sondern durch Kiemen. Diese liegen auf beiden Seiten des Halses, und bestehen aus Reihen von feinen Blättchen, welche nach außen durch knöcherne Schilde, die Kiemendeckel, verschlossen werden. Wenn nun der Fisch athmen will, so öffnet er bei verschlossenen Kiemendeckeln den Mund, schluckt Wasser ein, und läßt dieses über die Kiemen streichen, damit die in denselben enthaltene Luft sich mit dem Blute der feinen Blutgefäße verbinde, und es erfrische und reinige. Hierauf öffnet er die Kiemendeckel und läßt das Wasser wieder heraus. Wie weise hat der Schöpfer dem Fische das Athmen unter dem Wasser möglich gemacht.

Was die Gestalt der meisten Fische anbetrifft, so ist sie Euch bekannt. Ihr Körper ist meist auf beiden Seiten zusammengedrückt. Füße haben die Fische nicht, sondern statt derselben Flossen, als Brustflossen, Bauchflossen, Rückenflossen, Afterflossen und Schwanzflossen, welche letztere den Fischen als Steuerruder dienen. Zum Auf- und Niedersteigen im Wasser dient ihnen eine Schwimmblase, welche sie nach Belieben mit Luft füllen können. Hat der Fisch sie angefüllt, so steigt er in die Höhe, hat er sie ausgepreßt, so sinkt er wieder.

Die Haut der Fische ist mit Schuppen, Knorren, Schildern und Stacheln besetzt. Die Fortpflanzung bei den meisten Fischen geschieht durch Eier, und nur wenige kommen lebendig zur Welt. Diejenigen Fische, welche Eier enthalten, heißen Rogner, die andern Milchner. Die Eier sind sehr klein, aber sehr zahlreich. In einem Häring hat man deren über 40,000, in einem Karpfen 300,000, und in einem Stockfisch über eine Million gefunden. Der größte Theil der Brut wird aber wieder vertilgt theils durch Wasser- und Sumpfvögel, theils durch die Fische selbst. Man theilt die Fische in zwei Hauptordnungen: in Knorpelfische und Grätenfische. Unter den mehr als 5000 Arten wollen wir nur einige hier bemerken.

Der Haifisch.

Er wird 4 Klafter lang, ist spindelförmig, und hat eine chagrinartige, graue Haut. In seinem Rachen sind mehr als 400 lanzenförmige Zähne. Er ist sehr gefräßig, und verschlingt Alles, was ihm vorkommt. Einem badenden Matrosen hat einer ein Bein abgebissen. Von einem andern Hai ward einmal ein Mädchen ganz verschluckt. Den Schiffen im Weltmeer folgt er oft Wochen lang, um Alles, was herausgeworfen wird, zu verschlingen.

Der Engelhai.

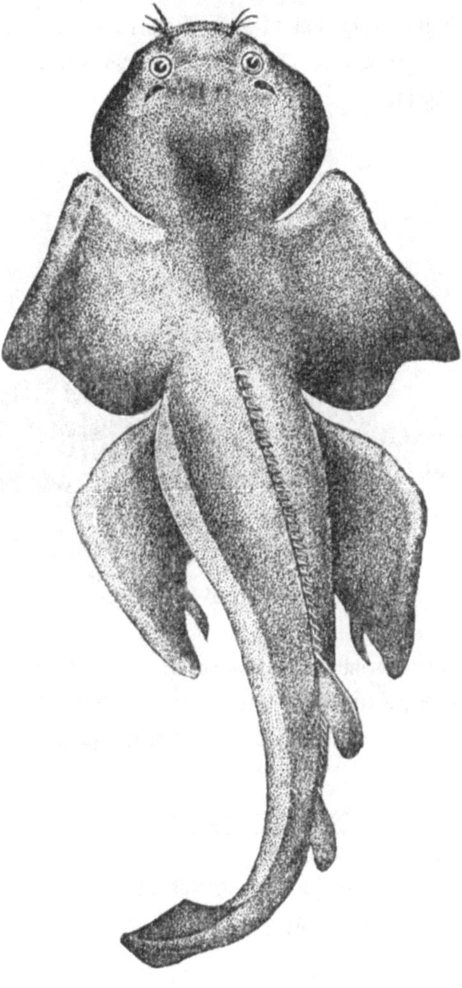

Diesen Namen hat er von den flügelförmigen Brustflossen erhalten. Er findet sich in ganz Europa, und wird gewöhnlich 4 Schuh, manchmal 6—8 Schuh lang und 1—2 Centner schwer. Sein Fleisch wird nur vom gemeinen Mann gegessen. Aus seiner Haut machen die Türken Chagrin.

Der Hornfisch.

Er ist länglich rund und zusammengedrückt, mit schildartigen Schuppen gepanzert; statt der Bauchflossen sieht man nur 2 Stacheln, und ähnliche Stacheln auf dem Rücken, die wie Hörner aussehen.

Das Seepferdchen

wird gegen 10 Zoll lang, siebenkantig und voll Höcker. Der plötzlich verdünnte, vierkantige Schwanz hat 35 Schienen. Der Kopf, welcher

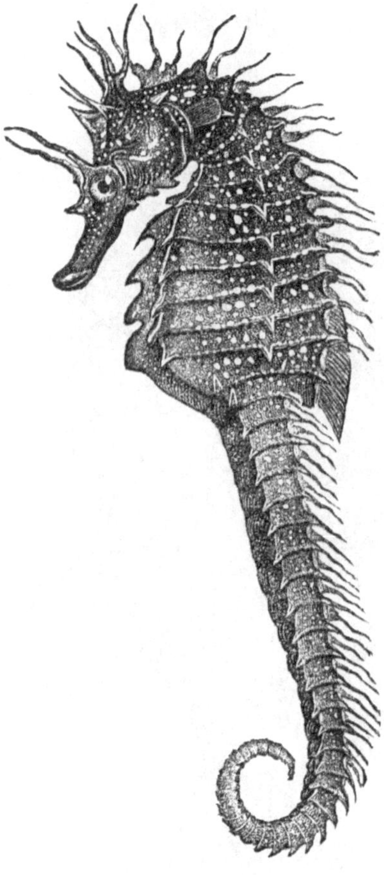

sich nach unten krümmt, sieht beinahe wie ein Pferdekopf aus. Dieser Fisch findet sich fast in allen Meeren.

Der Seehase.

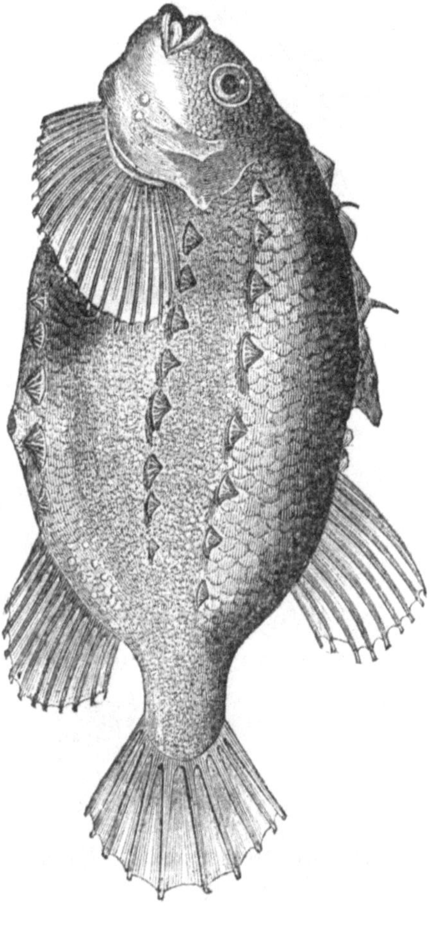

Er wird $^1/_2$ Fuß lang und 7 Pfund schwer. Er findet sich in der Nord- und Ostsee bis ins Eismeer. Gewöhnlich liegt er auf dem Boden, oder heftet sich mit seinem Napf an einen Stein. Die Bauchflossen sind nämlich an der Brust in einen Napf zusammengewachsen, womit er sich an Steine anheften kann.

Der Lachs.

Sein gewöhnlicher Aufenthalt ist das nördliche Weltmeer, im Frühjahr steigt er jedoch in die größern Flüsse von Europa, um seine Eier zu legen, und bleibt den ganzen Sommer darin. Wie die Schwalben ihre Nester, so wissen die Lachse ihre alten Laichplätze wiederzufinden. Sein Fleisch schmeckt vortrefflich.

Die Aesche.

Sie findet sich in allen Flüssen von Europa, besonders in schattigen Berggegenden. Sie wird gewöhnlich ein Fuß lang. Ihr Fleisch ist derb, weiß und schmackhaft. Bei den Alten wurde sie sehr geschätzt.

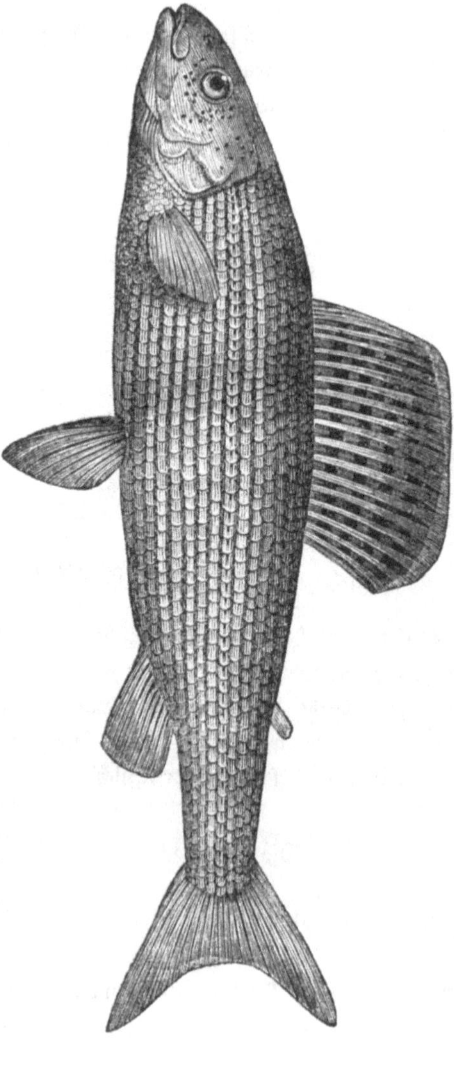

Der Hecht.

Er ist leicht kenntlich an der breiten, niedergedrückten Schnauze. Mit Recht wird er der Tyrann der Wässer genannt, denn er hascht kleine und große Fische, selbst Wasservögel, Ratten und Frösche. Die Hechte sollen über 100 Jahre alt werden. Sie finden sich in ganz Europa bis nach Lappland hinauf.

Fliegende Fische.

Das klingt fast wie Märchen, ein Fisch soll fliegen können. Es ist aber wirklich so. Spazieren fliegen sie freilich nicht, sondern nur, wenn ein anderer Raubfisch hinter ihnen her ist. In der Todesangst schnellen sie sich dann aus dem Wasser, und erhalten sich mit ihren breiten Brustflossen in der Luft. Nicht selten kommen sie aber dabei aus dem Regen in die Traufe, denn während der Fisch fliegend in der Luft schwebt, wird er leicht die Beute der Seevögel.

Der Karpfen.

Wer hätte nicht schon einen Karpfen gesehen! Daß sie sehr alt, wohl über hundert Jahre werden, ist auch bekannt. Sie werden leicht zahm und kommen auf einen Ruf herbei, um sich füttern zu lassen. Wenn sie recht alt sind, findet man sie wirklich mit Moos bewachsen. Sehr schön sieht der Goldkarpfen aus, der aus China stammt und jetzt bei uns in Teichen und in Gläsern gehalten wird.

Die Schollen.

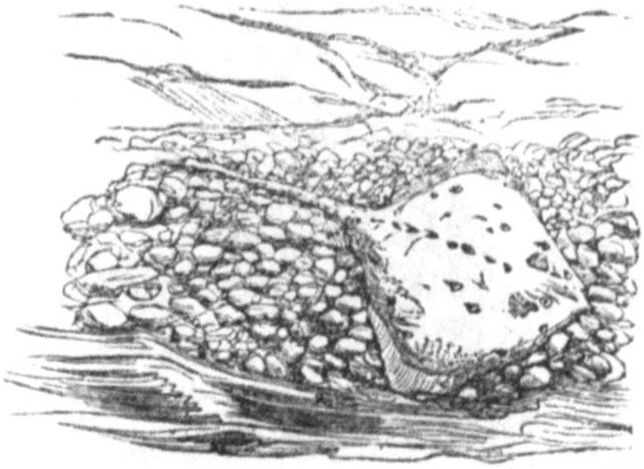

Es sind wunderbare Fische, die beide Augen auf einer Seite haben, und zwar auf der, welche oben schwimmt. Ihr Körper ist platt und von beiden Seiten platt gedrückt. Sie haben keine Schwimmblase, und halten sich meist in der Tiefe des Meeres auf. Ihr Fleisch ist sehr wohlschmeckend.

Der elektrische Aal.

Der liebe Gott hat den Thieren oft gar wunderbare Waffen gegeben. Der elektrische Aal darf seinen Feind nur anrühren, und er ist betäubt, wo nicht gar todt. Sein Fleisch ist zwar sehr wohlschmeckend, aber selbst der Mensch traut sich nicht leicht, ihn zu fangen.

Der fliegende Seehahn.

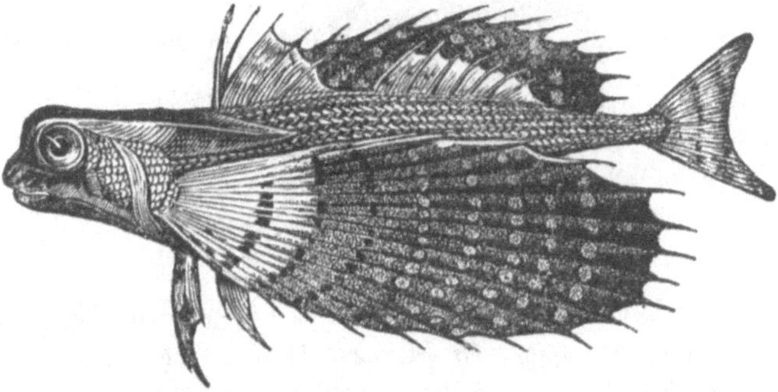

Er ist der größte unter den fliegenden Fischen. Die Brustflossen bilden braune, blaugefleckte Flügel, mit denen er eine ganze Strecke fliegen kann. Man sieht sie bisweilen zu Hunderten aus der Meeresfläche sich erheben.

Die Makrele.

Sie wird wegen ihres Fleisches häufig gefangen. Im Nordmeer ist sie zu Hause, erscheint aber im Sommer an allen Küsten des Oceans in großen Schaaren.

Der Thunfisch.

Was für den Norden der Häring, das ist für die Küsten des Mittelmeers der Thunfisch. Er wird 2—10 Fuß lang, bis 1000 Pf. schwer und sehr fett. Man salzt ihn frisch ein, und verschickt ihn weit und breit.

An die Klasse der Fische schließen sich die

Weichthiere oder Mollusken

an. Es sind zwar sehr unvollkommene Thiere, denn manchen fehlet sogar der Kopf, sie stehen aber wegen ihrer inneren Bildung über den folgenden Thierklassen. Sie haben nämlich vollkommene Verdauungswerkzeuge und ein ordentliches Herz. Ihr Körper ist bald mit einem fleischigen Mantel, bald mit einer kalkartigen Schale umgeben. Jene heißen nackte Mollusken, diese Schalthiere, Schnecken oder Muscheln. Man theilt sie in Kopffüßer oder Sepien, Schnecken, Muscheln und Rankenfüßler ein.

Die bekanntesten unter den Weichthieren sind die

Schnecken.

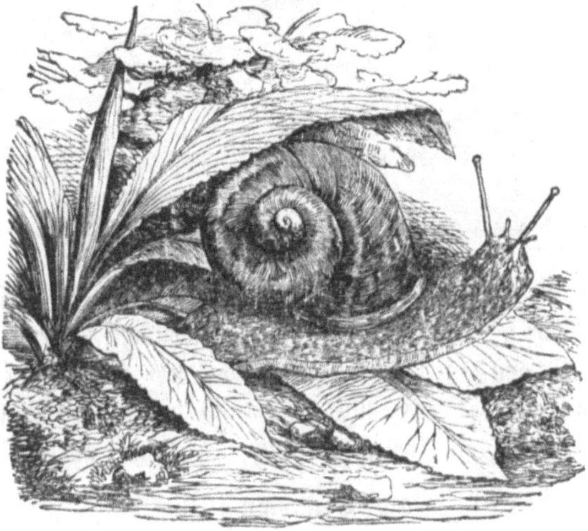

Ihr habt sie gewiß schon beobachtet, wie sie sich durch Ausstrecken und Wiederzusammenziehen fortbewegen. Unser Bild zeigt eine gewöhnliche Gartenschnecke mit 4 Fühlhörnern, zwei langen und zwei kurzen, welche sie in den Kopf zurückziehen, und mit diesem unter den Mantel verbergen kann.

Die Muscheln.

Das sind Thiere ohne Kopf und Augen. Ihr Mantel ist durch 2 Schalen bedeckt, die von außen durch ein lederartiges Band zusammengehalten und durch 2 Quermuskeln geschlossen werden können. Wenn

das Thier todt ist, so klaffen sie natürlich aus einander. — Die Zahl der Muschelarten ist sehr groß. Die gewöhnliche Malermuschel ist Euch am bekanntsten. Es giebt aber auch sehr große. Die Riesenmuschel wiegt wohl 600 Pfund, und ist so stark, daß sie beim Schließen ein Schifftau abkneipen kann. Eine sehr schöne Muschel ist

die Venusmuschel.

Sie finden sich in allen Meeren. Ihren Namen haben sie wegen ihrer zum Theil glänzenden, schön gefärbten Schalen.

Unter die Ordnung der Sepien gehört die

Argonaute.

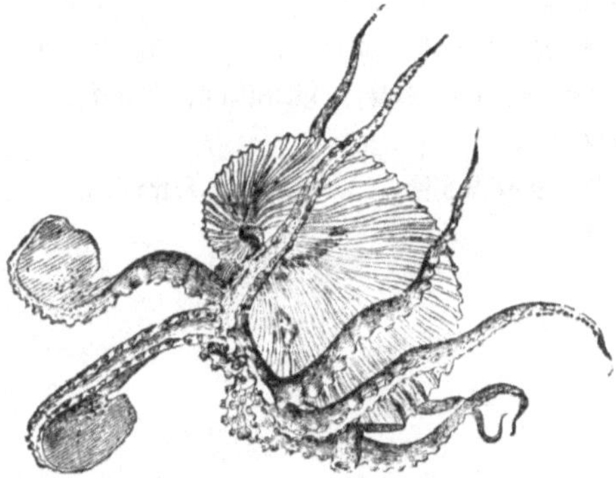

Dies Thier hat mit Saugnäpfen versehene Arme, von denen es zwei wie Segel ausspannen kann. Bei stürmischem Wetter zieht es die Segel ein und senkt sich auf den Grund des Meers. Oft sieht man eine Menge solcher Schiffchen wie eine kleine Flotte hinter einander herrudern.

Fünfte Klasse.

Insekten.

Hier ist wieder Alles, wie bei den Vögeln voll Leben und Bewegung. Gehen wir an einem schönen Sommerabend spazieren, wie summt es um uns her. Millionen Mücken durchschwärmen die Luft, dort erhebt sich ein Käfer, hier kehren fleißige Bienen beutebeladen nach Hause; von Blume zu Blume flattert der bunte Schmetterling, während auf dem Boden die Ameise geschäftig ist.

Die Naturforscher haben in neuerer Zeit alle diejenigen Thiere, welche man sonst zusammen unter dem Namen Insekten begriff, Gliederthiere genannt, und sie in Insekten, Spinnen und Krebse eingetheilt.

Die Insekten haben das Eigenthümliche, daß ihr Körper aus drei Hauptstücken besteht, aus Kopf, Brust und Bauch, und daß sie eine Verwandlung erleiden.

Unter den Insekten wollen wir folgende betrachten:

Der Hirschkäfer.

Die beiden hornartigen Kinnladen ragen weit hervor und bilden ein Geweih, mit welchem er stark kneipen kann. Man findet ihn in Eichenwäldern, wo er den aus den Eichen fließenden Saft leckt.

Der Nashornkäfer.

Er hat seinen Namen wegen des Hornes auf dem Kopfe, und findet sich gewöhnlich in faulem Holz, in Eichenlohe und Mistbeeten. In den Gegenden an der Nordsee wird er häufig angetroffen. Außer diesen Käfern will ich noch aufführen: den Goliath in Afrika, welcher 5 Zoll lang wird; den Mehlkäfer, dessen Larve als Mehlwurm den Nachtigallen zum Futter dient; den Springkäfer, der, auf dem Rücken liegend, sich in die Höhe schnellen kann; den Schwimmkäfer, den Johanniskäfer, der so schön leuchtet; den Oelkäfer, der, wenn man ihn anrührt, einen Saft hervortreten läßt; den Kornwurm, der den Getraideböden vielen Schaden thut; den prächtigen Juwelenkäfer, das Sonnenkäferlein, dessen röthliche Flügeldecken schwarz punktirt sind.

Zu einer andern Ordnung gehören:

Der Ohrwurm, welcher an den Zangenspitzen am Ende des

Hinterleibs kenntlich ist. Daß er damit das Trommelfell im Ohr durchbeißen könne, ist nicht wahr. Freilich verursacht er durch sein Zappeln Schmerzen. Ferner die Schaben, welche in Mühlen und Bäckereien alles Eßbare des Nachts fressen, und sehr die Wärme lieben; die Heuschrecken, die sich im Sommer durch ihr beständiges Zwitschern bemerkbar machen; die Wanderheuschrecken, welche mit ihren ungeheuren Zügen sogar die Sonne verfinstern, und schon zu Moses Zeiten als Landplage bekannt waren; die Grillen, welche besonders des Abends ihren schwirrenden Gesang hören lassen.

Zu einer besondern Ordnung sind zu rechnen die

Wanzen,

ein sehr lästiges Insekt. Wo es sich eingenistet hat, hilft Nichts, als Reinlichkeit; die Schildläuse, welche Monate lang an den Zweigen sitzen können, ohne sich im Geringsten zu bewegen. Sie sterben und vertrocknen zu einer leeren Hülle. Ein ähnliches Thierchen ist die

Cochenille.

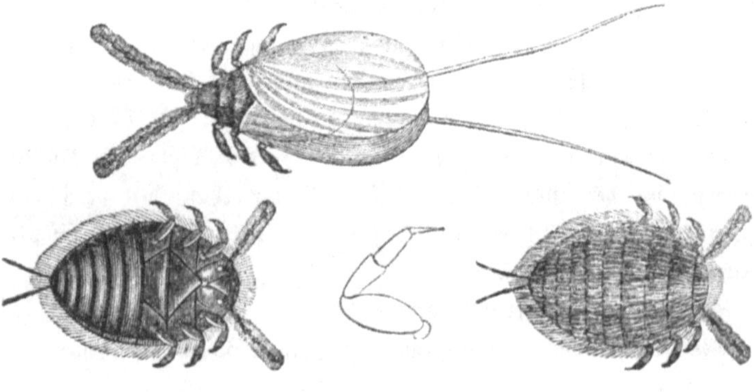

Ein höchst nützliches Thier, mit welchem uns, wie ein Naturforscher sagt, die neue Welt ein nützlicheres Geschenk gemacht hat, als mit ihrem Gold und Silber. Man bereitet jetzt nämlich alle Scharlach- und Purpurfarben aus der Cochenille. 70,000 dieser Thierchen geben aber erst ein Pfund, und doch kommen jährlich viele 1000 Pfund zu uns. Auf unserm Bilde ist es vergrößert. Das eine mit den weißlichen Flügeln ist das Männchen, das Weibchen daneben ist ungeflügelt. Das Thierchen ist 2 bis 3 Linien lang.

Der surinamische Laternenträger.

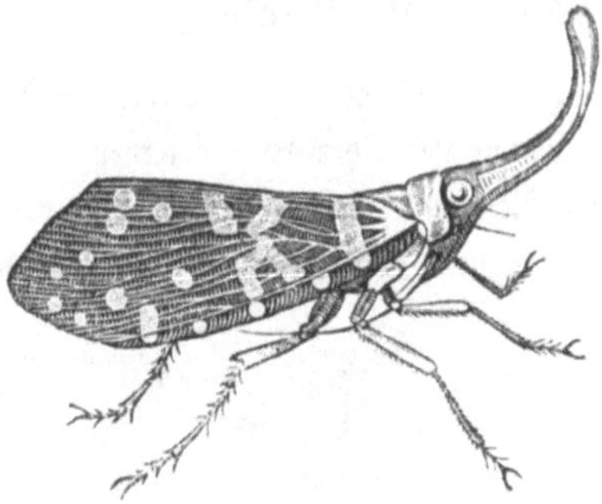

Die vorgestreckte, aufgeblasene Stirn bildet die Laterne, die aber nicht, wie man glaubte, leuchtet.

Höchst merkwürdige Insekten sind die

Termiten oder weiße Ameisen,

welche pyramidenförmige Wohnungen über die Erde bauen. In jedem Bau ist immer nur ein Weibchen, das in 24 Stunden 80,000 Eier legen soll. In ihrem Bau findet man Gänge, Brücken, Magazine und Kammern für die Eier. Sie zernagen alles Holzwerk, daß oft Häuser und Bäume darüber zusammenstürzen.

Die Wespen

sind besonders merkwürdig wegen ihrer papierähnlichen Nester mit vielen tausend Zellen. In jede dieser Zellen wird ein Ei gelegt, woraus eine weiße, fußlose Made entsteht, die sich dann verpuppt. Daß die Wespen empfindlich stechen, ist bekannt.

Die Bienen.

Dieses Muster von Arbeitsamkeit, Reinlichkeit und Ordnungsliebe ist bekannt. Wir wollen sie näher kennen lernen.

Ein vollkommener Bienenschwarm besteht aus der Königin oder Weisel, aus Drohnen und Arbeitsbienen. — Die Königin ist die

Seele des ganzen Schwarms, und zugleich die wahre Mutter ihres Volks, indem von ihr alle andern Bienen herstammen. Sie ist größer und gestreckter, als die Arbeitsbienen, von lebhafterer, röthlich brauner Farbe, mit gelblichen, höheren Füßen und größerem Stachel. Stirbt sie, so geräth der ganze Schwarm in Unthätigkeit, und verfliegt

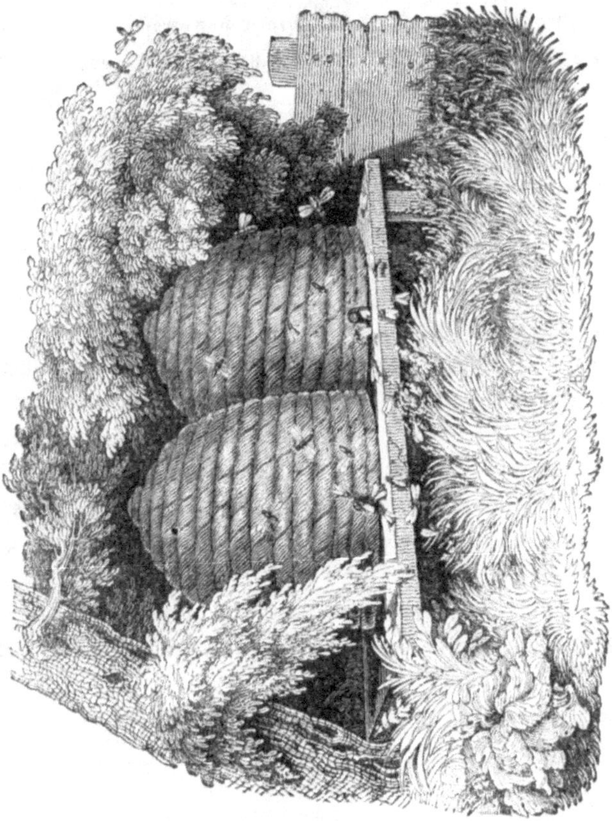

sich, wenn nicht Hoffnung da ist, bald eine neue Königin zu bekommen. Eine solche aber können die Arbeitsbienen aus jeder drei Tage alten Made ziehen, indem sie ihr königliches Futter bringen, und ihre Zelle erweitern.

Die Drohnen oder männlichen Bienen sind größer und gedrungener, als die Arbeitsbienen; sie haben keinen Stachel, und ihre Augen

stoßen oben zusammen. In einem starken Stocke giebt es deren gegen Tausend. Da sie aber rechte Tagediebe sind, die, wenn sie an sonnigen Tagen einmal ausfliegen, gar keine Vorräthe sammeln, sondern nur vor den Fluglöchern herumtanzen, so werden sie von den Arbeitsbienen nur so lange geduldet, bis sie die Königin befruchtet haben, dann aber werden sie gewöhnlich zu Anfang Augusts an einem Tage mit Stichen getödtet und hinausgeworfen. Man nennt diese Vertilgung die Drohnenschlacht.

Die Arbeitsbienen, deren man auf einen vollkommenen Schwarm gegen 20,000 rechnet, sind unfruchtbare Weibchen, kleiner, als die

Drohnen, haben aber längere Flügel und einen Stachel, wie die Königin. Sie bauen die Zellen, machen Honig und Wachs, reinigen die Wohnung, halten am Flugloch Wache, füttern die Jungen u. s. w.

Ihre hinteren Schienbeine, welche der Länge nach ausgehöhlt und mit langen Haaren versehen sind, dienen ihnen zum Einsammeln des Blumenstaubes. Diesen nehmen sie mit den Kiefern von den Blumen ab, befeuchten ihn im Mund, und kleben ihn dann im Fluge, mit Hilfe der Vorderfüße, an die ausgehöhlten Hinterfüße. So fliegen sie bald mit rothen, bald mit gelben oder weißen Höschen nach Hause, lassen sich von den dazu bestimmten Bienen diese Höschen abnehmen und in Zellen legen, wo der Blumenstaub mit einigen Tropfen Feuchtig-

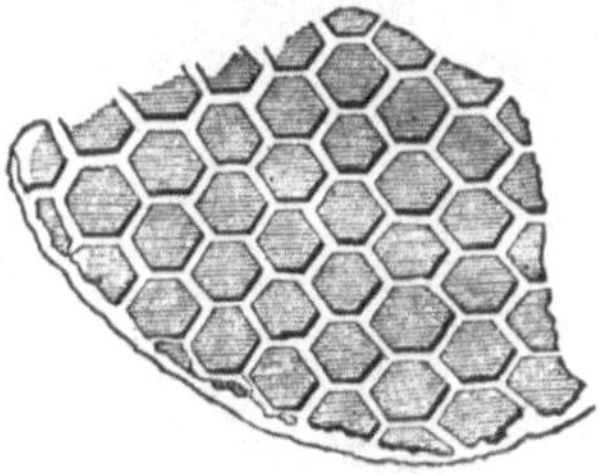

keit benetzt, durchknetet und von eigens hiezu bestimmten Bienen verzehrt wird. In dem Magen dieser Letztern verwandelt sich nun der genossene Staub in Wachs. Dieses schwitzt in zarten Tröpflein durch die Ringe des Hinterleibs aus, und wird von anderen Arbeitsbienen in Empfang genommen, die es augenblicklich verarbeiten. Andere Bienen lecken mittelst des Rüssels den in den Honiggefäßen der Blüthen befindlichen Honig auf, verschlucken ihn, und geben ihn zu Hause aus dem Munde wieder von sich, um die Honigzellen damit zu füllen.

Im Anfang Juni fängt die Königin an, ihre Eier zu legen, in jede Zelle eins; zuerst solche, aus welchen Arbeitsbienen werden, hierauf solche, aus denen Drohnen entstehen. Diejenigen Eier, aus denen

Königinnen hervorgehen, setzt sie zuletzt ab. In den ersten 20 Tagen soll sie 20,000 Eier legen.

Wenn durch eine zu starke Vermehrung der Stock zu enge wird, und zugleich mehrere junge Königinnen da sind, so wandert ein Schwarm unter Anführung der alten Königin aus, um ein neues Reich zu bilden. Wo die Königin sich niederläßt, z. B. am Zweig

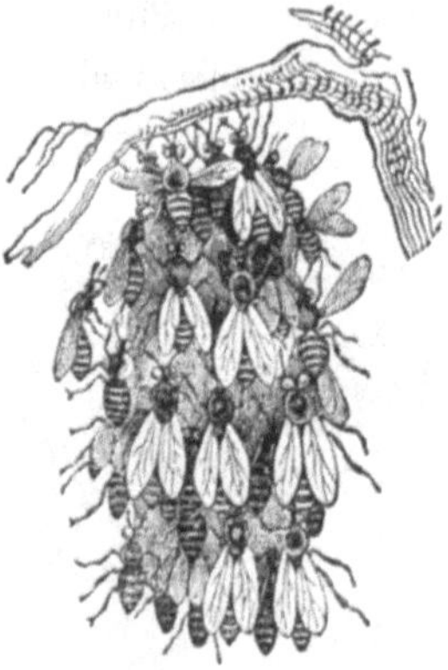

eines nahen Baumes, da hängen sich alle mit ausgezogenen Bienen in Form eines Kegels an, und können nur durch vorsichtiges Abschütteln in einen gereinigten Stock aufgefangen werden.

Zu den schönsten Insekten, die Euch gewiß sehr lieb sind, gehören

Die Schmetterlinge.

Man theilt sie ein in Tagvögel, in Dämmerungsfalter und Nachtfalter. Wer von Euch kennt nicht den schöuen Trauermantel mit den schwarzbraunen Flügeln, den Schwalbenschwanz mit blaßgelben, schwarzgestreiften Flügeln, den Schillerfalter mit weißen

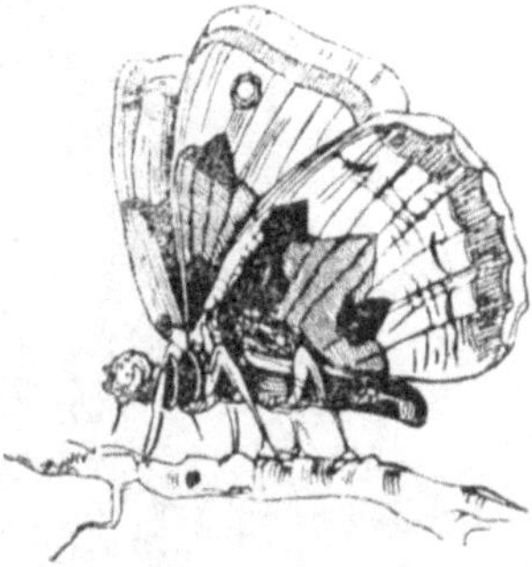

Binden; den Perlmutterfalter mit Silberflecken; den Zitronenfalter, und noch viele andere.

Unter die Dämmerungsfalter gehört:

Der Todtenkopf,

einer der größten Schmetterlinge in Europa, der auf seinem Halsschild eine Zeichnung trägt, die einem Todtenkopfe ähnlich ist. Er liebt den Honig. Wenn er gereizt wird, giebt er durch ein Muskelspiel piepende Töne von sich. Dies ist seine Puppe.

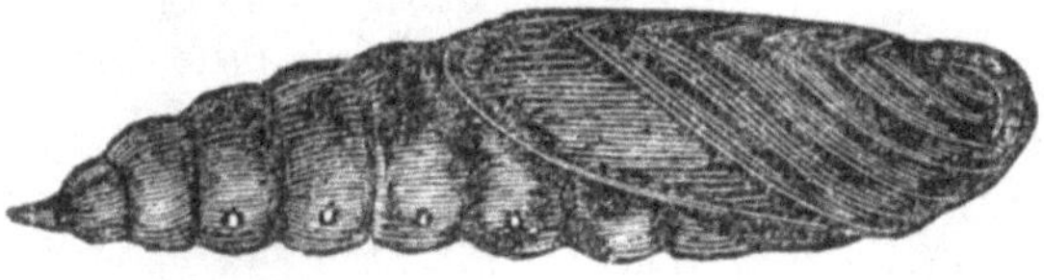

Die Raupe findet sich auf Kartoffelkraut und Jasmin.

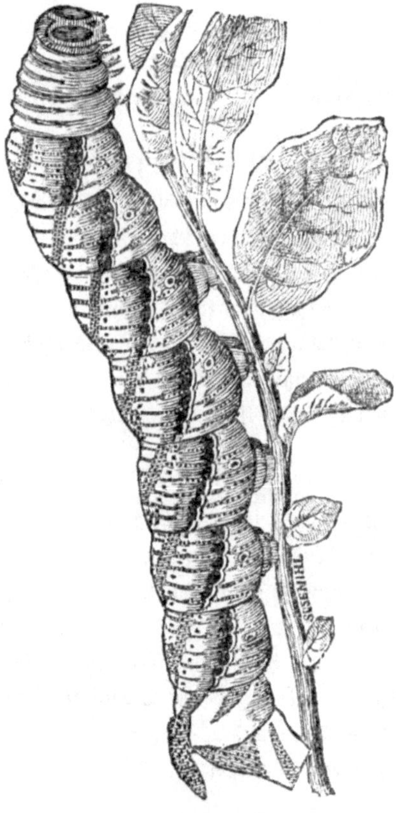

Unter den vielen Schmetterlingen machen wir noch namhaft: den Lindenschwärmer; das Nachtpfauenauge, das auf jedem Flügel ein Auge hat; die Ringelmotte; vor allen Dingen aber die Seidenraupe, die uns bekanntlich die Seide spinnt. Solch eine Spinnerin lob ich mir, da sind alle andere Raupen, selbst Frau Spinne, nichts dagegen! Die Seidenraupe beschäftigt Millionen Hände, und macht in vielen Ländern eine Hauptquelle des Nationalreichthums aus. Sie nährt sich nur von Maulbeerblättern. Unter den Insekten nennen wir ferner:

Die Fliegen,

welche Menschen und Thieren so lästig sind. Aber noch schlimmer sind in den heißen Ländern die Moskitos, deren Stiche Entzündung erregen. Die Leute müssen daher dort unter Gasnetzen schlafen. Mit dem Sätzemacher Floh und der widerlichen Laus wollen wir uns nicht aufhalten. Ein sehr häßlicher Floh ist der Sandfloh, der sich in die Haut an den Füßen einfrißt, und seine Eier darein legt.

Die zweite Ordnung der Gliederthiere bilden die

Spinnen.

Sie haben keine Flügel, auch keine Fühlhörner, meist 8, selten 6 Füße, welche am Brustschild eingelenkt sind. Sie verwandeln sich nicht wie die eigentlichen Insekten, sondern häuten sich nur. — Die Haus- oder Winkelspinne und die Kreuzspinne sind euch bekannt. Wie Räuber sitzen sie in ihrer trichterförmigen Höhle, und fällt ein Insekt in ihr Netz, so fahren sie mit Schnelligkeit darauf los, umwickeln es mit ihren Spinnweben, ziehen es nach ihrer Höhle und saugen es aus. Zu den spinnenartigen Thieren gehören die

Scorpione.

Sie bewohnen die heißen Länder und gehen nur des Nachts auf Raub aus, den sie mit den Scheeren packen, und mit dem Schwanz

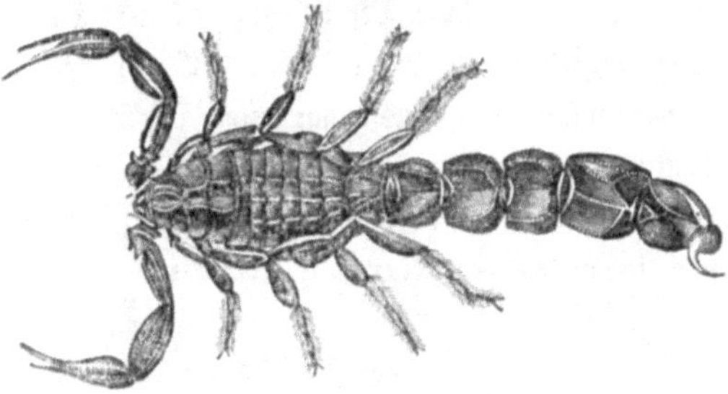

an welchem sich ein Stachel befindet, durchbohren. Der Stich der größeren Scorpione ist sogar dem Menschen gefährlich.

Die letzte Ordnung machen die

Krebse oder Krustenthiere

aus. Diese athmen durch Kiemen. Es giebt mehrere Arten. Zu den langgeschwänzten gehört der gemeine Flußkrebs, der eine allgemein

beliebte Speise ist; der Hummer, der in Menge in der Ost- und Nordsee lebt. Zu den kurzgeschwänzten gehört die Krabbe.

Hieran schließt sich die

Sechste Klasse.

Würmer.

Diese Thiere haben keine Füße, einen weichen, mehr oder weniger verlängerten, in Ringe getheilten Körper. Ihr Blut ist meist roth.

Manche haben Fühlfäden. Ihre Vermehrung geschieht durch Eierlegen, selten durch Lebendiggebären. Der bekannteste Wurm ist der Regenwurm. Er durchwühlt die Erde nach allen Richtungen, und frißt Wurzeln, Blätter, Erde und thierische Theile. — Ein sehr nützliches hierher gehöriges Thier ist der Blutegel, welcher durch sein Blutaussaugen uns in vielen Krankheiten außerordentliche Dienste leistet. Die Egel gebären lebendige Junge.

Zuletzt erwähnen wir noch die Infusions- und Pflanzenthiere, welche man in Eingeweidewürmer, Stachelhäuter, Quallen, Infusionsthiere und Polypen eintheilt. Unter den Eingeweidewürmern sind merkwürdig: die Spulwürmer und die Bandwürmer, welche den Menschen oft viel Qual verursachen; unter den Stachelhäutern der See-Igel und der Seestern; unter den Quallen die Glockenqualle, welche wie eine Glocke aussieht. Unter den Infusionsthieren erscheinen einige kegelartig, geschwänzt, radförmig, fadenförmig, glockenförmig u. s. w.

Höchst sonderbare Thiere sind die Polypen, welche mit ihrem untern Theile meist festgewachsen sind. Schneidet man sie in Stücke, so kommt aus jedem wieder ein neuer Polyp. Man kann sie umwenden, wie einen Handschuh, und sie leben doch fort. Hieher gehören auch die Korallen. Durch Ueberpflanzen ganzer Felsen bilden sie die gefährlichen Korallenriffe.

FSC
www.fsc.org
MIX
Papier | Fördert
gute Waldnutzung
FSC® C083411

Kolibri 360 GmbH
Ferdinand-Jühlke-Straße 7
99095 Erfurt, Deutschland
produktsicherheit@kolibri360.de